SHUZHI QUDONG XIA
XIANDAI HUAGONG GAOJINENG RENCAI PEIYANG DE
TANSUO YU SHIJIAN

数智驱动下
现代化工高技能人才培养的
探索与实践

陈　超　田伟军　熊美珍　著

化学工业出版社

·北京·

内容简介

《数智驱动下现代化工高技能人才培养的探索与实践》立足于数智技术与化工产业深度融合的时代背景，聚焦高技能人才培养这一核心议题，通过理论探索与实践验证相结合的方式，系统回答"数智化浪潮下现代化工需要什么样的人才""如何重构人才培养体系以适应技术变革""如何通过产教融合实现教育链与产业链的精准对接"三大关键问题。全书既有数智赋能现代化工产业背景分析、高技能人才素养画像、产教谱系对接方法论的概括、探索和创新，又有对高技能人才培养过程实践的指导，集实践性与应用性于一体。

本书适合从事职业教育教学研究、产教融合、人才评价等方面工作的人员学习和参考，也适合政府、行业、企业中从事数转智改发展对人才转型培养应用分析与研究的人员参考使用。

图书在版编目（CIP）数据

数智驱动下现代化工高技能人才培养的探索与实践 / 陈超，田伟军，熊美珍著. -- 北京：化学工业出版社，2025. 5. -- ISBN 978-7-122-48261-7

Ⅰ. TQ

中国国家版本馆CIP数据核字第2025XQ4661号

责任编辑：提　岩　旷英姿
文字编辑：王淑燕
责任校对：李雨函
装帧设计：王晓宇

出版发行：化学工业出版社
　　　　　（北京市东城区青年湖南街 13 号　邮政编码 100011）
印　　装：北京捷迅佳彩印刷有限公司
787mm×1092mm　1/16　印张 18¾　字数 340 千字
2025 年 5 月北京第 1 版第 1 次印刷

购书咨询：010-64518888　　　　　售后服务：010-64518899
网　　址：http://www.cip.com.cn
凡购买本书，如有缺损质量问题，本社销售中心负责调换。

定　　价：78.00元　　　　　　　　版权所有　违者必究

PREFACE

前言

当前，全球新一轮科技革命与产业变革正以前所未有的速度重塑传统工业格局。以人工智能、大数据、物联网、虚拟现实等为代表的数智技术，不仅深刻改变着化工行业的生产模式、管理体系和创新路径，更对高技能人才培养提出了全新要求。作为国民经济支柱产业之一，现代化工产业正处于转型升级的关键期：一方面，智能化生产线、数字化工艺优化、虚拟仿真实验等技术的广泛应用，推动行业向绿色化、精细化、智能化方向迈进；另一方面，人才供需结构性矛盾日益凸显——传统技能人才的知识储备与能力框架已难以匹配数智化生产场景的需求，具备跨学科知识、数字素养和创新能力的复合型高技能人才成为稀缺资源。在此背景下，如何构建适应数智时代的现代化工人才培养体系，已成为关乎行业可持续发展的重要命题。

本书立足于数智技术与化工产业深度融合的时代背景，聚焦高技能人才培养这一核心议题，通过理论探索与实践验证相结合的方式，系统回答"数智化浪潮下现代化工需要什么样的人才""如何重构人才培养体系以适应技术变革""如何通过产教融合实现教育链与产业链的精准对接"三大关键问题。全书以"理论建构—素养画像—体系设计—实践验证—动态评测—推广展望"为逻辑主线，构建了涵盖数智技术应用、高技能人才素养以及人才培养的谱系构建、体系构建、模式创新、动态测评的完整研究框架。在研究过程中，我们深入调研了百余家化工企业、职业院校与科研机构，提炼出具有普适性的人才培养规律，并通过湖南化工职业技术学院培养现代化工高技能人才典型案例的实证分析，形成了可复制、可推广的实践经验。

本书开篇从数智技术的前沿动态切入，系统梳理了智能化生产、大数据分析、虚拟现实等技术在化工生产、管理与培训中的创新应用，揭示其对传统化工人才能力结构的重大影响。研究指出，数智技术不仅催生了"数字孪生工程师""智能化运维专家"等新兴岗位，更使安全环保监测、工艺优化决策等传统岗位的核心能力要求发生根本性转变。

这种变革既为职业教育带来教学资源数字化重构、实训模式虚实融合等机遇，也暴露出课程体系滞后、师资数字素养不足等现实挑战。

基于对技术趋势与产业需求的深度洞察，第二章通过引入全生命周期理论、人的全面发展学说等理论工具，重新界定了数智时代化工高技能人才的核心概念内涵。研究强调，高技能人才的"技能"范畴已从单一操作能力拓展至"技术应用＋数据分析＋创新迭代"的复合能力集；而"全过程培养"理念则要求教育体系必须贯穿职业启蒙、技能训练、终身学习全阶段，形成动态适应产业升级的育人生态。

第三章进一步通过"专业素养—职业素养—数字素养"三维度模型，精准勾勒现代化工高技能人才的素养画像。其中，数字素养维度尤其值得关注：除要求掌握数据采集、工艺仿真等工具应用能力外，更强调构建"以数据驱动问题发现、以算法支持决策优化"的数字化思维模式。这一素养框架的确立，为后续人才培养体系的设计提供了明确的能力导向。

以素养画像为指引，第四章提出"产业要素谱系—教育要素谱系—产教对接谱系"三位一体的人才培养谱系构建方法论。通过解析化工产业链的岗位变迁规律、职业能力需求演变趋势，研究团队开发了涵盖15个核心岗位群的产教对接图谱，并借助湖南化工职业技术学院的实践案例，验证了基于产业链需求动态调整专业群结构的可行性。这种谱系化培养模式，有效破解了传统专业设置与产业需求脱节的顽疾。

第五章提出的"五数一体"人才培养体系，即以数智能力为目标、数智课程为基础、数智师资为保障、数智平台为支撑，数智资源为纽带的人才培养体系，标志着人才培养体系从经验驱动向数据驱动的范式转型。该体系通过校企共建"智能工厂虚拟仿真平台""工艺优化大数据实验室"等载体，将机器学习算法训练、数字孪生系统操作等前沿技术融入教学全过程。某化工集团与院校联合开发的"反应釜智能控制虚拟工坊"，使学员事故应急处置能力提升了40%，充分彰显数智化教学的优势。

第六章进一步构建了"六新行动"培养模式，通过智慧校园新基座、数智实训新场景、课程资源新形态等六大维度创新，推动人才培养全流程的数智化重构。数智技术不仅改变了教学工具，更重塑了"做中学、学中创"的教育生态。

为确保人才培养质量持续提升，第七章构建了政府、行业、企业、院校"四方联动"的动态评测机制。该机制依托大数据平台实时采集岗位需求变化、毕业生能力表现等数据，通过机器学习算法生成人才培养质量预警指数。湖南化工职业技术学院的应用实践表明，该机制可使专业调整响应速度从 18 个月缩短至 6 个月，显著增强教育供给与产业需求的适配性。

终章系统总结了数智赋能人才培养的经验范式，提出"技术渗透—体系重构—生态共建"的推广路径。研究预测，随着工业元宇宙、生成式人工智能等技术的成熟，未来化工教育将呈现虚实融合实训常态化、个性化学习路径智能化、产教资源流动平台化三大趋势。面对这些变革，本书建议职业教育需从三方面突破：一是构建"数字能力＋化工知识＋创新素养"的融合课程体系；二是打造校企数据共享、人才共育的数字化产教共同体；三是建立适应技术快速迭代的弹性教育管理机制。

本书由湖南化工职业技术学院陈超、田伟军、熊美珍著。本书的探索与实践表明，数智化不仅是技术工具的应用，更是现代化工人才培养范式的革命性变革。通过将数智技术深度融入培养目标设定、教学过程实施、质量评价反馈各环节，我们能够构建起"产业需求精准感知、教育资源动态配置、人才能力持续进化"的新型教育生态。期待本书的研究成果能为职业院校、化工企业、政府部门提供参考，共同推动我国现代化工高技能人才培养迈入数智驱动、质效双升的新阶段。在专著的撰写过程中，众多同事无私分享了宝贵的行业洞察、实践案例及技术素材，为研究的深度与广度提供了坚实支撑。刘海路、陈宏图、蒋俊凯、唐淑贞、张翔、刘绚艳、吕靖等多位同志在化工人才培养方面提供的诸多素材和宝贵建议，使本书内容更加严谨完善。诸位同仁的专业贡献，使本书兼具理论高度与实践厚度，谨此致以诚挚谢忱！

限于研究视野与学术能力，书中论述难免存在不足之处，诚挚恳请学界前辈、行业专家及广大读者不吝赐教，以批判性视角斧正疏谬，共同推进这一关乎现代化工行业高质量发展的关键命题，为构建数智时代高技能人才培育新范式贡献智慧与力量。

作者

2025 年 1 月

目录

CONTENTS

数智驱动下现代化工高技能人才培养的
探索与实践

第一章

数智技术驱动现代化工转型新态势

在第四次工业革命的浪潮中，数智技术（数字化与智能化技术）已成为推动各行业转型升级的核心力量。化工行业作为国民经济的重要支柱产业，正经历着前所未有的变革。数智技术不仅改变了化工生产的工艺流程、效率和安全性，还重构了行业的竞争格局，并推动了行业的绿色可持续发展。随着全球新一轮科技革命与产业变革的加速推进，以及智能化生产、大数据分析、虚拟现实与增强现实等前沿技术的深度应用，数智技术正以前所未有的深度和广度重塑现代化工行业的生产模式和产业格局。

麦肯锡2024年行业报告显示，全球TOP50化工企业数字化投入年均增长率维持在18%～20%，资金重点流向AI工艺优化、数字孪生工厂、预测性维护等场景，其中AI模型开发占比提升至35%，而2023年这一比例约为28%。德国巴斯夫实施的"智能反应器计划"通过5G+边缘计算实现毫秒级参数调控，使连续化生产装置OEE（设备综合效率）突破92%的历史峰值。从生产流程的智能化改造到产业决策的数据驱动，从虚拟现实的技能培训到全生命周期的效率优化，数智技术已成为现代化工转型升级的核心引擎。这种变革正在重构全球化工竞争格局：传统产能规模优势让位于数据资产价值，企业核心竞争力的评价指标从"装置规模"转向"数据密度"。在这一背景下，化工行业对高技能人才的需求也发生了根本性变化，传统的技能型人才亟需向数智复合型人才跨越。如何适应数智时代的化工领域新态势，已成为行业亟待解决的关键问题。

第一节
数智技术前沿发展洞察

一、智能化生产技术革新趋势

在科技浪潮迅猛推进的当下，智能化生产技术已毋庸置疑地成为现代化工行业前行的核心驱动力与关键航向标。智能化生产技术并非单一技术的孤立应用，而是自动化技术、信息技术、人工智能技术等前沿科技的深度融合体，全方位赋能化工生产，实现从原料投入到产品产出全过程的自动化、智能化与高效化运作。近年来，随着化工行业对智能化探索的持续深入，智能化生产技术在化工领域的应用呈现出一系列深刻且影响深远的革新趋势。

（一）技术融合的深化

智能化生产技术正以惊人的速度，将人工智能、大数据、云计算、物联网等前沿技术深度交织、融会贯通，并全方位渗透于化工生产从原料采购、生产加工、产品质检到成品仓储与运输的每一个细微环节。就物联网设备而言，它们宛如化工生产流程中的敏锐感知触角，星罗棋布于整个生产环境。这些设备能够实时、精准地采集海量生产数据，涵盖从生产设备的运行参数，如温度、压力、转速，到生产线上物料的流量、成分比例等各个关键维度。紧接着，大数据分析技术凭借其强大的数据处理与挖掘能力，对这些海量且繁杂的生产数据进行深度剖析。借助复杂的算法模型，从数据中提炼出潜藏的规律与优化线索，进而为生产流程的优化提供坚实的数据支撑。在此基础上，人工智能算法依据大数据分析结果，结合预设的生产目标与约束条件，实现智能决策。无论是对生产设备的运行参数进行动态调整，还是对生产流程的路径进行优化抉择，人工智能算法都能给出最优方案，并通过自动化控制系统将这些决策精确无误地执行到位。这种深度的技术融合，仿佛为化工生产装上了智慧的大脑与灵活的手脚，不仅让生产效率实现了质的飞跃，大幅缩短了产品的生产周期，还显著降低了生产成本。同时，由于生产过程的精准控制与智能预警，安全风险也得到了有效防控。

例如，在某大型化工企业的生产车间，通过构建一套高度集成的智能化生产系统，物联网设备每秒能够采集数以万计的数据点。大数据分析平台运用分布式计算技术，对这些数据进行实时处理与分析，挖掘出生产过程中一些以往难以察觉的参数关联。基于这些分析结果，人工智能算法能够提前预测设备可能出现的故障，并自动调整生产参数，避免设备在临界状态下运行。这一系列技术融合的举措，使得该企业的生产效率提升了35%，生产成本降低了20%，安全事故发生率降低了60%。

（二）自感知与自优化能力的提升

智能化生产系统恰似一个拥有自主意识的智能生命体，借助庞大而精密的传感器网络，能够实时、精准地感知设备自身的运行状态以及生产环境中任何细微的变化。这些传感器如同系统的神经末梢，分布在生产设备的关键部位以及生产车间的各个角落，时刻监测着设备的振动、温度、压力、电流等关键参数，以及生产环境中的湿度、空气质量、光照强度等环境因素。一旦传感器捕捉到参数或环境的异常波动，智能化生产系统便会迅速做出反应，自动调整生产参数，以实现生产过程的持续优化。

以智能控制系统在化工反应过程中的应用为例，在一个复杂的化学反应里，反应温度和压力是影响反应速率、产物纯度以及反应安全性的关键因素。传统的反应控制系统往往依赖人工设定固定的温度和压力参数，难以根据反应过程中的实时变化进行动态调整。而智能化生产系统中的智能控制系统则大不相同，它通过安装在反应釜上的高精度温度传感器和压力传感器，实时采集反应过程中的温度和压力数据。当反应温度因外界因素出现微小波动时，智能控制系统会即刻根据预设的控制算法，自动调整加热或冷却装置的功率，使反应温度迅速恢复到最佳设定值。同时，根据压力传感器的数据反馈，智能控制系统会动态调整反应釜的进气或排气阀门，确保反应压力始终处于安全且高效的范围内。这种实时的自感知与自优化机制，不仅能够确保生产过程的稳定性，有效避免因参数波动导致的产品质量问题和生产事故，还能显著提高生产效率，使反应过程更加高效、节能。

在某化工企业的实际生产中，采用了具备自感知与自优化能力的智能控制系统后，反应过程的稳定性提高了80%，产品的一次合格率从原来的85%提升至95%，同时能耗降低了18%。

（三）设备智能化与健康管理智能化

现代化工设备早已不再是传统意义上单纯的机械装置，正朝着智能化、智慧化的方向大步迈进。如今的化工设备不仅具备高度自动化的操作功能，能够在无人干预的情况下完成复杂的生产任务，还配备了先进的智能诊断和健康管理功能。这些功能的实现得益于嵌入式传感器技术与数据分析技术的紧密结合。在设备的关键部件内部或表面，嵌入了大量高精度的传感器，这些传感器如同设备的健康监测卫士，实时监测设备运行过程中的各项物理参数，如振动、温度、应力、磨损程度等。传感器将采集到的数据源源不断地传输给设备内置的数据处理单元，数据处理单元运用先进的数据分析算法，对这些数据进行深度分析与处理。通过与设备正常运行状态下的标准数据模型进行对比，能够精准判断设备当前的运行状态，及时发现潜在的故障隐患，并预测设备可能出现故障的时间节点。

一旦系统预测到设备存在潜在故障风险，便会立刻启动相应的维护措施。这些措施既可以是自动调整设备的运行参数，以降低设备的负荷，避免故障的进一步恶化；也可以是向设备维护人员发送详细的故障预警信息，包括故障类型、故障位置以及建议的维修措施等。通过这种智能化的设备健康管理方式，企业能够实现从传统的事后维修、定期维修向基于设备实际运行状态的预测性维修转变。这不仅能够大幅减少设备因突发故障导致的停机时间，避免因停机给企业带来的巨大经济损失，还能通过合理安排维修计划，降低维修成本，延长设备的使用寿命。

例如，某化工企业的大型压缩机设备，以往采用定期维修的方式，每三个月进行一次全面检修。然而，这种方式常常导致过度维修或维修不及时的情况发生。引入智能诊断和健康管理系统后，系统通过对压缩机运行数据的实时监测与分析，能够准确预测压缩机关键部件的磨损趋势。根据预测结果，企业可以在设备即将出现故障前，有针对性地安排维修，将压缩机的平均故障间隔时间从原来的6个月延长至12个月，停机时间缩短了70%，维修成本降低了40%。

（四）绿色化工与可持续发展

在全球对环境保护和可持续发展高度关注的大背景下，智能化生产技术在化工行业中扮演着举足轻重的角色，成为推动绿色化工发展、助力化工行业实现可持续发展目标的核心技术力量。智能化生产技术通过对生产流程进行全方位、深层次的优化，以及对资源利用效率的精准提升，为化工行业降低能耗、减少污染物排放提供了切实可行且高效的解决方案。

在生产流程优化方面，智能化系统借助大数据分析和人工智能算法，对整个化工生产过程进行全面建模与仿真分析。通过模拟不同生产条件下的流程运行情况，找出生产流程中的瓶颈环节和能耗高、排放大的节点，并针对性地进行优化改进。比如，通过优化反应路径、调整物料配比、合理安排生产设备的启停顺序等措施，实现生产过程的高效流畅运行，减少不必要的能源消耗和物料浪费。在资源利用方面，智能化系统能够实时监测生产过程中各种资源的使用情况，包括原材料、水、能源等，并根据生产需求和资源供应情况，动态调整资源的分配策略，实现资源的最大化利用。同时，通过对生产过程中产生的副产品和废弃物进行智能化的回收、处理与再利用，进一步提高资源的综合利用率，减少废弃物的排放。

某化工企业在引入智能化生产技术后，通过对生产流程的优化，将生产过程中的能源消耗降低了30%，水资源利用率提高了40%。同时，通过对废弃物的智能化回收与再利用，实现了废弃物的零排放，企业成为绿色化工示范企业，并成为化工行业的可持续发展典范。

（五）扩展技术细节与案例

1. 精准控制与自主决策

以工业物联网（IIoT）和人工智能（AI）为强大支撑的智能控制系统，正以不可阻挡之势逐步取代传统的依赖人工经验的操作模式，成为化工生产领域的新宠。在复杂的化工生产环境中，工业物联网发挥着数据采集与传输的桥梁作用。它通过在生产设备、管道、仪表等各个关键部位部署大量种类繁多的传感器，构建起一个庞大而精密的数据采集网络。这些传感器如同敏锐的感知器官，能够实时、精准地采集生产过程中的温度、压力、流量、液位、成分等海量数据，并通过高速稳定的通信网络将这些数据传输至数据处理中心。

人工智能技术则在数据处理中心大显身手，对采集到的海量数据进行深度挖掘与分析。通过构建复杂的深度学习算法模型，人工智能能够从这些看似杂乱无章的数据中提炼出隐藏的规律和模式，进而实现对生产过程的精准预测和优化控制。

例如，某跨国化工企业在其生产基地部署了一套AI驱动的反应釜控制系统。该系统通过实时采集反应釜内的温度、压力、流量等数十个关键参数，利用深度学习算法对这些数据进行实时分析与处理。在反应过程中，系统能够根据实时数据动态调整反应釜的加热功率、搅拌速度、物料进料量等操作参数，从而实现反应路径的动态优化。与传统的人工控制方式相比，该系统将反应效率大幅提升了23%，同时能耗降低了15%。更为重要的是，这种从"经验驱动"到"数据驱动"的跨越，使得生产过程的稳定性和产品质量的一致性得到了极大保障，产品的次品率降低了60%。

2. 智能微反应器系统

在催化反应工程这一充满挑战与机遇的领域，智能微反应器系统的出现犹如一颗璀璨的新星，展现出了革命性的突破与创新潜力。智能微反应器系统以其独特的微观结构设计和先进的控制技术，实现了对化学反应过程的精准控制与高效优化。以科思创开发的AI微通道反应器为例，该反应器内部集成了128个微型传感器，这些传感器能够对反应过程中的温度、压力、浓度、流速等关键参数进行实时、高精度的监测。同时，反应器配备了自适应控制系统，该系统能够根据传感器采集到的实时数据，运用人工智能算法对反应条件进行动态调整，实现反应路径的最优选择。

在聚氨酯预聚体合成这一复杂的化学反应过程中，传统的间歇式反应方式存在反应周期长、催化剂利用率低、产品质量不稳定等诸多弊端。而科思创的AI微通道反应器通过智能控制技术，将传统间歇式反应长达8小时的周期大幅压缩至45分钟，催化剂利用率更是提升至98%。这种在微观尺度上实现的"分子级精准控制"技术，不仅极大地提高了生产效率，降低了生产成本，还为化工产品的质量提升和新产品研发提供了全新的技术路径，标志着化工生产正式迈入微观尺度智能化的新纪元。在后续的生产实践中，该技术在多个化工产品的合成过程中得到了广泛应用，均取得了显著的经济效益和社会效益。

3. 设备健康管理

BP与壳牌联合研发的振动声学诊断系统（VADS）堪称设备健康管理领域的一座里程碑。该系统的核心在于其创新性地部署了纳米级MEMS传感器阵列，这些传感器如同微小而敏锐的听诊器，能够精准捕捉设备内部极其细微的0.1μm级的材料形变信号。这些形变信号蕴含着设备运行状态的关键信息，通过对这些信号的分析，能够及时发现设备内部潜在的故障隐患，如部件磨损、裂纹扩展、松动等。

为了进一步提升设备故障诊断的准确性和可靠性，VADS系统结合了联邦学习技术。联邦学习技术的独特优势在于，它能够在不泄露各参与方商业机密的前提下，实现跨国企业之间设备劣化特征数据的共享与协同分析。通过整合来自不同地区、不同设备的大量运行数据，训练出更加精准、全面的设备故障预测模型。这种基于大数据和先进算法的设备健康管理方式，使得关键机组的平均故障间隔时间（MTBF）延长了3.2倍。在实际应用中，某大型炼油厂采用了VADS系统后，关键机组的非计划停机次数大幅减少，设备的运行稳定性和可靠性得到了显著提升，为企业的连续稳定生产提供了有力保障，同时每年为企业节省了大量的设备维修和更换成本。

4. 边缘计算与5G技术融合

边缘计算与5G技术的融合为化工设备的实时监控与智能运维带来了前所未有的机遇与变革。在危险化学品生产等高风险、高要求的化工生产场景中，设备的运行状态监测和异常预警的及时性至关重要。传统的设备监控方式往往存在数据传输延迟、处理能力不足等问题，难以满足实时性和准确性的要求。边缘计算与5G技术的融合完美地解决了上述痛点。

边缘计算节点作为靠近设备端的数据处理单元，具备强大的本地数据处理能力。它能够对设备振动、温度、压力等实时采集到的大量数据进行快速、高效的本地化处理，提取出关键的特征信息。通过对这些特征信息的分析，能够及时发现设备运行中的异常情况，并在本地进行初步的故障诊断和预警。5G技术凭借超高的传输速率、超低的延迟和大规模连接的特性，将边缘计算节点处理后的数据快速、稳定地传输至远程监控中心。在远程监控中心，专业的运维人员可以通过实时监控系统，对设备的运行状态进行全面、细致的查看，并根据边缘计算节点提供的预警信息，及时采取相应的措施进行处理。

例如，2023年，某石化基地引入了边缘计算与5G技术融合的设备实时监控系统。在一次设备运行过程中，边缘计算节点通过对设备振动数据的实时分析，检测到某台高压泵的振动异常，存在潜在的故障风险。边缘计算节点立即将这一异常信息通过5G网络传输至远程监控中心，同时在本地发出预警信号。远程监控中心的运维人员在接收到预警信息后，迅速启动应急预案，对设备进行停机检查和维修。由于预警及时、处理得当，成功避免了一起高压管道泄漏事故的发生，将风险处置时间从传统人工巡检的2小时大幅缩短至30秒，有效保障了生产安全和人员生命财产安全。

二、大数据分析技术创新进展

（一）数据采集与处理能力的提升

物联网技术的迅猛发展，宛如一阵强劲的东风，彻底改变了化工企业的数据采集格局。在化工生产的复杂环境中，传感器网络如同密布的神经末梢，广泛分布于各个生产环节。这些传感器犹如不知疲倦的"数据采集员"，持续且实时地捕捉着海量生产数据。

1. 生产过程中的温度、压力、流量等参数是化工生产平稳运行的关键指标

在大型炼油厂的蒸馏塔中，温度的精准控制直接影响着不同馏分的产出比例和质量，压力参数则关乎设备的安全运行。传感器对这些参数的精确测量，为生产过程的稳定调控提供了基础数据。

2. 设备状态监测数据是关乎生产连续性的重要因素

化工设备长期处在高负荷、高温、高压等恶劣工况下运行，设备的磨损、老化等问题时刻威胁着生产安全。在设备关键部位安装的各类传感器，如振动传感器、温度传感器、压力传感器等，能够实时监测设备的运行状态，及时发现潜在故障隐患。例如，当设备某个部件的振动幅度超出正常范围时，传感器能迅速捕捉到这一异常信号，并将其传输至数据处理中心，为设备维护人员提供预警，以便他们及时采取维修措施，避免设备突发故障导致生产中断。

3. 产品质量数据是化工企业的核心关注点

在化工生产中，产品质量受到原材料质量、生产工艺参数、设备运行状态等多种因素的综合影响。通过对生产过程中各个环节的质量数据进行采集和分析，企业能够建立起产品质量与各影响因素之间的关联模型，从而实现对产品质量的精准控制。例如，在树脂生产过程中，通过对原材料的成分数据、反应温度、压力、时间等工艺参数以及产品的物理性能数据（如拉伸强度、硬度等）进行实时采集和分析，企业可以及时调整生产工艺，确保产品质量的稳定性和一致性。

4. 环境因素数据在当今绿色化工发展的大背景下愈发重要

化工生产往往伴随着一定的环境污染问题，如废气、废水、废渣的排放。传感器能够实时监测生产过程中的环境参数，如废气中的污染物浓度、废水中的化学需氧量（COD）和酸碱度（pH值）等，以及周边环境的空气质量、水质等数据。这能为企业实施节能减排、清洁生产等绿色发展策略提供数据支持。

面对如此庞大而复杂的数据量，大数据处理技术的进步为化工企业带来了高效处理和存储数据的解决方案。分布式存储技术的广泛应用，使得企业能够将海量数据分散存储在多个存储节点上，避免了单一存储设备因数据量过大而导致的性能瓶颈和数据丢失风险。同时，并行计算技术的发展大大提高了数据处理效率。通过将数据处理任务分配到多个计算节点上同时进行处理，原本需要数小时甚至数天才能完成的大规模数据处理任务，如今能够在短时间内迅速完成，为后续深入的数据挖掘和分析工作奠定了坚实基础。

（二）深度学习与机器学习的应用

深度学习和机器学习算法在化工领域的应用正不断深入拓展，犹如一颗智慧的种子，在化工这片肥沃的土壤中生根发芽，茁壮成长。

1. 在生产过程中，企业通过构建复杂而精妙的神经网络模型，对海量的历史生产数据进行深度挖掘和分析

这些数据中蕴含着生产过程中各种因素之间微妙而复杂的关系，例如不同原材料的配比、反应条件（温度、压力、时间等）与产品质量和产量之间的内在联系。通过对大量数据的学习和训练，神经网络模型能够逐渐捕捉到这些隐藏的规律和模式，从而为企业提供精准的生产优化建议。例如，在某化工产品的生产过程中，通过对历史数据的分析，建立了神经网络模型，发现当反应温度在某个特定区间内微调，并同时优化原材料的加入顺序时，产品的产量可以提高10%，且质量稳定性得到显著提升。企业根据模型的建议调整生产工艺后，取得了良好的经济效益。

2.质量控制是化工生产中的关键环节，机器学习算法在此发挥着重要作用

通过对生产过程中的实时数据以及大量历史质量数据的学习，算法能够建立起精准的质量预测模型。该模型可以根据当前的生产参数、原材料特性等信息，提前预测产品的质量情况。一旦发现产品质量有偏离标准的趋势，系统能够立即发出预警信号，提醒生产人员及时采取措施进行调整。例如，在药品生产过程中，对每一批次的原材料质量数据、生产过程中的温度、压力、搅拌速度等参数进行实时监测，并输入到质量预测模型中。当模型预测到某一批次产品的质量可能不符合标准时，生产人员可以及时调整生产工艺参数，避免生产出不合格产品，从而有效降低生产成本，提高产品质量的一致性和可靠性。

3. 故障预测是机器学习在化工领域的又一重要应用场景

化工设备的故障不仅会导致生产中断，造成巨大的经济损失，还可能引发安全事故。利用机器学习算法对设备运行过程中产生的大量数据进行实时监测和分析，能够提前发现设备潜在的故障隐患。例如，通过对设备的振动、温度、压力等参数的长期监测数据进行分析，算法可以学习到设备正常运行状态下这些参数的变化规律。当设备出现异常时，参数的变化会偏离正常模式，算法能够及时检测到这种异常，并预测设备可能出现故障的时间和类型。这样，企业可以提前安排设备维护计划，更换即将损坏的零部件，避免设备突发故障，提高设备的可靠性和生产的连续性。例如，某化工企业通过引入机器学习故障预测系统，将设备的非计划停机时间降低了30%，有效提高了生产效率。

（三）实时数据分析与决策支持

大数据分析技术犹如化工企业管理层的"智能参谋"，具备强大的实时数据处理能力，能够为管理层提供及时、准确且具有前瞻性的决策支持。

在化工生产的动态过程中，生产数据源源不断地产生。而关键指标则是这些数据洪流中的"灯塔"，清晰地反映着生产过程的实时状态。通过搭建先进的实时数据监测系统，企业能够对生产过程中的关键指标，如产品产量、生产效率、原材料消耗、能源消耗等进行实时监控。这些关键指标的实时数据以直观的图表、仪表盘等形式展示在管理层的监控终端上，使管理层能够一目了然地了解生产的整体情况。

当市场需求出现突然变化时，大数据分析系统能够迅速捕捉到相关信号。例如，通过对市场销售数据、客户订单数据以及行业动态信息的实时分析，企业可以及时发现某种化工产品的市场需求在短期内急剧增长。此时，管理层可以依据实时数据分析结果，迅速调整生产计划。一方面，增加该产品的生产投入，如调配更多的原材料、安排更多的生产设备投入运行、调整人力资源配置等；另一方面，优化生产流程，通过大数据分析找出生产过程中的瓶颈环节，并采取针对性措施进行优化，如调整设备运行参数、改进操作工艺等，以提高生产效率，满足市场对产品的需求，从而在激烈的市场竞争中抢占先机。

同样，当生产过程中出现异常情况时，大数据分析技术能够在第一时间发出警报，并提供详细的异常分析报告。例如，当设备的某个关键参数突然超出正常范围，或者生产线上的产品质量出现明显波动时，实时数据分析系统能够立即检测到这些异常，并迅速分析异常产生的原因。可能是设备故障、原材料质量问题、操作失误，或者是生产工艺参数的偏差等。管理层根据异常分析报告，能够迅速制定应对策略，采取相应的措施进行处理，如安排设备维修人员对故障设备进行抢修、更换不合格的原材料、对操作人员进行培训或调整生产工艺参数等，最大限度地减少生产异常对企业造成的损失。

（四）数据安全与隐私保护

随着大数据在化工企业中的广泛应用，数据安全和隐私保护已成为企业面临的至关重要的挑战，时刻提醒着企业必须高度重视数据安全问题。

化工企业的生产数据包含着大量的核心商业机密，如独特的生产工艺、产品配方、客户信息、供应链数据等。这些数据一旦泄露，将给企业带来无法估量的损失，不仅可能导致企业在市场竞争中处于劣势，还可能引发法律风险和客户信任危机。

1. 作为数据安全的第一道坚固防线，数据加密技术通过运用特定的加密算法，将原始数据转化为密文形式

只有拥有正确密钥的授权人员才能将密文解密还原为原始数据。在数据传输过程中，无论是通过企业内部网络还是外部网络，数据加密都能确保数据的安全性。例如，在化工企业与供应商之间的数据传输过程中，对涉及原材料采购订单、价格信息等敏感数据进行加密传输，即使数据在传输过程中被非法截取，不法分子也无法获取数据的真实内容。在数据存储环节，对存储在数据库、服务器等设备中的重要数据进行加密存储，进一步保障数据的安全性。

2. 访问控制技术为数据访问设置了严格的权限门槛

根据员工的工作岗位和职责，企业为每个员工分配相应的数据访问权限。例如，生产一线的操作人员可能只被授予访问与自己操作相关的设备数据和生产参数的权限，而研发人员则可以访问与产品研发相关的实验数据和技术资料。通过这种精细化的权限管理，确保只有经过授权的人员才能访问特定的数据资源，有效防止数据被滥用和非法访问。同时，企业还可以通过定期审查和更新员工的数据访问权限，确保权限分配的合理性和安全性，随着员工岗位的变动或工作职责的调整，及时调整其数据访问权限。

3. 区块链技术的出现，为化工企业的数据安全保障注入了新的强大动力

区块链具有去中心化、不可篡改、可追溯等特性。在化工数据管理中，利用区块链技术记录数据的操作历史，每一次对数据的创建、修改、访问等操作都会被记录在区块链的分布式账本上，形成一个不可篡改的时间戳序列。这意味着任何对数据的非法修改都会留下清晰的痕迹，且无法被单一节点篡改，因为区块链上的每个节点都保存着完整的账本副本。例如，在原材料采购数据记录方面，利用区块链技术可以确保采购订单的真实性和完整性，从采购申请、供应商报价、订单签订、货物交付到货物验收等整个过程的数据都被记录在区块链上，任何一方都无法篡改数据，保证了数据的可信度和透明度。在产品质量追溯环节，区块链技术同样发挥着重要作用，消费者可以通过区块链查询产品从原材料采购、生产加工到销售流通的全过程信息，确保产品质量安全可追溯。

（五）技术架构分析与案例

1. 从描述性分析转向预测性与处方性分析

化工大数据分析正经历着从传统的描述性分析向更具前瞻性和指导性的预测

性与处方性分析的重大跃迁，这一转变如同为化工企业装上了"智慧大脑"，使其能够更加精准地把握生产和市场动态。

在流程工业领域，这种转变尤为显著。企业通过整合生产、供应链、市场等多源数据，构建起全链条数字孪生模型。这个数字孪生模型就像是现实生产流程的一个虚拟"克隆体"，能够实时反映生产过程中的各种状态和变化。它不仅包含了生产设备的运行情况、工艺流程的执行状态，还涵盖了原材料的供应情况、市场需求的波动等信息。通过对这个数字孪生模型的分析和模拟，企业可以提前预测生产过程中可能出现的问题，并制定相应的解决方案。

以某氯碱企业为例，该企业充分利用时序数据库（TSDB）强大的数据存储能力，积累了长达10年的生产数据。这些海量的历史数据成为企业挖掘价值的宝库。通过对这些数据的深入分析和挖掘，企业成功训练出电解槽寿命预测模型。在该模型投入使用之前，由于缺乏精准的预测手段，企业对电解槽的更换周期只能依靠经验估算，误差高达±30天。这导致企业在设备维护方面面临着巨大的挑战，要么过早更换设备，造成资源浪费；要么过晚更换设备，引发设备故障，影响生产连续性。而使用新的预测模型后，设备更换周期误差大幅压缩至±5天。企业能够根据模型的预测结果，提前做好设备更换和维护计划，合理安排生产，有效避免了因设备故障或过度维护带来的成本浪费。经核算，该模型的应用每年为企业节约维护成本超过千万元，显著提升了企业的经济效益和生产管理水平。

2. "云边端"协同架构

化工大数据平台正朝着"云边端"协同架构稳步演进，这种创新的架构模式融合了云计算、边缘计算和终端设备的优势，为化工企业的数据处理和应用带来了前所未有的高效性和灵活性。

中石化建设的ProMACE 4.0平台是"云边端"协同架构的杰出典范。在边缘层，平台部署了数量庞大的15000+个智能仪表，这些智能仪表犹如分布在生产现场的"侦察兵"，具备强大的数据采集能力。它们支持OPC UA协议，能够实时、精准地采集20000+条工艺参数。这些参数涵盖了生产过程中的各个关键环节，从原材料的投入到产品的产出，每一个重要的工艺数据都被智能仪表准确捕捉。智能仪表在采集数据的同时，还能对数据进行初步的处理和筛选，将一些明显异常或无效的数据剔除，减轻了数据传输的负担，提高了数据传输的效率和准确性。

平台层采用了先进的时序数据库集群（TDengine）+数据湖架构。TDengine作为一款专为时序数据设计的高性能数据库，具有高效的数据存储和查询性能。它能够快速存储和处理大量的时间序列数据，满足化工生产过程中对实时数据存储和查询的高要求。数据湖架构则为企业提供了一个统一的、可扩展的数据存储和管理平台，能够容纳各种类型、各种格式的数据，包括结构化数据、半结构化数据和非结构化数据。这种架构使得企业能够对不同来源、不同类型的数据进行整合和分析，挖掘数据之间的潜在关联和价值。该平台的日处理数据量高达1.2PB，展现出了强大的数据处理能力，能够轻松应对化工企业海量数据的存储和分析需求。

应用层则开发了丰富多样的28个智能APP，这些APP就像是为企业量身定制的一系列"智能助手"，涵盖了工艺优化、设备预测性维护、生产调度管理、质量控制等多个业务领域。例如，工艺优化APP通过对生产过程中的工艺数据进行实时分析和优化，能够为企业提供最佳的工艺参数调整建议，帮助企业提高生产效率、降低生产成本；设备预测性维护APP利用机器学习算法对设备的运行数据进行监测和分析，提前预测设备可能出现的故障，为企业制订设备维护计划提供依据，有效减少设备故障停机时间；生产调度管理APP能够根据实时的生产数据和市场需求，对生产任务进行合理分配和调度，提高生产资源的利用率。

在燕山石化的项目中，ProMACE 4.0平台取得了显著的成效。乙烯装置APC（先进过程控制）投用率从原本的65%大幅提升至93%，关键机组非计划停车次数下降了82%。这不仅提高了生产的稳定性和连续性，还为企业带来了可观的经济效益，充分证明了"云边端"协同架构在化工大数据平台建设中的巨大优势和应用价值。

3. 知识图谱技术2.0

知识图谱技术进入2.0阶段，为化工数据分析带来了革命性的变化，将数据分析的深度提升到了一个全新的层次。

杜邦公司开发的Materials Galaxy系统在这一领域取得了突破性的进展。该系统构建了一个规模庞大、内容丰富的知识图谱，其中包含了500万+化学实体以及3000万+反应关系，宛如一个浩瀚的化学知识宇宙。通过引入先进的图神经网络（GNN）技术，Materials Galaxy系统能够对分子性质进行精准预测。GNN能够充分利用知识图谱中化学实体之间的复杂关系，学习分子的结构特征和性质规律，从而实现对分子在不同条件下的各种性质的准确预测。同时，该系统还支持多模态数据融合，将文本、图谱、实验视频等多种类型的数据有机结合起来。这种多模态数据融合的方式为化学研究提供了更加全面、丰富的信息来源，使得研究人员能够从多个角度深入理解化学现象和反应机理。

在新材料研发过程中，Materials Galaxy系统展现出了强大的优势。它成功预测出新型聚酰亚胺薄膜的最优合成路径，将原本常规需要18个月的研发周期大幅缩短至5个月。这一成果的取得，不仅大大提高了研发效率，降低了研发成本，还为企业在新材料领域的创新发展赢得了宝贵的时间优势。某国际化工巨头也构建了一个涵盖2万种化学品属性、10万条反应路径的知识图谱，借助这个知识图谱，研发人员能够快速筛选催化剂配方。在传统的新材料开发过程中，研发人员往往需要通过大量的试错实验来寻找合适的催化剂配方，这不仅耗费大量的时间和资源，而且效率低下。而利用知识图谱技术，研发人员可以根据已知的化学品属性和反应路径，通过智能推理和筛选，快速找到最有可能适合的催化剂配方，将新材料开发周期缩短了40%。这一技术突破标志着化工研发正从传统的"试错式实验"模式向高效、精准的"智能推理"模式转变，为化工行业的创新发展注入了新的强大动力。

三、虚拟现实与增强现实技术前沿探索

在当今科技迅猛发展的时代浪潮中，虚拟现实（VR）和增强现实（AR）技术正逐步从理论设想的云端，稳健地迈向现实应用的广阔大地。在现代化工这一传统而又充满创新活力的领域，VR和AR技术宛如两颗璀璨的新星，正逐渐绽放出耀眼光芒，展现出无可限量的潜力与极具开创性的创新前景。从沉浸式培训到现场辅助，从虚拟工厂构建到绿色化工推动，再到各项前沿技术的深度融合应用，它们在化工领域的前沿探索方向呈现出令人瞩目的多元化态势，正深刻且持续地重塑着化工行业的运作模式与未来发展轨迹。

（一）虚拟现实技术的沉浸式培训

VR技术依托先进的计算机图形学、高精度传感器技术以及复杂的算法体系，致力于构建出一个与现实化工生产场景高度契合的虚拟环境。在现代化工领域，这一特性为操作人员的培训工作带来了具有变革意义的全新模式。

回顾传统的化工培训模式，以理论知识的课堂讲授为主，搭配有限的实际操作演练。这种方式存在诸多局限性，学员在课堂上难以将抽象的理论知识与复杂多变的实际工作场景紧密联系起来，而在实际操作演练中，由于真实设备的高昂成本、操作风险以及时间和空间的限制，学员往往无法充分、全面地接触到各种生产环节和突发状况，这使得他们在真正步入工作岗位时，面对复杂的生产环境常常感到力不从心。

而VR技术的强势介入，如同为化工培训领域开启了一扇全新的大门，彻底打破了以往的种种束缚。学员一旦踏入VR构建的虚拟环境，便如同身临其境般置身于真实的化工生产车间。在这里，他们能够亲自动手操作各种设备，从最

基础、看似简单的阀门开启与关闭操作，到复杂程度极高的大型反应装置的精细调试，每一个操作动作都能在系统中得到即时、精准的反馈。在工艺流程模拟方面，学员能够完整且连贯地模拟从原料投入到最终产品产出的全流程，清晰直观地观察到每一个环节中物质的形态变化、化学反应过程以及能量的转换机制。更为关键的是，应急演练在VR环境中也得以实现高度的真实感与高效性。例如，当模拟管道泄漏引发火灾这一常见且危险的场景时，学员会置身于逼真的烟雾弥漫、警报声尖锐刺耳的环境中，他们必须迅速做出正确的判断与反应，严格按照预定的应急处理流程，有条不紊地进行紧急处理操作。这种高度仿真的培训环境，极大程度地锻炼了学员在面对真实紧急情况时的冷静判断能力、快速决策能力以及熟练的操作技能，有效提升了他们的应急处理水平。

大量的实践数据有力地证明了VR沉浸式培训的显著成效。相关研究统计，经过VR沉浸式培训的学员，在实际操作中的失误率相较于采用传统培训方式的学员降低了约30%，对复杂操作流程的掌握速度更是提升了约40%。基于此，众多化工企业敏锐地捕捉到了这一技术带来的巨大优势，纷纷将VR培训纳入企业的常规培训体系之中，并且不断加大投入，持续优化培训内容，以精准适配不同岗位、不同技能水平员工的多样化需求。

（二）增强现实技术的现场辅助

AR技术的核心工作原理是借助各类先进的摄像头、传感器等硬件设备，实时获取现实场景中的各种信息数据，然后通过复杂精妙的计算机算法，将与之相关的虚拟信息以精准、直观的方式叠加到现实场景之上，从而为现场操作人员提供全方位、强有力的实时指导和辅助支持。

在化工生产现场，这一技术展现出了无可比拟的实用价值。以技术人员进行设备维修工作为例，以往在面对复杂设备的故障排查与维修时，技术人员往往需要花费大量时间查阅厚厚的纸质操作手册和检测报告，凭借经验和记忆去逐步判断故障点，这一过程不仅效率低下，而且容易因人为疏忽造成判断失误。而如今，随着AR技术的广泛应用，技术人员只需佩戴上轻巧便捷的AR眼镜，就能轻松获取设备的全方位信息。AR眼镜能够自动、快速地识别设备型号，并将与之对应的设备3D模型清晰地呈现在技术人员眼前，同时在模型上直观地叠加显示出详细的操作说明和最新的检测数据。不仅如此，当遇到棘手的疑难问题时，技术人员还能通过AR眼镜与远程专家进行实时连线，专家可以在千里之外通过虚拟标注的方式，精准地指出故障点，并提供详细的维修指导建议。

这种实时、高效的辅助模式，极大地提高了设备维修工作的效率和准确性。

据某炼化企业的实际应用数据反馈，在引入AR远程协作系统后，复杂设备的平均维修时间大幅缩短了55%，这意味着企业能够更快地恢复设备的正常运行，减少设备故障导致的生产停滞时间，从而显著提升生产效率。同时，对于新手工程师而言，AR技术为他们提供了一个近乎"手把手"的学习与实践平台，使得他们的技能成长速度得到了惊人的提升，相较于以往传统的学习模式，成长速度提升了3倍之多，这为企业培养新一代专业技术人才注入了强大的动力。

（三）虚拟工厂与远程监控

通过巧妙地将VR和AR技术有机结合，化工企业得以构建出高度逼真、功能强大的虚拟工厂模型，从而实现对生产过程的全方位、实时化远程监控和精细化管理。

虚拟工厂的构建是一个复杂而又精妙的过程。首先，企业需要利用先进的三维建模技术，对工厂的每一个角落，从庞大的生产车间、高耸的存储罐，到错综复杂的管道线路，进行精确细致的数字化建模，确保虚拟模型与现实工厂在物理形态上高度一致。同时，借助物联网技术，将工厂内的各类设备、传感器与虚拟模型进行实时数据连接，使得虚拟模型能够实时反映现实设备的运行状态、工艺参数等关键信息。

在这个虚拟工厂的平台上，企业管理层拥有了前所未有的便捷与高效。他们无须亲临生产现场，只需通过电脑屏幕、VR设备或者AR终端，就能如同身临其境般实时查看工厂各个环节的生产状态。无论是设备的运行状况、产品的生产进度，还是生产线上的物料流动情况，一切都尽收眼底。更为重要的是，管理层能够在远程直接对虚拟工厂中的设备进行操作和下达调度指令。例如，当发现某一生产环节出现产能瓶颈时，管理层可以迅速在虚拟模型中对相关设备的运行参数进行调整，或者重新规划物料的输送路径，这些指令会通过系统实时传递到现实设备中，实现生产过程的即时优化。

这种虚拟工厂与远程监控模式的应用，对化工企业的管理效益带来了显著提升。一方面，极大地提高了管理效率，管理层能够在第一时间获取准确的生产信息并做出决策，避免了信息传递不及时或不准确导致的决策失误和生产延误。另一方面，通过远程操作和调度，减少了管理人员往返生产现场的时间和精力消耗，同时也降低了因现场操作带来的安全风险。据相关行业数据统计，采用虚拟工厂与远程监控模式的化工企业，其管理效率相较于传统模式提升了约40%，生产过程中的异常处理时间缩短了约50%，为企业的高效稳定运营提供了坚实保障。

（四）绿色化工与可持续发展

VR和AR技术在化工领域的深入应用，不仅在提升生产效率和保障生产安全方面发挥了重要作用，更为绿色化工理念的践行和可持续发展目标的实现提供了强有力的支持与全新的解决方案。

在化工生产过程中，资源的高效利用和环境的有效保护一直是行业面临的重要挑战。传统的化工生产模式往往存在着资源浪费严重、能源消耗过高以及环境污染风险较大等问题。而借助VR和AR技术，企业能够在产品研发、生产工艺设计以及生产过程优化等多个环节进行虚拟模拟和深度优化。

在产品研发阶段，科研人员可以利用VR技术构建分子模型，模拟不同分子结构在各种化学反应条件下的变化情况，从而快速筛选出性能最优、资源消耗最少的分子组合，为新型化工产品的研发提供科学依据。例如，通过VR分子模拟平台，科研人员能够在三维空间中直观地"组装"分子结构，实时观察电子云分布与键能变化，这种全新的研发方式相较于传统的实验摸索方法，大大缩短了研发周期，降低了研发成本，同时也减少了因大量实验带来的资源浪费和环境风险。

在生产工艺设计方面，企业可以运用AR技术对现实工厂进行虚拟规划和预演。通过在现实场景中叠加虚拟的生产流程和设备布局，技术人员能够提前发现潜在的工艺缺陷和资源浪费环节，并进行针对性的优化调整。在生产过程中，借助VR和AR技术实现的实时监控与数据分析功能，企业能够及时掌握生产设备的运行状态和能源消耗情况，根据实际情况动态调整生产参数，实现能源的精准利用和资源的最大化回收。例如，通过对生产线上物料流动的实时监测和分析，企业可以优化物料输送路径，减少物料在输送过程中的损耗和能源消耗。

通过这些基于VR和AR技术的虚拟模拟和优化设计手段，企业能够在源头上减少资源浪费，降低生产过程中的能源消耗和污染物排放，为绿色化工的发展和可持续发展目标的实现迈出坚实有力的步伐。相关研究表明，采用VR和AR技术进行生产优化的化工企业，其资源利用率提高了约20%，能源消耗降低了约15%，污染物排放量减少了约30%，在经济发展与环境保护之间找到了更为平衡的发展路径。

（五）深化技术融合应用与案例

1. 沉浸式设计与远程协作

随着VR和AR技术在化工领域应用的不断深入，其应用场景已成功突破传统的培训范畴，逐渐向沉浸式设计与远程协作等前沿领域拓展延伸，为化工行业的创新发展注入了新的活力与动力。

在新材料研发领域，巴斯夫公司开发出了独具特色的VR分子模拟平台。在这个平台上，科研人员仿佛拥有了一双能够深入微观世界的"魔法之手"，可以在三维空间中自由地"组装"分子结构。他们能够实时、直观地观察到电子云分布的微妙变化以及键能的动态调整情况，这种全新的设计方式将以往只能在理论层面进行的分子设计工作，转变为一种极具直观性和可操作性的实践过程。与传统的二维图纸设计和有限的实验验证方式相比，VR分子模拟平台使得科研人员能够更加深入地理解分子间的相互作用机制，极大地拓宽了设计思路，显著提升了新材料设计的效率和质量。巴斯夫内部数据显示，采用该VR分子模拟平台后，新材料研发项目的周期缩短了约35%，研发成功率提高了约25%，为企业在新材料领域的创新发展提供了强大的技术支撑。

2. AR远程协作系统

在工厂日常运维工作中，AR远程协作系统正迅速崛起，成为工程师们不可或缺的"超级助手"，为设备维护与故障处理工作带来了革命性的变化。

某炼化企业在引入AR远程协作系统后，现场技术人员的工作模式发生了翻天覆地的改变。技术人员只需佩戴上轻便的AR眼镜，系统便能自动识别设备型号，并在眼镜的显示屏上精准地叠加显示出该设备的详细维修指引，包括设备的拆解步骤、零部件更换方法以及关键的维修注意事项等。更为重要的是，当遇到复杂疑难问题时，技术人员可以通过AR眼镜与远在千里之外的专家进行实时视频连线。专家能够在远程实时看到技术人员所看到的现场画面，并通过虚拟标注的方式，在设备的虚拟模型上清晰地指出故障点，同时提供详细的维修指导建议。这种实时、高效的远程协作模式，彻底打破了时间和空间的限制，使得专家的丰富经验和专业知识能够在第一时间传递到生产现场，为问题的快速解决提供了有力保障。

3. 混合现实（MR）技术

混合现实（MR）技术作为VR和AR技术的融合与升华，正逐步开创化工培训领域的全新范式，为化工企业培养高素质人才提供了更为先进、高效的手段。

陶氏化学与微软携手合作，共同开发出了基于HoloLens 2的先进培训系统，该系统凭借其卓越的创新性和强大的功能，在化工培训领域引起了广泛关注。

该系统的第一个创新点在于其独特的空间锚定技术。通过这一技术，系统能够将虚拟设备精确无误地叠加到真实的工厂环境之中，实现虚拟与现实的无缝融合。学员在培训过程中，能够在真实的工厂场景中与虚拟设备进行自然交互，仿佛这些虚拟设备就是真实存在于工厂中的一部分，极大地增强了培训的真实感和沉浸感。

第二个是先进的手势识别引擎。该引擎具备高度的精准性，能够支持对双手14个关节点的精确识别与操作。学员在操作虚拟设备时，只需通过简单、自然的手势动作，就能实现对设备的启动、停止、参数调整等一系列复杂操作，无须借助传统的手柄或键盘等输入设备，使得操作过程更加流畅、高效，同时也进一步提升了学员的参与感和互动性。

第三个是强大的专家协作系统。该系统支持跨国团队之间的实时标注与指导。无论专家身处世界的哪个角落，都能够通过网络与学员进行实时连接，在学员的HoloLens 2设备上实时看到学员的操作画面，并通过虚拟标注的方式为学员提供详细的指导和建议。这种全球化的协作模式，使得学员能够接触到来自世界各地的顶尖专家的知识与经验，拓宽了培训视野，提升了培训质量。

在路易斯安那工厂的实际应用中，该HoloLens 2培训系统取得了很大的成效。新员工的独立上岗培训周期从以往的12周大幅缩短至6周，缩短了一半的时间，这意味着企业能够更快地将新员工培养成合格的操作人员，投入到实际生产工作中，为企业节省了大量的时间和人力成本。同时，操作失误率也显著下降，降至0.3次/千工时，有效提高了生产的安全性和稳定性，为企业的高效生产运营提供了有力保障。

4. 数字孪生技术的全息投影阶段

数字孪生技术作为近年来备受瞩目的前沿技术，在化工领域也正不断迈向新的发展阶段，如今已进入全息投影阶段，为化工企业的管理与决策带来了前所未有的变革。

沙特阿美公司在智能炼厂建设方面取得了重大突破，成功打造出了具有高度智能化的炼厂数字孪生体。该数字孪生体通过先进的激光全息投影技术，实现了对整个工厂1:1的精确三维重建。在这个虚拟的三维工厂模型中，每一个设备、每一条管道都以极其逼真的形态呈现出来，并且能够实时反映现实工厂的运行状态。

管理人员只需通过简单的手势操作，就能在全息投影的三维模型中实时查看任意管道的腐蚀速率、催化剂活性等微观状态信息。这种如同拥有"透视工厂"般的神奇能力，使得管理人员能够深入了解工厂内部的每一个细节，及时发现潜在的问题和隐患。与传统的管理模式相比，决策响应速度得到了惊人的提升，相较于以往提升了40倍之多。在面对复杂的生产问题和市场变化时，管理人员能够在第一时间做出准确、及时的决策，有效提升了企业的市场竞争力和应对风险的能力。

综上所述，虚拟现实（VR）和增强现实（AR）技术及其相关融合技术在现代化工领域的前沿探索与应用，正以惊人的速度和深度改变着化工行业的面貌。

从提升培训效果到优化生产现场操作，从构建虚拟工厂实现远程管理到推动绿色化工发展，再到开创全新的设计与协作模式，这些技术为化工企业带来了诸多机遇与挑战。随着技术的不断进步与创新，相信在未来，VR和AR技术将在化工领域发挥更加重要的作用，为化工行业的可持续发展注入源源不断的动力，引领化工行业迈向更加智能、高效、绿色的新时代。

第二节
数智技术在现代化工领域的深度渗透

一、智能化生产技术的工艺革新

（一）智能化生产方式

智能化生产作为一种极具创新性与前瞻性的生产模式，深深扎根于人工智能的研究成果之中。它紧密连接起新一代信息通信技术与先进制造技术，以一种无孔不入的态势，全方位贯穿于制造业从设计构思的萌芽阶段，到生产实践的执行过程，再到管理运营的统筹协调，以及售后运维的服务环节等各个关键节点，为整个制造业的转型升级注入了源源不断的活力与强大动力。其核心运作原理依托于自感知、自执行、自决策等一系列先进且智能的核心能力，致力于将传统的生产过程逐步迭代升级为高度智能化的生产体系。

具体来说，智能化生产包含以下几个方面。

1. 技术融合

智能化生产的显著标志之一，便是将人工智能、大数据、云计算、物联网等前沿先进技术进行深度且有机的融合，并将这一融合成果广泛而深入地应用于产品制造的全生命周期的每一个环节。

在产品设计的起始阶段，人工智能技术可借助对海量市场数据以及用户多样化需求的深度挖掘与精准分析，为设计师提供富有创新性与前瞻性的设计思路以及优化方案。大数据则如同一位精准的市场分析师，帮助设计师更为敏锐且准确地洞察市场发展趋势以及消费者的潜在偏好。云计算技术在此过程中，为复杂的设计模拟与分析工作提供了强大且高效的计算资源支撑，使得原本耗时费力的设计任务能够在短时间内得以快速完成。而物联网技术则确保了设计信息能够实时、准确地传递至后续的生产环节，无缝对接设计与生产两大关键流程。

在实际生产环节，人工智能驱动下的机器人以及各类自动化设备，能够依据实时更新的生产数据以及预先精心设定的程序，精确无误地完成各类复杂且精细的生产任务。大数据技术则如同一位不知疲倦的监测者，对生产过程中的各项关键参数进行实时且全面的监测，以便及时察觉并妥善解决可能出现的各类问题。云计算为生产管理系统提供了高效、稳定的数据存储与处理能力，保障了系统的流畅运行。物联网技术更是实现了设备之间的互联互通以及生产数据的实时采集与传输，使得生产现场的每一个动态都能被及时捕捉与反馈。

在企业管理阶段，人工智能能够对企业运营过程中产生的海量数据进行深度剖析与解读，为管理者提供科学、精准的决策支持。大数据用于整合企业内外部的各类信息资源，打破信息孤岛，实现信息的高效流通与共享。云计算确保管理系统能够稳定、高效地运行，应对各种复杂的业务场景。物联网则使管理者如同拥有了千里眼与顺风耳，能够实时掌握生产现场的实际情况，做到心中有数。

在产品售后的服务阶段，通过物联网技术收集产品在实际使用过程中的各类数据，再利用人工智能和大数据分析技术深度挖掘用户需求，从而为用户提供个性化、贴心的服务和解决方案，提升用户满意度与忠诚度。

2. 核心特征

（1）产品智能化 在产品的设计与制造过程中，巧妙地融入传感器、处理器、储存器、通信模块等关键组件，这一举措如同为产品赋予了智慧的灵魂，使其具备了记忆、感知、通信、识别定位等丰富多样且实用的功能。这些功能的赋予，极大地提升了产品的附加值以及用户在使用过程中的体验感。以智能家居领域的智能冰箱为例，其内置的各类传感器能够实时、精准地监测冰箱内部的温度、湿度以及食材的存储状态等信息，并通过先进的通信模块将这些数据及时反馈至用户的手机应用程序端。用户借助手机，不仅能够远程对冰箱的温度进行调控，还能依据冰箱反馈的食材信息，获取个性化的菜谱推荐以及食材采购提醒服务，真正实现了智能化生活的便捷体验。

以智能汽车为例，其配备了激光雷达、摄像头等多种高性能传感器，这些传感器能够实时感知车辆周围的环境信息。通过这些传感器收集的数据，结合先进的人工智能算法，智能汽车能够实现自动驾驶功能，为用户提供更加安全、便捷的出行方式。同时，智能汽车还能实时监测自身的车辆状态，并与其他车辆和基础设施进行通信，优化行驶路线，提高交通效率。

（2）装备智能化　借助人工智能、信息处理等先进技术的强大助力，生产设备的性能实现了全方位、跨越式的提升。

在加工精密度方面，智能化设备凭借高精度的传感器以及先进的控制算法，能够对加工过程进行极其精确的控制，从而大幅提高产品的加工质量。以高端精密机械加工为例，智能化加工设备能够将零件的加工精度控制在微米级甚至纳米级，满足了航空航天、电子芯片等高端制造领域对零部件高精度的严苛要求。

在全生命周期管理方面，通过物联网技术的广泛应用，设备能够实时自动上传自身的运行数据，包括设备的温度、振动、能耗等关键信息。企业收集这些数据后，运用人工智能算法对数据进行深入分析，实现对设备故障的精准预测以及维护计划的科学制订。通过提前发现设备潜在的故障隐患并及时进行维修处理，有效避免了设备突发故障所导致的生产中断，极大地提高了设备的稼动率以及运行安全性。例如，在化工生产中广泛应用的大型反应釜，通过安装一系列的温度传感器、压力传感器以及振动传感器等，能够实时监测反应过程中的温度、压力、液位等关键参数，并根据这些参数的变化自动调整反应条件，确保反应过程高效、安全地进行。同时，通过对设备长期运行数据的深度分析，企业能够精准预测设备的使用寿命以及维护需求，提前做好设备更新与维护工作，显著降低设备故障率，保障生产的连续性与稳定性。

（3）生产智能化　数控机床、工业机器人等先进生产设备与互联网、大数据的深度融合与联合应用，为生产智能化的实现奠定了坚实基础，开启了生产领域的智能化新时代。在实际生产中，通过在生产设备上广泛安装传感器以及物联网模块，生产过程中的各类数据，如设备的实时运行状态、产品的质量数据、生产进度信息等，都能够被实时采集并快速上传至生产管理系统。企业利用大数据分析技术对这些海量数据进行深度挖掘与分析，从而实现对生产过程的全方位、精细化监控与管理。

以现代化工智能工厂为例，在大型连续化生产的化工装置中，分布式控制系统（Distributed Control System，DCS）和先进过程控制系统（Advanced Process Control，APC）在工业互联网和大数据的协同支持下，能够根据实时采集的工艺数据，自动、精准地调节阀门开度、反应温度、原料配比等关键参数，确保反应在最优条件下进行，提升产品收率和质量稳定性。同时，通过对生产数据的实时分析，管理者能够及时发现生产流程中的效率瓶颈或安全隐患，并迅速通过调整操作策略、优化能效分配或启动预防性维护等方式，对生产过程进行动态优化，有效降低能耗物耗、减少非计划停车、提升装置运行效率。此外，生产智能化还体现在全厂级的协同调度与资源优化方面。智能生产管理系统能够依据实时订单需求、原料库存与供应情况、能源价格波动、不同装置的生产状态及维护计划等多维度数据，自动生成最优生产排程、动态分配公用工程（如蒸汽、电力、循环水等资源）、协调物料储运调度，实现全厂生产资源的最优配置与高效利用，并显著提升供应链韧性与应急响应能力。

（4）管理智能化 应用企业资源计划（Enterprise Resource Planning，ERP）、制造执行系统（Manufacturing Execution System，MES）、产品生命周期管理（Product Lifecycle Management，PLM）等先进的管理软件，为企业管理水平的提升带来了质的飞跃。ERP系统犹如企业运营的大脑中枢，它将企业的财务、人力资源、采购、销售等各个关键业务环节进行有机整合，实现了企业资源的集中统一管理与优化配置。通过ERP系统，企业能够实时掌握各项资源的使用情况，合理安排资源分配，提高资源利用效率。

MES则专注于生产过程的精细化管理，它能够实时监控生产进度、产品质量、设备运行状态等关键信息，并将这些信息及时反馈给ERP系统，为企业决策提供准确、可靠的数据支持。借助MES，管理者能够对生产现场的情况了如指掌，及时发现并解决生产过程中出现的各类问题，确保生产任务按时、高质量完成。

PLM系统则贯穿于产品从最初的概念设计阶段，一直到产品报废回收的整个生命周期，实现了产品数据的全流程管理与协同工作。在产品设计阶段，不同部门的人员可以通过PLM系统实时共享设计数据，协同进行产品设计与优化。在产品生产阶段，PLM系统能够为生产部门提供准确的产品设计信息，确保生产过程的顺利进行。在产品售后阶段，PLM系统可以收集产品的使用反馈数据，为产品的改进与升级提供依据。通过这些管理软件的综合应用，企业数据的及时性、完整性、准确性得到了极大提升，管理者能够基于准确、全面的数据进行科学、合理的决策，优化企业管理流程，提高企业整体运营效率。

3. 生产原理

智能化生产的原理集中体现在其强大的自我学习、自我优化和自我决策能力上。通过集成应用各种先进技术，智能化生产系统构建起了一个高度复杂且智能的生态环境。在这个环境中，系统宛如一个拥有自主学习能力的智慧生命体，能够持续不断地学习和理解来自内外部环境的各种信息，包括市场需求的动态变化、原材料供应的波动情况、设备运行状态的实时改变等。通过对生产过程中产生的海量数据进行实时、高效的分析与判断，系统能够迅速洞察生产过程中潜在的问题以及隐藏的优化机会。

例如，当系统监测到某一生产环节的设备运行温度出现异常升高时，它会立即启动智能分析程序，综合考虑设备的历史运行数据、当前的生产工艺参数以及环境因素等多方面信息，深入分析导致温度升高的可能原因，如设备是否出现故障、生产工艺是否存在不合理之处或者环境因素是否对设备运行产生了影响等。随后，系统根据预先设定的规则以及先进的算法模型，自动调整生产参数，如适当降低设备的运行速度、增加冷却介质的流量等，或者对生产流程进行优化，如重新调整生产任务的分配方式、改变原材料的投入比例等，以实现生产过程的优化与高效运行。这种自我学习和自我优化的能力，使得智能化生产系统能够不断适应市场变化，及时灵活地调整生产策略，从而有效提高生产效率和产品质量，同时降低生产成本和资源消耗，为企业在激烈的市场竞争中赢得优势。

智能化生产技术与设备作为现代化工领域的重要支柱性组成部分，在推动化工行业持续发展与进步的进程中发挥着至关重要的作用。它们通过集成自动化、传感器、人工智能等前沿先进技术，成功实现了生产过程从传统模式向自动化、智能化和高效化模式的转变。在实际化工生产过程中，这些先进技术能够实时、精准地监测和控制各项关键参数，如反应温度、压力、流量等，确保化学反应在最适宜的条件下进行，从而有力地提高生产效率和产品质量。同时，通过智能化的设备运行管理以及故障预测功能，企业能够提前精准发现设备潜在的问题，并及时进行维护处理，有效避免设备故障导致的生产中断，显著降低生产成本和安全风险。

例如，在化工生产中的精馏塔设备，通过安装先进的传感器和自动化控制系统，能够实时、精确地监测塔内的温度、压力、液位等参数，并根据产品质量要求自动、精准地调整进料量、回流量等操作参数，此方式实现精馏过程的高效、稳定运行，大大提高产品的纯度和收率。再如，化工生产中的大型反应釜，借助智能化的温度控制系统和压力监测系统，能够确保反应过程在安全、稳定的条件下进行，这样有效避免因温度或压力异常导致的安全事故，同时提高产品的质量和生产效率。

（二）智能化生产技术与设备在现代化工领域的应用效果

智能化生产技术与设备在现代化工领域的广泛深入应用，带来了多维度、全方位且影响深远的显著成效，在提升生产效率、优化资源配置、提高产品质量、降低运营成本以及增强创新能力等多个关键领域均展现出了强大的优势与潜力。

1. 智能化生产技术与设备能够显著提升生产效率

通过引入自动化生产线、智能机器人、物联网等先进技术，化工企业得以实现生产流程的全面自动化和深度智能化，从而促使生产效率实现质的飞跃与大幅提升。以巴斯夫为例，其在全球范围内的多个生产基地大力推行数字化技术，构建起了一个高度智能化、高效协同的生产体系。在生产过程中，数量众多的智能传感器被广泛布置在各类生产设备以及生产线上，实时、精准地收集生产过程中的海量数据，这些数据涵盖了设备的实时运行状态、产品的质量参数、能源的消耗情况等各个方面。这些丰富的数据通过先进的物联网技术，以极快的速度被传输至数据处理中心。在数据处理中心，利用大数据分析和机器学习算法对这些海量数据进行深度挖掘与精细分析。

通过这种智能化的数据处理与分析方式，巴斯夫能够精准、迅速地识别出生产流程中存在的瓶颈环节以及潜在的问题隐患，并依据详细、准确的分析结果对生产流程进行针对性的优化调整。例如，通过对设备运行参数的精准优化以及生产任务的合理分配，巴斯夫成功减少了设备的不必要停机时间，显著提高了设备的实际利用率，进而实现了令人瞩目的节能效果以及生产效率的大幅提升。权威统计数据显示，巴斯夫在全面应用数字化技术之后，部分关键生产环节的生产效率提升幅度高达30%以上，同时能源消耗降低了约20%，取得了经济效益与环境效益的双丰收。

2. 智能化生产技术与设备有助于优化资源配置

智能化系统具备强大的实时监控能力，能够对生产过程中各类资源的消耗情况，如能源、原材料等，进行全方位、实时性的精准监控，并能够依据实际生产需求，自动、灵活地进行调整，从而从源头上有效避免资源的浪费现象。与此同时，通过智能调度系统，企业能够综合考虑生产任务的紧急程度、设备的当前运行状态、原材料的库存情况等多方面因素，合理、科学地安排生产计划，进一步提高设备的整体利用率，从而在更大程度上降低生产成本。

陶氏化学在生产实践过程中采用了先进的过程控制和优化系统，该系统充分利用模型预测控制技术对复杂多变的化学反应过程进行精确、细致的调控。通过建立精准、可靠的化学反应模型，系统能够根据原材料的质量波动情况、实时的反应条件等因素，提前预测反应过程中可能出现的各类问题，并及时、自动地调整控制参数，确保化学反应过程始终处于稳定、高效的运行状态。这一举措不仅有力地保证了产品质量的稳定性和一致性，还显著提高了原材料的实际利用率，有效减少了废品的产生数量。

此外，陶氏化学借助智能调度系统，依据生产任务的优先级、设备的可用时间以及原材料的供应情况等，合理安排生产设备的运行时间和具体生产任务，使得设备利用率得到了显著提高，提升幅度超过15%，极大地降低了生产成本，提高了企业的经济效益和市场竞争力。

3. 智能化生产技术与设备能够显著提高产品质量

智能化系统能够对生产过程实现全方位、无死角的实时监控以及数据采集，一旦发现生产过程中出现任何偏差，能够及时发出警报并自动进行纠正，从而为确保产品质量的稳定性和一致性提供了坚实可靠的保障。在化工生产领域，产品质量受到多种复杂因素的综合影响，包括原材料的质量波动、生产工艺参数的精准控制、设备的运行稳定性等。通过在生产设备和生产线上密集安装大量的传感器，智能化系统能够实时、全面地采集这些关键因素的数据，并运用先进的数据分析模型对数据进行深入处理和精准分析。

一旦监测到生产过程中的参数偏离了预先设定的标准范围，系统会立即启动预警机制，并自动采取相应的有效措施进行调整。例如，在制药化工这一对药品质量要求极高的领域，智能化生产系统能够实时、精准地监测药品生产过程中的温度、压力、pH值等关键参数，确保药品质量严格符合国家和国际上的高标准要求。

此外，通过引入高通量研究和高性能计算等前沿先进技术，化工企业能够更加迅速、高效地响应市场需求，加速开发出创新的产品和解决方案，进一步提升产品质量和市场竞争力。例如，一些化工企业利用高通量研究技术，能够在短时间内对数量众多的化合物进行快速筛选和全面测试，迅速找到具有潜在应用价值的产品配方，有效缩短了产品研发周期，显著提高了产品创新能力，为企业在市场竞争中赢得先机。

4. 智能化生产技术与设备还可以降低运营成本

通过自动化和智能化技术的广泛应用，化工企业能够在多个关键方面实现运营成本的有效降低。首先，自动化设备的大量投入使用，极大地减少了对人工劳动力的依赖程度，从而显著降低了人力成本。其次，智能化系统能够实时监测和精准优化能源消耗情况，通过合理调整设备运行参数、优化生产流程等方式，降低能耗成本。再者，通过智能化的精准生产管理和严格的质量控制体系，有效减少了废品和次品的产生数量，降低了原材料的浪费以及返工成本。

以巴斯夫为例，通过数字化技术对生产流程进行全面、系统的优化，成功实现了显著的节能效果。例如，通过对生产设备的能源消耗数据进行深入分析，巴斯夫发现部分设备在运行过程中存在较为严重的能源浪费问题。针对这一情况，巴斯夫对相关设备进行了智能化改造，安装了先进的能源管理系统，该系统能够实时监测和精准控制设备的能源消耗情况。通过这一举措，巴斯夫成功降低了能源消耗15%以上。同时，自动化生产线的广泛应用，大幅减少了人工操作环节，使得人力成本降低了约20%。此外，借助智能化的质量控制体系，废品率降低了10%左右，进一步有效降低了运营成本，提高了企业的经济效益。

5. 智能化生产技术与设备增强了企业的创新能力

智能化系统能够为化工企业提供海量的数据支持以及强大的数据分析能力，

帮助企业全面、深入地了解市场需求的动态变化以及消费者的个性化偏好，从而为产品创新提供坚实的数据基础和有力的决策依据。通过对市场数据、用户反馈数据以及生产过程数据的综合、深入分析，企业能够敏锐地发现市场中潜在的需求以及产品改进的方向。

同时，通过与人工智能、机器学习等先进技术的深度融合，企业能够开发出更加智能化、个性化的产品，以满足消费者日益多样化的需求。例如，一些化工企业利用人工智能技术对市场数据进行分析，预测市场趋势，提前布局新产品的研发。在产品研发过程中，运用机器学习算法对产品配方进行优化，开发出性能更优、更符合市场需求的产品。此外，通过智能化的客户反馈系统，企业能够及时收集用户对产品的意见和建议，进一步优化产品设计，提升产品的市场竞争力。

（三）智能化生产在现代化工领域的应用案例

超过90%的规模以上石化生产企业应用了过程控制系统（Process Control System，PCS），生产过程基本实现了自动化控制。先进过程控制系统（Advanced Process Control，APC）、制造执行系统（MES）、企业资源计划（ERP）也已在企业中大范围应用，生产效率进一步提高。石化、轮胎、化肥、煤化工、氯碱、氟化工等行业率先开展智能制造试点示范，包括巴斯夫、陶氏化学、九江石化、中煤集团的煤化工智能工厂、东岳集团的氟化工智能工厂、新疆天业集团的氯碱智能工厂等。

1. 智能化生产线的建设

巴斯夫的智能化工厂中智能化生产技术和设备的应用非常广泛，其湛江一体化基地通过自动化设备和智能控制系统，不仅提高了生产效率和质量，减少了人为操作误差，还降低了能耗和排放。

首先，巴斯夫在其生产基地广泛应用了数字化技术，如智能传感器和物联网。这些技术能够实时收集生产过程中的数据，包括温度、压力、流量等关键参数。

其次，巴斯夫的智能化工厂还采用了自动化和智能化的生产设备。在湛江一体化基地，巴斯夫的热塑性聚氨酯（TPU）装置就贯彻了智能生产理念，采用了自动导引车辆和自动化系统等先进技术，进一步提升了运营效率。此外，巴斯夫还引入了AI智能机器人，这些机器人可以在5G网络的支持下实现自动导航，完成日常巡检任务，从而减轻了人工负担并提高了巡检的准确性。

除了生产过程中的智能化应用，巴斯夫在工厂管理方面也实现了智能化。例如，巴斯夫杉杉数字化工厂以MES为主体，结合了仓储管理系统（Warehouse Management System，WMS）、运输管理系统（Transportation Management System，

TMS）、ERP、办公自动化（Office Automation, OA）、实验室虚拟仪器集成环境（Laboratory Virtual Instrument Engineering Workbench, LABVIEW）等系统，搭建了一个智能制造工厂运营平台。这个平台能够进行全方位的数字化管理，包括智能运营平台设计、EHS责任关怀体系、质量管控平台、生产执行追踪系统、设备全生命周期管理以及数据治理和应用等多个方面。通过这个平台，巴斯夫能够实时掌握生产情况，优化资源配置，提高生产效率。

巴斯夫在生产基地广泛应用数字化技术，通过智能传感器和物联网实时收集生产过程中的数据，包括温度、压力、流量等关键参数。利用大数据分析和机器学习算法，巴斯夫优化了生产流程，提高了能源利用效率，显著减少了废弃物排放。例如，在某化工产品的生产线中，通过对历史数据的分析，巴斯夫发现并改进了一个导致能耗过高的操作环节，实现了显著的节能效果。

2. 智能控制系统与优化

陶氏化学通过引入模型预测控制技术，对复杂的化学反应过程进行精确调控，确保产品质量的稳定性和一致性。在智能控制系统中，智能化生产技术和设备的应用主要体现在过程控制和优化、预测性技术，以及高通量研究与高性能计算的结合上。系统通过实时分析生产数据，优化工艺参数，降低生产成本。

首先，陶氏化学采用先进的过程控制和优化系统，利用模型预测控制技术对复杂的化学反应过程进行精确调控。这种技术能够确保产品质量的稳定性和一致性，通过实时监控和调整生产过程中的关键参数，如温度、压力和反应时间，来优化生产流程。这不仅提高了生产效率，还降低了生产成本和废弃物排放。

其次，陶氏化学与微软共同开发了预测智能技术，将机器学习与人工智能有机结合，转变了新产品开发模式。这种预测智能技术能够基于历史数据和预测性数学模型，自动化地设计出满足特定需求的新产品配方。这不仅加快了产品开发速度，还减少了试验次数和成本。例如，在聚氨酯业务上，陶氏计划应用这种技术来实现定制服务，将专业的材料科学知识与人工智能相结合，改进产品配方的开发过程。

最后，陶氏化学还将高通量研究与高性能计算相结合，以提高实验效率和商业化产品的速度。通过快速分析高通量研究数据，识别解决方案，陶氏化学能够优化聚合物生产效率、催化剂和配方设计。这种结合使得陶氏化学能够更快地响应市场需求，提供创新的产品和解决方案。

3. 设备智能化与健康管理

（1）中国石化确立了4家试点单位"一把手"担任智能工厂建设的总指挥，组织方案论证、流程优化，推动项目实施和管理变革。建设小组根据总体规划、统筹推进的原则，统一编制智能工厂的总体规划，统一组织系统开发和试点建设。借助先进的项目及技术管理经验，避免了重复开发、资源浪费现象。同时，坚持创新驱动发展，根据信息技术发展新趋势，结合公司结构调整、转型发展、绿色低碳等战略，及时调整信息化发展方向，按照大平台、大系统、大运维的思路，重构信息化架构、体系和建设、应用新模式。

（2）中煤集团在煤化工智能化建设生产管理中，提出"夯实基础、完善提升、智能应用"三步走的建设思路。通过物联网设备实时监测设备运行状态及生产全流程数据的自动采集，利用大数据分析预测设备故障，提前进行维护保养，减少了设备停机时间。同时，依托生产业务模型和专家经验，建成生产执行平台。实现了生产管理在线控制、生产工艺在线优化、产品质量在线控制、设备运行在线监控，安环管理在线可控的智能化管理。

4. 绿色化工与可持续发展

东岳集团和新疆天业集团通过升级改造生产装备、搭建经营管理系统、深化智能制造建设，构建了闭环智能制造体系。生产过程控制由现场人工经验控制向集控室自动化、数字化、智能化控制转变。通过ERP经营管理系统与多信息系统的融合及协同，实现整个制造体系的智能化产供销平衡。智能化技术优化了生产流程，网络互联技术、信息化集成技术、大数据应用、工业软件技术与全供应链的深度融合，减少了能源消耗和污染物排放，实现了绿色化工生产。

以某年产百万吨乙烯的智能工厂为例，其通过"感知—分析—决策—执行"闭环系统实现了全流程优化。在裂解工段，上千个传感器实时采集炉管温度分布数据，AI模型据此动态调整进料比例与炉膛负压，使双烯（乙烯＋丙烯）收率提高1.2个百分点，年增经济效益超2亿元。这种"动态寻优"模式彻底颠覆了传统基于固定工艺包的操作逻辑。

5. 示范项目体现技术经济指标优势

以移动互联网、物联网、云计算、大数据、新一代人工智能等为代表的信息科技革命为我国化工产业转型升级带来了难得的机遇。在"中国制造2025"等国家战略的指引、推动下，工业和信息化部从2015年开始已经连续4年实施了"智能制造试点示范专项行动"，共有305个试点示范项目入选。

九江石化自2015年建成智能工厂，成为国内首个石化行业工信部智能制造试点示范企业，此后该企业又围绕工业互联网平台构建全流程虚拟映射，重点覆盖炼油-芳烃一体化协同优化。通过机理模型与大数据融合，实现装置操作智能指导、能耗动态优化，其智能化建设已从单点应用升级为全链条协同优化，并持续引领石化行业的创新。

万华化学公司化学品生产MDI智能工厂于2017年入选工信部智能制造试点示范项目，该项目已构建起以MES为核心的生产运营管理平台、以ERP为核心的企业资源计划管理平台、以BW为核心的商务智能平台和以OA为核心协同办公管理平台等四大智能平台，安全应急响应速度提升70%，能源利用率提高5%，装置稳定性提高30%，发货时间缩短到24小时以内，每年可节约运行成本约2亿元。

以万华化学的智能工厂为例，其技术经济指标显著优于传统装置。首先，其生产弹性的柔性控制系统支持6种牌号产品快速切换；其次，其能耗水平指标体现在单位产品蒸汽消耗下降28%；再次，产品质量稳定性高，产品优级品率从99.2%提升至99.97%；最后，人工效率显著提高，人均产值达到行业平均水平的3.5倍。

这种变革源于三大技术突破：一是自适应控制算法，这是一种基于强化学习的动态优化系统；二是微界面反应技术，该技术能将传质效率提升5个数量级；三是数字孪生质量预测，实现了产品指标的在线软测量。

由此清晰可见，化工企业的信息化及智能化转型升级提升了化工产业整体的竞争力。

二、大数据驱动的产业决策体系重构

在数字化浪潮席卷全球的当下，各行各业都在积极探寻转型升级之路，化工产业作为国民经济的重要基础性产业，也深受大数据技术的深刻影响。大数据以其海量、高速、多样和价值密度低的特点，为化工企业突破传统决策模式的局限，实现决策体系的重构提供了前所未有的机遇。通过对复杂数据的深度挖掘与分析，化工企业能够在市场预测、供应链管理、风险防控以及绿色发展等关键领域，实现从经验驱动向数据驱动乃至智能驱动的转变，从而提升企业的核心竞争力，在日益激烈的市场竞争中占据有利地位。

（一）市场预测与需求分析

在化工市场中，产品需求受宏观经济形势、政策法规变动、技术创新以及消费者偏好转变等多种因素的综合影响，呈现出复杂多变的态势。传统的市场调研与预测方法往往难以精准捕捉这些动态变化，导致企业生产计划与市场实际需求脱节，造成库存积压或缺货等问题。而大数据分析技术的应用，为化工企业实时监测市场动态、精准预测产品需求变化提供了有力支撑。

化工企业拥有丰富的历史销售数据，这些数据涵盖了产品的销售时间、销售地区、销售渠道、客户类型以及销售数量等多维度信息。借助大数据分析工具，企业可以对这些历史数据进行深度挖掘，从中发现产品销售的季节性规律、不同地区的需求差异以及客户购买行为的周期性特点等。例如，通过对多年销售数据的分析，某化工企业发现其生产的某种塑料产品在每年的第二季度和第四季度需求较为旺盛，而在第一季度和第三季度需求相对较低。基于这一发现，企业调整了生产计划，在需求旺季来临前增加产量，在需求淡季适当减少生产，避免了库存积压和资源浪费。

同时，大数据分析还能帮助化工企业实时监测市场趋势。通过收集和分析社交媒体、行业新闻、专业论坛等渠道的海量文本数据，企业可以及时了解到行业的最新动态、竞争对手的产品策略以及消费者对化工产品的新需求和新期望。例如，随着环保意识的日益增强，消费者对环保型化工产品的关注度不断提高。某化工企业通过大数据监测发现这一趋势后，迅速加大了对环保型产品的研发和生产投入，及时推出了符合市场需求的新产品，从而在市场竞争中抢占了先机。

此外，大数据分析在市场细分和目标客户定位方面也具有重要作用。化工企业可以根据客户的购买行为、偏好以及消费能力等数据，将市场细分为不同的客户群体，并针对每个群体的特点制定个性化的营销策略。例如，对于大型企业客户，企业可以提供定制化的产品解决方案和优质的售后服务；对于小型企业客户和个人消费者，企业则可以通过优化产品包装、降低产品价格等方式来满足其需求。通过精准的市场细分和目标客户定位，企业能够提高市场推广的效率，降低营销成本，更好地满足市场需求。

（二）供应链优化

化工产业的供应链涉及原材料采购、生产制造、物流配送等多个环节，链条长且复杂，任何一个环节出现问题都可能影响整个供应链的效率和成本。大数据分析技术的应用，能够有效整合供应链上下游的数据，实现对原材料供应、生产进度和物流配送的精准控制，从而优化供应链管理，提升企业的运营效率和经济效益。

在原材料供应环节，大数据分析可以帮助化工企业更好地了解原材料市场的动态变化。通过收集和分析原材料价格走势、供应商生产能力、库存水平以及行业政策等多方面的数据，企业能够及时掌握原材料市场的供需情况，预测原材料价格的波动趋势。例如，某化工企业通过大数据分析发现，其主要原材料的价格在未来几个月内可能会大幅上涨。基于这一预测，企业提前与供应商签订了长期采购合同，锁定了原材料价格，避免了因原材料价格上涨带来的成本压力。同时，大数据分析还可以帮助企业评估供应商的绩效，筛选出优质供应商，建立长期稳定的合作关系，降低采购风险。

在生产进度管理方面，大数据分析能够实时监测生产过程中的各项数据，如设备运行状态、生产线上的产品数量、质量检测数据等。通过对这些数据的分析，企业可以及时发现生产过程中存在的问题，如设备故障、生产瓶颈等，并采取相应的措施进行优化。例如，川维化工利用大数据分析技术，对生产线上的设备运行数据进行实时监测和分析，提前预测设备可能出现的故障，并及时安排维修人员进行维护，避免了因设备故障导致的生产中断，提高了生产效率。此外，大数据分析还可以帮助企业优化生产计划，根据订单需求和生产能力，合理安排生产任务，提高生产资源的利用率。

物流配送是化工供应链中的重要环节，直接影响着产品的交付时间和成本。大数据分析技术可以整合物流配送过程中的各种数据，如车辆位置、运输路线、货物质量、配送时间等，实现对物流配送的实时监控和优化。通过对历史物流数据的分析，企业可以优化运输路线，选择最佳的配送方案，降低运输成本。例如，某化工企业通过大数据分析发现，在某些地区，采用联合配送的方式可以有效降低物流成本。于是，企业与其他相关企业合作，共同优化物流配送网络，实现了资源共享和成本降低。同时，大数据分析还可以帮助企业提高物流配送的准确性和及时性，通过实时跟踪货物运输状态，及时向客户反馈配送信息，提高客户满意度。

（三）风险预警与安全管理

化工生产过程涉及高温、高压、易燃、易爆等危险环节，一旦发生安全事故，不仅会对企业造成巨大的经济损失，还会对员工的生命安全和环境造成严重的危害。因此，加强风险预警与安全管理是化工企业生产运营中的重中之重。大数据分析技术的应用，能够实时监测生产过程中的安全隐患，提前预警并采取措施，有效降低安全事故的发生概率。

在化工生产过程中，设备的安全运行是保障生产安全的关键。通过在生产设备上安装大量的传感器，企业可以实时采集设备的运行数据，如温度、压力、振动、电流等。大数据分析系统可以对这些海量的设备运行数据进行实时分析，建立设备运行状态模型，及时发现设备运行中的异常情况。例如，某化工企业通过大数据分析发现，一台关键设备的温度和振动数据出现了异常波动，经过进一步分析，判断该设备可能存在部件磨损的问题。企业立即安排维修人员对设备进行检查和维修，及时更换了磨损的部件，避免了设备故障引发的安全事故。

　　此外，大数据分析还可以对化工生产过程中的工艺参数进行实时监测和分析。化工生产工艺复杂，工艺参数的微小变化都可能对产品质量和生产安全产生影响。通过大数据分析技术，企业可以实时采集和分析生产过程中的各种工艺参数，如反应温度、压力、流量、物料配比等，建立工艺参数模型，及时发现工艺参数的异常变化，并采取相应的调整措施。例如，某化工企业在生产过程中，通过大数据分析发现某一反应釜的反应温度超出了正常范围，且有继续上升的趋势。系统立即发出预警信号，操作人员根据预警信息及时调整了反应釜的冷却系统，避免了因反应温度过高引发的爆炸事故。

　　除了设备和工艺参数的监测，大数据分析还可以用于化工企业的安全管理体系评估。通过收集和分析企业内部的安全管理制度执行情况、员工安全培训记录、安全事故统计数据等多方面的数据，企业可以对自身的安全管理体系进行全面评估，发现存在的问题和薄弱环节，并制定针对性的改进措施。例如，某化工企业通过大数据分析发现，在过去的一段时间内，某一车间的安全事故发生率较高。经过深入分析，发现该车间存在安全管理制度执行不严格、员工安全培训不到位等问题。企业针对这些问题，加强了对该车间的安全管理，完善了安全管理制度，加大了对员工安全的培训力度，有效降低了安全事故的发生率。

（四）绿色化工与可持续发展

　　随着全球对环境保护和可持续发展的关注度不断提高，化工企业面临着越来越大的环保压力。实现绿色化工与可持续发展，不仅是企业履行社会责任的需要，也是企业提升自身竞争力、实现长期发展的必然选择。大数据分析技术在优化生产流程、提高资源利用效率、减少能源消耗和污染物排放等方面具有重要作用，能够助力化工企业实现绿色生产目标。

　　在生产流程优化方面，大数据分析可以帮助化工企业深入了解生产过程中的各个环节，找出存在的能源浪费和效率低下的问题，并提出针对性的改进措施。例如，某化工企业通过对生产过程中的能源消耗数据进行分析，发现蒸汽系统存在较大的能源浪费问题。经过进一步研究，企业采用大数据分析技术对蒸汽系统进行了优化，调整了蒸汽的生产和分配策略，合理利用余热资源，有效降低了蒸汽系统的能源消耗。同时，大数据分析还可以帮助企业优化生产工艺，通过对不同工艺参数下的产品质量和能源消耗数据进行分析，寻找最佳的工艺参数组合，提高产品质量的同时降低能源消耗。

　　在资源利用方面，大数据分析能够帮助化工企业实现资源的高效回收和循环利用。通过对生产过程中产生的废弃物和副产品的成分、数量等数据进行分析，企业可以寻找合适的回收利用方法，将废弃物转化为有价值的资源。例如，某化工企业通过大数据分析发现，其生产过程中产生的一种废弃物中含有一定量的稀有金属。企业经过技术研发，成功开发出了一套从废弃物中回收稀有金属的工艺，不仅减少了废弃物的排放，还实现了资源的增值利用。

此外，大数据分析在化工企业的环境监测和污染治理方面也发挥着重要作用。通过在企业周边环境和生产设施上安装各类环境监测传感器，企业可以实时采集大气、水、土壤等环境数据，并利用大数据分析技术对这些数据进行实时监测和分析。一旦发现环境指标异常，系统能够及时发出预警信号，企业可以迅速采取措施进行污染治理。例如，某化工企业通过大数据分析发现，其厂区周边的空气质量出现了异常变化，经过排查，发现是某一生产环节的废气排放处理装置出现了故障。企业立即对该装置进行了维修和升级，有效控制了废气排放，保障了周边环境质量安全。

（五）决策模型分析与构建

化工企业的决策模式正经历着从传统的经验驱动向数据驱动、智能驱动的深刻变革。在这一变革过程中，构建科学合理的决策模型成为企业实现精准决策、提升决策效率和质量的关键。以埃克森美孚为代表的一些化工企业，通过构建智能决策系统，成功实现了决策模式的转型升级，取得了显著的经济效益。

埃克森美孚构建的智能决策系统包含四层架构。

1. 数据层

该系统整合了ERP、MES、实验室信息管理系统（Laboratory Information Management System，LIMS）等18个业务系统的数据。这些系统涵盖了企业生产运营的各个环节，通过数据集成，实现了企业数据的全面共享和流通，为后续的数据分析和决策提供了坚实的数据基础。

2. 模型层

埃克森美孚开发了供应链优化、市场预测等32个AI模型。这些模型基于大数据分析和人工智能技术，能够对企业的各项业务数据进行深度挖掘和分析，为企业决策提供科学依据。例如，供应链优化模型可以根据原材料供应、生产能力、物流配送等多方面的数据，优化企业的供应链布局，降低供应链成本；市场预测模型则可以通过对市场历史数据、宏观经济数据以及行业动态数据的分析，预测产品市场需求的变化趋势，为企业的生产计划和市场推广策略提供参考。

3. 决策层

决策层是智能决策系统的核心部分，埃克森美孚在这一层构建了多目标优化引擎与风险对冲策略。多目标优化引擎可以综合考虑企业的多个决策目标，如成本、利润、市场份额、环保要求等，通过数学算法寻找最优的决策方案。风险对冲策略则是针对企业面临的各种风险，如市场风险、原材料价格波动风险、政策法规风险等，制定相应的风险应对措施，降低风险对企业的影响。

4. 执行层

执行层通过机器人流程自动化（Robotic Process Automation，RPA）系统实现决策自动执行。一旦决策层制定了决策方案，RPA系统可以自动将决策指令转化为具体的业务操作流程，实现生产、采购、销售等业务环节的自动化执行。例如，当市场预测模型预测到某一产品的市场需求将大幅增长时，决策层通过多目标优化引擎制定了增加生产、扩大市场推广的决策方案。执行层的RPA系统可以自动调整生产计划，向供应商下达原材料采购订单，并启动市场推广活动，实现决策的快速高效执行。

2022年能源危机中，埃克森美孚的智能决策系统发挥了重要作用。面对能源价格大幅波动、市场需求变化剧烈的复杂形势，该系统通过动态调整全球生产基地负荷、优化产品生产组合的方式，实现了季度利润逆势增长12%。这一成绩充分彰显了数据驱动的智能决策系统在应对复杂市场环境时的强大优势。

在供应链管理领域，某跨国农化企业构建了全球物流大数据平台，同样体现了数据驱动决策的卓越成效。该平台整合了气象、港口吞吐量、原材料价格等300余项参数，通过蒙特卡罗模拟预测供应链中断风险。2022年该平台提前30天预警钾肥供应缺口，企业基于这一预警信息，快速切换加拿大钾矿采购渠道，成功避免了1.5亿美元的损失。这一案例生动地展示了大数据驱动的决策模型在提升企业供应链韧性、应对突发事件方面的重要价值。

三、虚实融合的技术技能培养体系

在科技日新月异的当下，化工行业正经历着深刻变革，对技术技能人才的要求也愈发严苛。虚实融合的技术技能培养体系应运而生，它巧妙整合虚拟与现实技术，为化工领域人才的培育开辟了全新路径，有效助力人才快速成长并适应行业发展需求。

（一）沉浸式技能培训

欧倍尔智慧桌面工厂凭借先进的VR技术，构建出极为逼真的虚拟化工生产环境。踏入这个虚拟世界，学员宛如身处真实的化工生产一线。在这里，学员能够全方位地开展设备操作与工艺流程模拟训练。以常见的化工反应釜操作为例，学员可亲手操控虚拟反应釜，精准调节温度、压力、搅拌速度等关键参数，仔细观察物料在不同条件下的反应进程，从而深入理解反应原理与操作要点。而且，虚拟环境还能模拟各类突发状况，如设备故障、物料泄漏等紧急场景。当遇到反应釜温度异常飙升，或是管道破裂导致物料泄漏的模拟情况时，学员需迅速依据所学知识，冷静判断并采取恰当的应急措施，如紧急关停设备、启动冷却系统、进行堵漏操作等。通过反复参与这类沉浸式训练，学员的操作技能得以显著提升，应急处理能力也得到充分锻炼，为未来投身实际生产工作积累了宝贵经验。

（二）现场辅助与设备维护

某化工企业充分利用AR技术的优势，成功研发出智能维护系统。技术人员只需佩戴上特制的AR眼镜，便能获取诸多实用信息。眼镜呈现出设备的3D模型，模型不仅清晰展示设备的整体结构，还对每个关键部件进行了详细标注，包括部件名称、规格参数等。同时，操作说明也以直观易懂的方式呈现，无论是设备的日常维护流程，还是故障排查与维修步骤，都一目了然。比如，当一台复杂的化工泵出现故障时，技术人员通过AR眼镜，可快速定位到故障可能发生的部位，在3D模型的辅助下，清晰看到内部零部件的连接关系，结合操作说明，迅速制定维修方案，准确更换损坏部件。这种方式极大地提高了维修效率，减少了因设备停机带来的生产损失，维修准确性也得到有力保障，让设备维护工作变得更加高效、精准。

（三）虚拟实验室与实验模拟

某高校积极顺应教育创新趋势，运用VR技术打造出虚拟实验室。在这个虚拟空间里，学生能够安全、便捷地开展各类化学实验操作。以有机合成实验为例，在虚拟环境中，学生可以大胆尝试不同的实验方案，选择各种试剂并精确控制用量，进行复杂的反应操作。他们能清晰观察到反应过程中颜色、气味、沉淀等现象的变化，如同在真实实验室中一般。而且，虚拟实验室具备实时反馈机制，一旦学生操作出现错误，系统会立即给予提示，并解释错误原因，帮助学生及时纠正。这不仅避免了实际操作中因使用有毒、易燃易爆试剂可能带来的安全风险，还能让学生反复进行实验练习，加深对实验原理的理解，从而显著提高实验教学效果，使学生在安全、高效的环境中熟练掌握实验技能。

（四）绿色化工与可持续发展

虚拟模拟与优化设计在推动化工企业实现绿色化工与可持续发展目标方面发挥着关键作用。许多化工企业借助VR技术，对整个生产流程进行全面模拟与分析。例如，某化工企业在生产过程中，通过VR技术对生产流程进行优化。他们详细模拟了物料在各个设备之间的输送路径、反应过程中的能量消耗以及产品的产出效率等环节。经过深入分析，发现原本复杂且迂回的物料输送管道，经过重新规划后，不仅缩短了输送距离，降低了能源损耗，还减少了物料在输送过程中的损耗。同时，通过优化反应工艺条件，提高了原料的转化率，减少了废弃物的排放。通过这些虚拟模拟与优化措施，企业成功实现了资源的高效利用，降低了生产成本，减少了对环境的污染，朝着绿色化工与可持续发展的方向迈出了坚实步伐。

（五）教育技术应用

新加坡理工学院开发的化工智慧教育系统具有卓越的示范意义。在技能图谱构建方面，该系统深入剖析了126个化工岗位，精准拆解出452项核心能力。这使得学生能够清晰了解每个岗位所需的知识与技能，明确自己的学习目标与职业发展方向。虚拟工坊更是一大亮点，它构建了涵盖30类典型装置的MR实训场景。学生在这个虚实融合的环境中，能够与虚拟设备进行高度真实的互动操作，极大地提升了实践能力。自适应学习功能基于知识追踪（KT）模型，能够实时监测学生的学习进度与知识掌握情况，动态调整教学路径。例如，当系统发现学生在某个知识点上理解困难时，会自动推送更多相关的学习资料、案例分析或视频讲解，帮助学生巩固知识。而能力认证环节借助区块链技术，安全可靠地记录学生的学习历程与所获得的技能徽章。这一举措为学生的职业发展提供了有力的证明，增强了他们在就业市场上的竞争力。得益于该系统，毕业生的岗位适应期从原本的6个月大幅缩短至1个月，起薪水平也提高了25%，充分彰显了其在化工教育领域的显著成效。

（六）传统化工实训的突破

传统化工实训长期面临高危环境与高成本两大难题。化工生产过程中涉及一些有毒、有害、易燃易爆的物质，以及高温、高压等危险工况，这使得传统实训存在诸多安全隐患。同时，实训所需的设备、场地建设与维护成本高昂，限制了实训规模与效果。然而，VR技术的出现为破解这一困局带来了曙光。万华化学开发的"VR应急演练系统"便是成功范例。该系统精心模拟了20类典型事故场景，如有毒气体泄漏、火灾爆发、爆炸危险等。学员通过手柄操作，在高度逼真的虚拟场景中进行有毒气体泄漏处置、火灾扑救等训练。系统内置的生理传感器能够实时监测学员的心率、瞳孔变化等生理指标，精准评估其心理抗压能力。例如，当学员在模拟有毒气体泄漏场景中进行应急处理时，传感器可监测到其心率是否因紧张而异常升高，瞳孔是否因恐惧而放大，从而判断其心理状态。实践数据显示，经过VR训练的学员在真实应急演练中的错误率降低了67%。这充分证明了VR技术在突破传统化工实训困境方面的巨大潜力，为化工实训模式的革新提供了新的方向。

虚实融合的技术技能培养体系在化工领域展现出了强大的优势与广阔的应用前景。从沉浸式技能培训到现场辅助与设备维护，从虚拟实验室与实验模拟到绿色化工与可持续发展，再到创新的教育技术应用以及对传统化工实训的突破，这些技术正在全方位地提升化工人才的培养质量，推动化工行业不断向前发展。随着技术的持续进步与完善，相信这一培养体系将在未来发挥更为重要的作用，为化工行业输送更多高素质、高技能的专业人才。

第三节
数智技术给现代化工领域带来的机遇与挑战

一、数智技术给现代化工行业带来的机遇

在全球数字化转型的大背景下，数智技术的快速发展为现代化工行业带来了前所未有的发展机遇。在这个以数据为核心的时代，数智技术的应用不仅能提升化工行业的智能化水平，重塑了化工生产的流程与模式，还能在提高生产效率、

降低生产成本、优化资源配置、强化安全管理以及推动可持续发展等方面展现出巨大潜力。

（一）现代化工行业生产过程智能化和自动化的深度变革

数智技术的蓬勃发展为现代化工行业生产过程的智能化与自动化转型注入了强大动力。智能化控制系统借助先进的传感器、自动化设备以及复杂的控制算法，实现了对生产过程全方位、实时性的精准监控与自动控制。

以某大型化工企业为例，通过在生产线上大规模部署物联网（IoT）设备，这些设备实时采集设备运行状态、工艺参数、产品质量等海量数据。例如，在反应釜上安装压力、温度、液位等传感器，将实时数据传输至中央控制系统。通过大数据分析技术对这些数据进行深度挖掘与分析，系统能够精准洞察生产流程中的潜在问题与优化空间。曾经，人工操作时因反应釜温度控制精度有限，导致产品质量波动较大，次品率高达10%。引入智能化控制系统后，温度控制精度提升至±0.5℃，产品次品率大幅降低至3%以内，同时生产效率提高了30%。可见这不仅显著提高了生产效率，还极大地降低了人为操作导致的错误率。

此外，自动化设备的广泛应用进一步解放了人力。在物料搬运环节，自动导引车（AGV）能够按照预设路径准确无误地将原材料运输至指定位置，避免了人工搬运可能出现的延误与错误。在生产流程优化方面，基于大数据分析的结果，企业调整了反应时间、物料配比等关键参数，使得能源消耗降低了15%，原材料浪费减少了20%，真正实现了生产过程的高效、节能与环保。

（二）现代化工行业决策支持系统的革命性改变

在传统化工行业中，企业决策往往依赖于管理者的经验与直觉，缺乏对海量数据的有效利用与深入分析。数智技术的应用彻底改变了这一局面，为现代化工行业的决策支持系统带来了革命性的变革。

大数据分析与人工智能算法成为从海量生产运营数据中挖掘价值的有力工具。企业通过收集生产过程数据、设备维护数据、市场销售数据、原材料供应数据等多维度信息，构建起庞大的数据资源池。利用数据挖掘技术，企业能够从这些看似杂乱无章的数据中提取出有价值的信息与规律。例如，通过对多年来产品销售数据与市场宏观经济指标、行业动态等外部数据的关联分析，企业能够精准预测市场需求的变化趋势。某化工企业运用大数据分析发现，在房地产市场旺季来临前三个月，其生产的用于建筑涂料的化工原料需求会显著增加。基于这一预测，企业提前调整生产计划，增加原材料储备，不仅满足了市场需求，还提高了市场占有率，销售额同比增长了25%。

人工智能算法中的机器学习模型，如决策树、神经网络等，能够对复杂的生产数据进行建模与预测。例如，通过对设备运行数据的学习，模型可以预测设备故障发生的概率与时间，提前发出预警，以便企业安排维护，避免因设备突发故障造成的生产停滞。在这种基于数据驱动的决策模式下，企业决策更加科学、精准，能够快速响应市场变化，在激烈的市场竞争中抢占先机。

（三）现代化工行业供应链优化与管理的精准升级

现代化工行业的供应链涉及原材料采购、生产加工、产品配送等多个复杂环节，任何一个环节出现问题都可能影响整个供应链的效率与成本。数智技术的应用为化工行业供应链的优化与管理提供了有力手段。

通过对供应链各环节的数字化管理，企业能够实现对原材料供应、生产进度、物流配送等的精准控制与成本控制。在原材料供应方面，利用物联网技术，企业可以实时跟踪原材料供应商的库存水平、生产进度以及运输状态。某化工企业与主要原材料供应商建立了信息共享平台，通过平台实时获取供应商的原材料库存信息，当库存水平低于安全阈值时，系统自动触发采购订单，确保原材料供应的及时性与稳定性。同时，通过对供应商历史交货数据、产品质量数据的分析，企业能够对供应商进行科学评估与筛选，优化供应商结构，降低采购成本。

在生产进度管理方面，生产管理系统实时采集生产线上各工序的生产数据，通过大数据分析对生产进度进行精准监控与预测。当发现某一工序可能出现延误时，系统及时发出预警，并通过智能算法调整后续工序的生产计划，确保整个生产流程按时完成。在物流配送环节，物流管理系统借助物联网与GPS技术，实时跟踪产品运输位置、运输车辆状态等信息，优化配送路线，提高配送效率，降低物流成本。例如，通过优化配送路线，某化工企业的物流成本降低了18%，配送时间缩短了20%。数智技术的应用大大提高了供应链的透明度与响应速度，增强了企业的供应链竞争力。

（四）现代化工行业发展空间的拓展与竞争力的提升

数智技术为现代化工行业开拓了广阔的发展空间，从多个维度提升了企业的竞争力。

一方面，数智技术减少了重复性、危险性的工作。在化工生产中，一些涉及高温、高压、有毒有害环境的工作岗位，以往对工人的身体健康存在较大威胁。

通过引入自动化设备与智能机器人，这些危险工作得以由机器替代完成。例如，在危险化学品的装卸环节，智能装卸机器人能够准确、高效地完成作业，避免了工人与危险化学品的直接接触，保障了工人的生命安全。同时，机器的高效运行也极大地提高了工作效率，原本需要10名工人花费一天时间完成的装卸任务，现在由2台智能机器人在半天内即可完成。

另一方面，大数据分析使企业能够快速响应市场需求。通过对市场销售数据、客户反馈数据的实时分析，企业能够及时了解市场动态与客户需求变化，快速调整产品研发方向与生产计划。例如，某化工企业通过大数据分析发现，消费者对环保型化工产品的需求日益增长。企业迅速调整研发资源，投入到环保型产品的研发中，并在短时间内推出了一系列符合市场需求的新产品，产品市场竞争力大幅提升，市场份额在一年内增长了15%。

此外，借助人工智能技术，企业能够预测和规避安全风险。利用机器学习算法对生产过程中的安全数据进行分析，建立安全风险预测模型。该模型可以根据设备运行状态、人员操作行为等数据，提前预测可能发生的安全事故，并及时发出预警，指导企业采取相应的预防措施，保障生产安全。

（五）现代化工行业的环境兼容性与可持续性的显著提高

通过对生产过程中的能耗、排放进行精准监测与管理，企业能够实时掌握生产环节的能源消耗与污染物排放情况，助力实现绿色制造和可持续发展的目标。

在能耗监测方面，通过在生产设备上安装智能电表、水表等能耗监测设备，实时采集能源消耗数据，并通过大数据分析找出能耗高的环节与原因。例如，某化工企业通过数据分析发现，某台老旧设备的能耗过高，通过对其进行技术改造或更换新设备，企业的能源消耗降低了12%。

在排放管理方面，利用物联网与传感器技术，实时监测废气、废水等污染物的排放浓度与排放量。一旦排放数据超出环保标准，系统立即发出预警，并通过智能算法调整生产工艺参数，降低污染物排放。同时，企业借助数智技术，采用清洁生产技术和循环经济理念，优化生产流程，实现资源的循环利用。

例如，某化工企业通过建立废水处理循环系统，将生产过程中的废水进行回收处理后再用于生产，不仅减少了水资源的浪费，还降低了废水排放对环境的污染。数智技术的应用有助于企业在遵守环保法规的同时，实现绿色制造与可持续发展。

数智技术为现代化工行业的发展带来了巨大的机遇，企业需要通过不断的技术创新和管理创新，利用数智技术的力量，提升自身的竞争力，实现高质量的可持续发展。

二、数智技术给现代化工行业带来的挑战

（一）数字化转型成本高昂压力大

数智技术在化工行业的落地生根，首要任务便是对现有的生产线进行数字化和智能化改造。这一改造过程是一场全面而深刻的产业变革，需要企业投入巨额资金，用于购置先进的数字化设备、建设大数据平台、开发定制化软件等。从硬件设施来看，企业需要大规模更新设备，引入先进的自动化控制系统、高精度传感器以及智能检测装置等。例如，在化工生产中的反应釜环节，要实现智能化控制，就需安装具备精准监测温度、压力、流量等多参数的传感器，并连接到自动化控制系统，以确保反应过程的稳定与高效。

这一系列改造工程对企业的资金投入提出了极高的要求。相关行业研究报告显示，一家中等规模的化工企业，若要完成较为全面的生产线数字化和智能化改造，前期一次性投入资金往往高达数千万元甚至上亿元。如此庞大的资金需求，对于许多化工企业而言，无疑是沉重的财务负担，尤其是在当前经济形势复杂多变、市场竞争日益激烈的情况下，企业的资金周转压力巨大。

不仅如此，技术研发能力也面临着严峻考验。生产线改造并非简单的设备更换，还涉及系统集成、软件开发、数据通信等多个复杂的技术领域。化工企业需要具备强大的技术研发团队，能够自主研发或深度定制适用于自身生产流程的数字化和智能化系统。但现实情况是，大多数化工企业在这方面的技术储备相对薄弱，缺乏既懂化工专业知识又精通数智技术的复合型研发人才。

此外，操作人员的培训也是不容忽视的重要环节。新的数字化和智能化生产线对操作人员的技能要求发生了根本性转变。以往依靠经验操作设备的工人，如今需要掌握数字化操作界面、自动化设备编程以及基本的故障诊断等技能。这意味着企业需要投入大量的时间和精力开展培训工作，培训成本大幅增加。而且，即便开展了培训，部分年龄较大、知识结构固化的员工，在适应新的操作模式时仍可能面临较大困难，从而影响生产效率和改造效果。

（二）数据管理与分析困难重重

随着数智技术在化工生产中的广泛应用，生产过程中产生的数据量呈现出爆炸式增长。从原材料采购、生产工艺参数监控、产品质量检测到设备运行状态监测等各个环节，每时每刻都在生成海量的数据。这些数据犹如一座蕴含巨大价值的宝藏，但要挖掘其潜在价值，却面临着诸多挑战。

企业需要构建一套完善的数据治理体系，以确保数据的完整性、准确性和安全性。在实际操作中，由于化工生产涉及多个部门、多种设备以及复杂的工艺流程，数据来源广泛且格式多样，这给数据的整合与清洗带来了极大的困难。例如，不同品牌、型号的传感器采集的数据格式可能各不相同，部分老旧设备甚至无法直接输出数字化格式的数据，需要进行人工转换和录入，这不仅增加了工作量，还容易引入人为错误，影响数据的准确性。

同时，数据的安全性也是重中之重。化工企业的生产数据包含大量核心商业机密，如独特的生产配方、关键工艺参数以及客户订单信息等。一旦这些数据遭到泄露或篡改，将给企业带来不可估量的损失。因此，企业需要投入大量资源建立严格的数据安全防护机制，包括数据加密、访问权限控制、数据备份与恢复等。然而，随着网络攻击手段的日益多样化和复杂化，保障数据安全的难度不断加大。

为了从海量数据中挖掘出有价值的信息，企业还需要借助大数据分析、云计算等先进技术手段。这就对数据处理的专业人才提出了新的需求。数据分析师不仅要掌握数据分析的理论和方法，还需要深入了解化工行业的生产流程和业务逻辑，能够将数据分析结果与实际生产相结合，为企业提供有针对性的决策建议。但目前市场上这类既懂化工又懂数据分析的专业人才极度短缺，企业往往需要花费高薪从外部引进，或者投入大量资源进行内部培养，这无疑增加了企业的运营成本。

（三）安全监控与风险管理要求升级

化工生产因其涉及大量危险化学品和复杂的化学反应过程，对安全性的要求极高。任何微小的失误都可能引发严重的安全事故，造成人员伤亡、环境污染和巨大的经济损失。数智技术的应用在提升化工生产效率和智能化水平的同时，也使得生产过程变得更加复杂，从而对安全监控和风险管理提出了更高的标准。

在数智化生产环境下，生产系统由众多相互关联的设备、软件和网络组成，一个环节出现故障或异常，可能会迅速波及整个生产流程。例如，自动化控制系统中的某个软件模块出现漏洞，可能导致设备误操作，进而引发化学反应失控。而且，随着物联网技术的应用，设备之间的互联互通程度大幅提高，这也增加了网络攻击的风险。黑客一旦入侵生产网络，就有可能篡改设备运行参数、干扰安全监控系统，给安全生产带来极大威胁。

为了应对这些挑战，化工企业需要建立全方位、多层次的安全监控体系。这不仅包括对设备运行状态、工艺参数的实时监测，还涵盖对网络安全的防护和预警。企业需要安装先进的安全监测设备和软件，如智能传感器、故障诊断系统、入侵检测系统等，实现对生产过程的24小时不间断监控。同时，要制定完善的安全管理制度和应急预案，定期组织员工进行安全培训和演练，提高员工的安全意识和应急处理能力。

此外，对于数智化系统的稳定性和可靠性要求也更为严格。在化工生产中，任何系统故障导致的生产中断，都可能带来巨大的经济损失。因此，企业在引入数智技术时，需要对系统进行全面的风险评估和测试，确保其在各种复杂工况下都能稳定运行。这就要求企业具备专业的系统测试团队和完善的测试流程，对系统的功能、性能、兼容性等方面进行严格测试，及时发现并解决潜在问题。

（四）员工技能与人才结构面临挑战

数智技术的广泛应用使得化工行业对员工的技能要求发生了深刻变化，这对企业的人才结构提出了严峻挑战。在传统化工生产模式下，操作工人主要依靠手工操作和经验判断来完成生产任务，对学历和专业技能的要求相对较低。然而，在数智化生产环境中，操作工人需要具备一定的数字化技能，能够熟练操作自动化设备、读懂数字化生产报表，并进行简单的设备故障排查与修复。这意味着企业需要对现有操作工人进行大规模的技能培训，帮助他们适应新的工作要求。

与此同时，对于管理人员而言，数智技术的应用要求他们具备更强的数据分析能力。在决策过程中，管理人员不再仅仅依赖于经验和直觉，而是需要通过对大量生产数据、市场数据的深入分析，做出科学合理的决策。例如，在制订生产计划时，管理人员需要借助数据分析工具，综合考虑原材料供应情况、设备运行效率、市场需求波动等多方面因素，以实现生产资源的优化配置。因此，企业需要培养和引进一批具备数据分析能力的管理人才，提升企业的整体管理水平。

然而，现实情况是，化工企业在人才培养和引进方面面临着诸多困难。一方面，内部员工培训需要投入大量的时间和资金，而且培训效果往往受到员工自身学习能力和工作积极性的影响。另一方面，从外部引进既懂数智技术又熟悉化工专业知识的复合型人才难度较大，这类人才在市场上供不应求，薪资待遇要求较高，增加了企业的人力成本。

三、现代化工行业应对数智技术挑战的策略

（一）加强基础设施建设

坚实的数字化基础设施是数智技术在化工行业得以有效应用的基石。化工企

业应加大在这方面的投资力度，积极引入高质量的传感器、物联网设备以及大数据平台等。传感器作为数据采集的关键前端设备，其精度和稳定性直接影响到生产数据的质量。例如，在化工产品的质量检测环节，高精度的传感器能够实时、准确地检测产品的各项物理和化学指标，为生产过程的优化提供可靠依据。

物联网设备则实现了设备之间、设备与系统之间的互联互通，打破了信息孤岛，使得生产数据能够在整个企业内部流畅传输和共享。通过物联网技术，企业可以对分布在不同区域的生产设备进行远程监控和管理，及时发现并解决设备故障，提高生产效率。

大数据平台的建设对于化工企业的数据存储、处理和分析至关重要。它能够整合企业内外部的各类数据资源，运用先进的数据挖掘和分析算法，挖掘数据背后隐藏的规律和价值。例如，通过对历史生产数据的分析，企业可以发现生产过程中的潜在瓶颈和优化空间，从而有针对性地进行工艺改进和设备升级。

（二）强化数据分析能力

数据分析能力已成为现代化工企业在数智时代的核心竞争力之一。企业应通过建立专业的数据分析团队，引进先进的数据分析工具和技术，提升对生产数据的处理和分析能力。数据分析团队应由具备化工专业知识、统计学知识以及数据处理技能的复合型人才组成。他们不仅能够熟练运用数据分析软件和工具，如Python、R语言、Tableau等，还能够深入理解化工生产流程和业务需求，将数据分析结果与实际生产相结合，为企业提供有价值的决策建议。

在引进数据分析工具和技术方面，企业可以根据自身的实际情况选择合适的解决方案。例如，对于数据量较大、分析需求较为复杂的企业，可以考虑采用云计算平台上的大数据分析服务，如阿里云的MaxCompute、腾讯云的TBDS等。这些平台提供了强大的数据存储、计算和分析能力，能够满足企业对海量数据的处理需求。同时，企业还可以引入人工智能和机器学习技术，如深度学习算法、数据挖掘算法等，对生产数据进行深度分析和预测，实现生产过程的智能化控制和优化。

（三）注重人才培养与引进

人才是企业应对数智技术挑战的关键因素。化工企业应加大对员工培训的投入，制订系统的培训计划，提升员工的数字技能和数据分析能力。培训内容可以包括数字化设备操作培训、数据分析基础知识培训、人工智能和物联网技术应用培训等。通过内部培训，员工能够快速适应数智化生产环境下的工作要求，提高工作效率和质量。

除了内部培训，企业还应积极吸引和培养既懂得数智技术又熟悉化工专业知识的复合型人才。在人才引进方面，企业可以通过与高校、科研机构建立合作关系，开展人才联合培养项目，提前锁定优秀的应届毕业生。同时，企业还可以通过提供具有竞争力的薪资待遇、良好的职业发展空间和工作环境，吸引外部优秀人才的加入。

在人才培养方面，企业可以为员工提供丰富的学习资源和实践机会，鼓励员工参加行业研讨会、技术培训课程以及内部项目实践。通过"干中学"的方式，员工在实际工作中不断积累经验，提升自身的综合素质和能力。此外，企业还可以建立内部人才激励机制，对在数智技术应用和创新方面表现突出的员工给予表彰和奖励，激发员工的积极性和创造力。

（四）加强安全监控与管理

安全是化工生产的生命线，在数智技术广泛应用的背景下，加强安全管理尤为重要。化工企业应建立严格的安全管理体系，对新技术的应用进行全面的风险评估和测试。在风险评估方面，企业应组织专业的安全团队，对数字化和智能化生产系统中的潜在风险进行识别和分析，包括设备故障风险、网络安全风险、人为操作风险等。针对不同类型的风险，制定相应的风险控制措施和应急预案。

在系统测试方面，企业应在新技术应用前进行充分的测试工作，包括功能测试、性能测试、兼容性测试以及安全测试等。通过模拟各种实际工况和极端情况，对系统的稳定性、可靠性和安全性进行全面检验，及时发现并解决潜在问题。同时，企业还应建立安全监控和预警机制，运用实时监测技术对生产过程中的安全指标进行实时监控，一旦发现异常情况，立即发出预警信号，以便及时采取措施进行处理。

此外，企业还应加强对员工的安全教育培训，提高员工的安全意识和应急处理能力。定期组织安全演练，让员工熟悉应急预案的操作流程，确保在发生安全事故时能够迅速、有效地进行应对，最大限度地减少事故损失。

（五）促进技术研发与创新

技术研发和创新是化工企业提升市场竞争力、应对数智技术挑战的重要手段。企业应积极与科研机构、高校开展合作，充分利用外部的科研资源和智力支持，不断推进新技术、新材料、新工艺的研发。通过产学研合作，企业可以及时了解行业前沿技术动态，将最新的科研成果转化为实际生产力。

例如，在新型化工材料研发方面，企业可以与高校的材料科学研究团队合作，共同开展高性能材料的研发工作。通过运用先进的材料设计和合成技术，开发出具有更高性能、更低成本的新型化工材料，满足市场对高性能材料的需求。在生产工艺优化方面，企业可以与科研机构合作，引入人工智能和大数据技术，对生产工艺进行模拟和优化，提高生产效率、降低能耗和环境污染。

此外，企业还应加大自身在技术研发方面的投入，建立内部研发中心或实验室，培养和壮大自身的研发队伍。鼓励员工开展技术创新活动，对有价值的创新成果进行奖励和推广应用。通过持续的技术研发和创新，企业能够不断提升自身的核心竞争力，在数智时代的市场竞争中立于不败之地。

数智技术的浪潮正汹涌澎湃地席卷着现代化工行业，为其带来了前所未有的发展机遇，如生产效率的大幅提升、产品质量的优化、创新能力的增强等。然而，机遇与挑战总是相伴而生。在享受数智技术带来便利的同时，化工企业也必须清醒地认识到所面临的一系列严峻挑战，包括生产线改造的高成本与技术难题、数据管理与分析的复杂性、安全监控与风险管理的高标准以及人才结构调整的迫切需求等。

面对这些挑战，化工企业不能退缩，而应积极主动地采取有效的应对策略。通过加强基础设施建设，为数智技术的应用筑牢根基；强化数据分析能力，挖掘数据背后的巨大价值；注重人才培养和引进，打造一支适应数智时代需求的高素质人才队伍；加强安全管理，确保生产过程的安全稳定；促进技术研发和创新，提升企业的核心竞争力。只有这样，化工企业才能在数智技术的推动下，实现可持续发展，在激烈的市场竞争中脱颖而出，开创现代化工行业更加辉煌的未来。

本章小结

数智技术正在重绘现代化工的产业版图，而高技能人才培养必须同步进化。唯有构建"技术—教育—产业"协同创新生态，才能在这场变革中培育出引领未来的新型工匠。这需要企业打破人才"使用方"的单一角色，深度参与教育标准制定与资源共建；教育机构则需以敏捷姿态拥抱技术变革，才能让人才培养始终跑在产业需求的前端。

数智驱动下现代化工高技能人才培养的
探索与实践

第二章
理论基石与关键概念界定

第一节
研究的理论根基

一、全生命周期理论在化工人才培养体系构建中的指导意义

（一）全生命周期理论的学术溯源与内涵演进

全生命周期理论最初源于工业产品管理领域，其核心思想是通过对产品从设计、生产、使用到废弃的全过程动态管理，实现资源优化与价值最大化。20世纪70年代，美国职业心理学家唐纳德·舒伯（Donald Super）将这一理论引入职业生涯发展研究，提出职业发展的"五阶段模型"（成长、探索、确立、维持、衰退），强调个体的职业能力需伴随技术变革与社会需求持续更新。这一理论突破了传统教育研究的静态视角，将职业发展视为动态、连续的生命周期过程，为现代职业教育体系提供了重要的理论支撑。

全生命周期理论的核心内涵体现为对职业发展连续性的系统性重构。其本质是通过构建覆盖职业启蒙、能力进阶、技能再生全过程的培养生态，实现个人能力发展与企业需求、技术进步的动态匹配。在化工领域，这一理论强调三个维度的整合：一是时间维度上贯通职前、职中、职后的能力发展链条；二是空间维度上融合教育机构、企业、行业协会等多方资源；三是技术维度上借助数智工具实现培养过程的精准化与动态化。

进入21世纪后，随着知识经济与技术迭代的加速，全生命周期理论在教育学领域进一步深化。其内涵从单一的职业阶段划分，扩展为对个体职业发展全过程的系统性支持，涵盖职业启蒙、能力塑造、技能再生等关键环节。在化工领域，这一理论的应用具有特殊必要性。根据《全球化工技术发展报告（2023）》，化工行业技术更新周期已从20世纪末的8～10年缩短至当前的3～5年，催化材料、绿色合成工艺等关键技术更新速度甚至达到18～24个月。传统分段式培养模式（职前教育+零星在职培训）导致技能老化速度远超知识更新速率，形成显著的"技能赤字"。德国联邦教育与研究部（BMBF）的实证研究表明，采用全生命周期培养模式的企业，员工技能迭代效率提升42%，技术事故率下降28%，验证了该理论在复杂工业场景中的实践价值。

（二）化工人才阶段化培养的逻辑框架

全生命周期理论指导下的化工人才培养逻辑框架，遵循"分层递进、动态适配"的原则。在职业启蒙阶段（职前教育），重点在于构建基础能力图谱。例如，上海化学工业区与华东理工大学合作开发的"职业锚定系统"，通过AI算法分析学生的认知特征与行业趋势，为其定制包含化学工程基础、数字化工具入门等模块的学习路径，使职业规划精准度提升35%。

在职中发展阶段（职业成长期），培养重心转向能力迭代与技术创新。英国化学工业协会（CIA）开发的"技能雷达系统"通过实时抓取全球化工专利、工艺包更新数据，预测未来12～18个月的技术趋势，动态调整培训课程内容。2023年，该系统提前6个月预警AI辅助分子设计技术需求，推动12所院校新增相关课程模块。上海化学工业区构建的"教育-产业数据中台"每月采集企业设备智能化率（如DCS系统覆盖率）、工艺数字化水平（如数字孪生应用比例）等23项指标，驱动院校专业设置调整响应周期从18个月缩短至4个月。此类机制的确立，使教育内容能够紧跟化工行业从"流程工业"向"智慧工业"转型的步伐，有效弥合了传统教育滞后于产业发展的鸿沟。

在职后转型阶段（职业成熟期），培养目标聚焦于技能再生与知识传承。杜邦公司开发的"能力热力图"工具，将员工在过程安全管理、能效优化等领域的表现数据可视化，支持个性化发展路径规划，高潜力人才识别效率提高3.2倍。中石化实施的"攀登者计划"将加氢裂化操作工能力细化为17项核心指标（如数字控制系统操作准确率≥99.2%、异常工况诊断响应时间≤15秒），形成量化评估体系，使高级技师培养周期从10年压缩至6年。

（三）全周期视角下的能力递进培养策略

能力递进培养策略的核心在于构建"基础能力-专业能力-创新能力"的螺旋上升通道。在基础能力层，侧重通用技能与职业素养的培养。中国化工教育协会发布的《化工职业教育标准体系》将工艺安全工程师认证拆解为危险源辨识、HAZOP分析等48个可组合能力单元，支持碎片化学习与系统化认证的结合。

在专业能力层，强调技术深度与复杂问题解决能力的提升。科思创的"智能学习伴侣"系统通过知识图谱技术分析学员测试表现，自动生成包含微课视频、虚拟仿真实验的个性化学习包，使知识掌握效率提升58%。浙江大学与中控技术合作开发的"化工云学院"采用强化学习算法优化教学内容推送策略，根据学员岗位类型自动适配课程难度与教学形式，岗位胜任力达标率从72%提升至89%。

在创新能力层，注重技术突破与跨界整合能力的塑造。拜耳集团"职业罗盘"系统集成行业大数据（技术专利、事故案例、人才流动数据），通过分析员工技能矩阵与行业趋势的匹配度，提前9～15个月预警职业风险并提供转型建议，员工职业中断率降低41%。万华化学建立的"技能区块链"平台，将学历证书、微证书、项目经验等学习成果上链存证，支持跨地域、跨企业的技能认证，海外项目人员适岗周期缩短65%。

（四）理论指导下的协同育人机制设计

全生命周期理论的有效实施依赖于"政-产-学-研"协同育人生态的构建。在政策层面，需建立适应技术快速迭代的弹性教育制度。例如，日本JICA（国际协力机构）在东南亚推行的"化工人才生态圈"项目，通过院校-企业-行业协会三方联席机制，将三菱化学的安全管理体系、旭化成的低碳技术标准转化为区域性教学资源，使参与企业技术培训覆盖率从37%提升至89%。

在资源整合层面，需实现教育供给与产业需求的精准对接。上海化学工业区"教育云超市"平台整合企业培训课程、院校教学资源、行业认证标准等3200项数字资源，支持按需订阅学习，资源利用率从35%提升至82%。区块链技术的引入革新了评价体系，巴斯夫全球培训中心建立的终身学习档案完整记录从职前教育到职业退出的全阶段学习成果，使跨国岗位调动前的技能复核时间从3周缩短至72小时。

在技术赋能层面，需构建数据驱动的动态优化机制。烟台万华通过生产数据反向评价机制，将学员参与的技改项目（如反应器优化方案）的实际效益（能耗降低率、产能提升率）纳入学习成效评估，培训内容与生产需求契合度从68%提升至93%。此类闭环反馈机制确保了培养体系与产业需求的动态匹配。

全生命周期理论框架的确立，既是对《国家职业教育改革实施方案》"服务终身学习"要求的学术回应，也为破解"技术迭代加速与人才能力老化"的行业悖论提供了方法论指引。其创新性在于突破了传统教育的时空边界，通过构建覆盖职业全周期的培养生态，实现了个人能力发展与企业需求进化、技术进步节奏的深度契合。这种理论范式不仅重塑了化工人才培养的实践路径，更为现代职业教育体系的转型升级提供了可复制的理论模型。

二、人的全面发展学说对化工高技能人才综合素质培养的引领作用

（一）全面发展学说的理论内涵与实践指向

马克思主义关于人的全面发展学说，以对资本主义生产方式的批判为逻辑起点，揭示了人的本质解放与自由发展的终极目标。马克思在《1844年经济学哲学手稿》中指出，"人以一种全面的方式占有自己的全面的本质"，这一论断不仅是对异化劳动的批判，更揭示了人类发展的终极形态——通过实践实现"类本质"的完整复归。在化工领域，这一理论转化为教育实践的核心命题：高技能人才的培养必须超越工具理性主导的"技能训练"模式，转而关注人的主体性发展与本质力量的全面释放。

化工行业的特殊性在于其技术密集性、风险性与生态影响的复合性。根据国际化工协会2023年报告，全球化工事故中78%与人为因素相关，其中60%的失误源于技能单一性与综合判断力不足。这一现实要求职业教育必须从"单向度的人"的培养转向"完整的人"的塑造。马克思强调，"人的生产是全面的"，在化工生产场景中，这种全面性体现为技术操作能力、安全伦理意识、生态责任观念的统一。因此，教育目标需突破传统技能传授的局限，将人的主体性发展置于核心地位。

人的全面发展学说要求教育体系实现知识、能力与素养的辩证统一。在化工高技能人才培养中，这一理论转化为"三位一体"的能力模型。

（1）知识维度　涵盖化学工程原理、过程控制理论、数字技术应用等系统性知识，强调学科交叉与前沿技术融合。例如，绿色合成工艺的掌握需同时理解催化机理、碳足迹核算方法及人工智能优化算法。

（2）能力维度　包括技术操作精准性、复杂问题解决能力与技术创新突破性。现代化工生产场景（如数字孪生工厂）要求人才既能执行标准化操作，又能应对动态工况下的非常规事件。

（3）素养维度　强化职业伦理、生态责任与可持续发展意识。马克思指出，"劳动的对象是人的类生活的对象化"，化工从业者的劳动成果直接影响生态环境与公共安全，因此必须培养其"类主体"意识，使其技术行为与人类整体利益相协调。

这一结构的内在逻辑在于：知识是能力发展的基础，能力是素养外化的载体，素养则规约知识与能力的价值方向。三者共同构成"本质力量对象化"的实践链条，推动个体从"技术执行者"向"工业生态建筑师"的转型。

（二）动态评价体系中的发展性反馈机制

人的全面发展学说要求教育评价超越工具性考核，转向发展性赋能。化工高技能人才培养需构建"过程－结果－发展"三维评价体系：

（1）过程性评价　通过物联网传感器实时采集实训数据（如阀门调节精度、异常响应速度），结合机器学习算法生成能力发展曲线，动态识别个体的"最近发展区"。

（2）结果性评价　引入全生命周期视角，对技术方案进行多维评估（如能效提升率、碳减排量、安全冗余度），突破传统以产出效率为单一指标的局限。

（3）发展性评价　基于区块链技术建立终身学习档案，记录从职前教育到职业退出全阶段的能力演进轨迹，为个性化发展路径规划提供数据支撑。

该体系的理论价值在于：将马克思"人的自我实现"命题转化为可操作的评估框架，通过数据反馈持续优化教育供给，使人才培养目标始终指向"本质力量"的充分发展。

（三）理论范式的创新价值与行业意义

人的全面发展学说为化工职业教育提供了价值锚点与方法论指引。其创新性体现在三重转化：

（1）目标转化　从"工具化人才供给"转向"主体性人才培育"，使技术技能人才成为技术革新的主导者而非被动适应者。

（2）路径转化　从"分段式技能训练"转向"全生命周期发展"，构建覆盖职业启蒙、能力进阶、知识传承的连续教育生态。

（3）功能转化　从"人力资源开发"转向"工业文明建构"，通过人才培养推动化工行业向绿色化、智能化、人本化转型。

这种理论框架的确立，不仅响应了《中国制造2025》对复合型人才的需求，更在哲学层面实现了对马克思"人的全面生产"理论的当代诠释。其行业意义在于：通过重塑人才培养范式，破解化工行业"技术加速度"与"人的异化"之间的矛盾，为行业可持续发展注入人文关怀与创新动力。

人的全面发展学说的引领作用，本质上是将马克思主义关于人的解放的理论逻辑转化为化工职业教育的实践逻辑。这种转化不仅需要教育理念的革新，更依赖数智技术赋能下的教育模式重构，最终指向一个更具包容性与创造性的工业文明图景。

三、教育适应理论在化工职业教育对接数智时代需求的应用

新修订的《中华人民共和国职业教育法》明确提出"增强职业教育适应性"，为化工职业教育应对数智化转型提供了法理支撑。教育适应理论强调职业教育必须遵循双重逻辑——既要适应产业经济的动态需求，又要遵循技术技能人才的成长规律。在数智技术重构化工产业生态的背景下，这一理论为职业教育体系的重构提供了根本方法论。

（一）教育适应理论的学术溯源与核心内涵

教育适应理论根植于约翰·杜威（John Dewey）的实用主义教育哲学，强调教育系统与社会经济环境之间的动态耦合关系。其核心命题在于：教育必须通过持续的结构调适与功能优化，实现与外部环境需求的内在契合。2022年新修订的《中华人民共和国职业教育法》明确提出"增强职业教育适应性"，从制度层面确认了教育适应理论的实践价值。在数智化背景下，教育适应理论的内涵进一步深化为三重维度：一是对技术变革的响应能力；二是对产业生态的重构能力；三是对个体发展的赋能能力。

在化工领域，教育适应理论的特殊性源于行业的技术密集性与风险性双重特征。根据《全球化工技术发展报告（2023）》，化工行业的技术迭代周期已压缩至3～5年，且技术复杂度呈现指数级增长（如AI辅助分子设计、数字孪生工厂的普及率年均增长27%）。这种背景下，传统的静态教育模式难以满足动态需求，唯有通过适应性重构，才能实现教育供给与产业需求的动态平衡。

（二）数智时代的教育适应性理论框架

新修订的《中华人民共和国职业教育法》提出的"三个面向"原则（面向市场、实践、人人），为教育适应理论在化工领域的应用提供了法律依据。从理论逻辑看，职业教育适应性包含双重向度：一是对外部经济环境的适应性，体现为教育内容与产业技术曲线的同步演进；二是对内部教育规律的适应性，强调教学方式与技术技能人才成长规律的深度契合。

在数智化语境下，对外适应性的核心在于建立技术预测与教育响应的联动机制。化工行业的技术演进具有显著的跨学科特征（如化学工程与数据科学的融合度已达43%），要求教育体系能够实时捕捉技术簇的动态变化，并将其转

化为模块化的知识单元。对内适应性的关键则在于遵循能力形成的阶段性规律，通过个性化学习路径设计，破解"标准化培养"与"差异化需求"之间的矛盾。

教育适应理论在化工职业教育中的实践框架，需以动态调适机制为核心，构建"需求感知-资源供给-评价反馈"的闭环系统。理论层面，这一框架包含三大支柱：

（1）动态适配机制　基于产业技术生命周期理论，建立教育内容更新与技术成熟度的关联模型。当某一技术进入扩散期（如绿色合成工艺的行业渗透率超过15%），教育系统需同步启动课程模块的迭代更新，确保知识传授与技术应用的时序一致性。

（2）个性化发展路径　依据技术技能人才的成长曲线（通常呈现"学习期-熟练期-创新期"三阶段特征），设计差异化的能力发展阶梯。在数智技术支持下，可通过学习行为数据分析，动态调整教学策略与资源配给。

（3）教育生态重构　打破传统教育的线性结构，构建企业、院校、科研机构共生的教育生态位。通过数据共享与资源互通，实现教育要素在产业价值链中的优化配置。

（三）教育适应理论在化工职业人才培养的方法论创新

教育适应理论的方法论创新，体现在数智技术对传统教育范式的改造升级。首先，数据驱动的需求感知系统通过自然语言处理（NLP）技术解析非结构化数据（如专利文本、事故报告），自动识别技术演化趋势与技能缺口。其次，智能化的教学供给系统利用知识图谱技术，将离散的知识点重构为层级化的能力网络，支持按需生成个性化学习方案。最后，发展性评价体系通过区块链技术记录全生命周期学习轨迹，建立能力成长与职业发展的量化映射关系。

在理论建构层面，这种创新体现为"双重适应"的辩证统一：一方面，教育系统通过吸收数智技术的赋能效应，提升对外部环境变化的响应速度；另一方面，通过教育过程的数字化改造，深化对技术技能人才成长规律的认识精度。这种互动关系突破了传统适应理论的单向被动性，转向主动引领与协同进化的新范式。

教育适应理论在化工职业教育的应用中，最终指向"人的全面发展"与"产业转型升级"的双重价值目标。从哲学层面看，这种适应性不是简单的被动迎合，而是通过教育创新激发人的主体性，使技术技能人才成为数智化变革的参与者和引领者。在实践层面，其价值体现为三重转化：

（1）知识结构的转化　从单一学科知识向"化学工程+数据科学+安全管理"的复合知识体系演进。

（2）能力范式的转化　从操作执行能力向"技术迭代预判+复杂问题求解+创新生态构建"的立体能力结构升级。

（3）教育功能的转化　从人力资源供给向"技术创新策源+产业生态优化+可持续发展推动"的多维功能拓展。

这种理论框架的确立，既是对新修订的《中华人民共和国职业教育法》"增强适应性"要求的学术回应，也为破解化工行业"技术加速度"与"教育惯性"的矛盾提供了方法论指引。其理论贡献在于构建了动态开放的适应性模型，通过教育系统与数智时代的深度耦合，实现了职业教育从"跟随适应"向"前瞻引领"的范式跃迁。这一理论创新不仅为化工职业教育改革提供了学理支撑，更为现代职业教育体系的理论建构贡献了普适性框架。

四、谱系说理论在化工人才培养谱系构建中的理论支撑

（一）谱系说理论的学术溯源与内涵演进

谱系说理论的学术渊源可追溯至生物学领域对物种演化脉络的系统研究。19世纪达尔文的进化论揭示了生物谱系的层级化与关联性特征，为跨学科应用奠定基础。20世纪70年代，法国哲学家米歇尔·福柯（Michel Foucault）将谱系概念引入社会科学领域，用以解构知识、权力与制度的动态关联，强调"非连续性"与"偶然性"在历史演进中的作用。在教育学领域，德国职业教育学者克劳斯·贝克（Klaus Beck）于21世纪初提出"能力谱系"理论，主张职业能力的形成需依托层级化、模块化的知识体系累积，这一理论为技术密集型行业人才培养提供了新范式。

在现代化工领域，谱系说理论的应用具有特殊必要性。化工行业的技术链条具有显著的多学科交叉特征（如化学工程、过程控制、材料科学的深度融合），且技术迭代周期已缩短至3～5年（据《全球化工技术发展报告2023》）。欧盟《欧洲技能议程》提出的"技能树"框架，将化工操作、工艺设计等核心能力拆解为可追溯的"根-干-枝"结构，成为谱系化培养的早期实践范例。拜耳集团2015年推出的"能力图谱"项目，通过2300个能力节点构建覆盖研发、生产、安全的全岗位技能网络，验证了谱系理论在复杂工业场景中的实践价值。

（二）谱系说理论的实践逻辑与化工教育适配性

谱系说理论对化工高技能人才培养的指导意义，核心在于其系统性架构与动态适配机制。传统化工教育体系常面临"知识碎片化"与"能力滞后性"的双重困境，而谱系化培养通过层次化、模块化的设计，实现了能力要素的有机整合。中石化建立的"五阶技能矩阵"将催化裂化操作员的能力发展细化为21项核心指标，形成"基础操作－系统优化－技术创新"的阶梯式成长路径。科思创的"聚合反应工程师"培养计划，则将高分子化学、过程控制等6个学科领域拆分为54个微证书单元，支持个性化能力拼装。此类实践表明，谱系说理论通过解构复杂技术场景，实现了知识单元的可视化重组与精准配置。

动态化谱系迭代是谱系说理论在化工领域的重要创新维度。杜邦公司基于专利文本挖掘构建的"技术热点预测模型"，每年动态调整15%～20%的培训模块，确保培养内容与产业创新同步。上海化学工业区开发的"技术演化追踪系统"，通过实时采集企业研发投入、工艺包更新等数据，生成技能需求热力图，驱动院校课程更新周期从18个月缩短至6个月。这种动态适配机制有效应对了化工行业技术半衰期压缩的挑战（国际化工协会统计，2023年化工技术半衰期已降至2.8年）。

（三）数智技术赋能的谱系构建新范式

知识图谱技术的应用实现了能力建模的智能化升级。万华化学通过分析5000份工艺日志构建的"反应工程能力图谱"，精准识别出32项传统培养体系中遗漏的隐性技能需求（如动态工况下的风险预判能力）。自然语言处理（NLP）技术被用于解析非结构化数据（如事故报告、技术文档），中国化工教育协会开发的"技能语义网络"系统，自动生成覆盖12个化工子领域的动态能力谱系，使课程开发效率提升40%。

智能匹配算法的引入优化了学习路径规划。巴斯夫上海基地的"技能导航仪"系统，基于学习者画像（如VR实训行为数据、在线学习轨迹）与岗位能力谱系的差距分析，生成个性化成长路径，使新员工岗位胜任时间缩短40%。拜耳集团的"自适应学习引擎"通过强化学习算法动态调整教学内容推送策略，根据学员实时学习表现（如单元测试正确率、虚拟仿真操作精度）优化资源适配，使知识掌握效率提升58%。

区块链技术则为谱系化培养提供了可信认证基础。中国化工教育协会联合清华大学开发的"化工链"平台，将微证书、项目经验等非学历成果纳入分布式账本，实现跨机构、跨地域的技能认证。该平台已支持3.2万名化工从业者的跨国职业流动，海外项目人员适岗周期缩短65%。此类技术创新不仅提升了培养体系的透明度，更通过数据不可篡改特性保障了评价体系的公信力。

（四）谱系化培养的协同生态与制度保障

现代化工高技能人才培养谱系的落地，需依托"政－产－学－研"多维协同机制。产教融合的谱系共建机制是核心支撑。陶氏化学与麻省理工学院合作的"未来工厂人才计划"，通过联合工作坊定义出数字孪生、低碳工艺等12项新兴能力模块，并将其转化为标准化教学资源。上海化学工业区推行的"教育－产业联合体"，将Aspen Plus仿真平台、工业安全管理系统等产业工具直接嵌入课程体系，使教学内容与生产场景的契合度达到91%。

弹性学习资源供给机制通过模块化架构提升资源利用效率。上海化工园区"化工云学院"平台整合3200学时的数字资源，封装为478个可独立调用的资源包，支持按需订阅学习，资源利用率从35%提升至82%。

闭环反馈的谱系优化机制是体系持续进化的关键。赢创工业集团通过实时采集生产数据（如设备故障率、工艺参数偏离度），建立"需求感知－方案调整－效果验证"的迭代循环。2023年数据显示，该机制使操作失误率年均下降8.3%，培训内容与生产需求的匹配度提升至89%。此类数据驱动的动态优化模式，确保了谱系化培养体系的前瞻性与实用性。

（五）谱系说理论的战略价值与行业影响

谱系说理论的应用已引发化工人才供给模式的深刻变革。《中国化工人才发展蓝皮书2023》统计显示，采用谱系化培养体系的企业，智能控制系统操作员、工艺安全数字工程师等新兴岗位人才缺口缩小37%，传统岗位人员转岗成功率提升至64%。在创新能力维度，科思创的实践表明，谱系化培养使员工年均专利申报量增加2.1倍，工艺优化建议采纳率从19%提升至55%。安全领域则通过系统性能力建构实现质效双升，2022年全国化工行业重大事故数同比下降42%，应急处置平均响应时间缩短至8.7分钟。

谱系说理论的创新价值在于，其通过层级化、模块化的能力架构设计，将离散的知识点整合为有机的能力网络，同时借助数智技术实现培养体系的动态进化。这种理论范式不仅响应了《制造业人才发展规划指南》提出的"产业链－教育链－人才链"三链融合目标，更为破解化工行业"技术复杂度提升与人才培养效率不足"的矛盾提供了系统化解决方案。其核心贡献在于构建了可扩展、可追溯、可验证的能力发展图谱，为现代化工行业的高质量发展构筑了可持续的人才生态基座。

谱系说理论框架的确立，标志着化工人才培养从经验驱动向数据驱动、从片段化向系统化的范式转型。这种转型不仅重塑了职业教育的实践路径，更通过数智技术的深度融合，为全球化工行业应对技术革命与可持续发展挑战提供了理论锚点与实践蓝图。

第二节
核心概念精准界定

一、高技能人才在数智化化工领域的新内涵

作为国民经济的基础性与战略性产业，现代化工行业在中国工业化进程中扮演了重要角色。从改革开放初期通过技术引进实现规模扩张，到21世纪以来推动自主创新与绿色转型，中国化工产业完成了从"填补空白"到"全球并跑"的跨越。生产模式从劳动密集型转向技术密集型，伴随人工智能（AI）、大数据、物联网和云计算等技术的广泛应用，化工行业的生产方式、管理手段和产品研发路径发生了深刻变革。AI算法优化反应路径、物联网调控供应链、大数据预测市场波动、云计算赋能工艺创新，已成为行业新常态，标志着化工行业正式迈入数智化发展阶段。这种背景下，人才能力结构的重构成为必然趋势，传统以设备操作熟练度为核心的能力标准，已被"数据驱动决策""跨系统协同""技术融合创新"等新维度所解构与重塑。

国家发展改革委《智能制造发展规划（2021—2025）》提出"全要素生产率年均提升10%"的目标，依托的正是人机协同的新型生产力架构。高技能人才的新内涵不再是简单技能的叠加，而是以数据为纽带，将工艺知识、数字工具与系统思维深度融合。这既是对"制造强国"战略的具体实践，也是全球化工产业竞争格局重构下的人才战略选择。

（一）新内涵的具体界定

在数智化浪潮席卷下的化工领域，高技能人才的新时代内涵得以深刻重塑与

拓展，紧密契合国家发展战略与技术前沿趋势，具体可从以下五个核心维度进行深入剖析与实践。

1. 工艺智慧与数字技术的深度融合创新

在数智化转型的大背景下，传统化工人才的专业技能与数字技术的深度融合成为必然趋势。传统化工人才专注于工艺流程设计、设备精准操控及化学反应机理深刻理解的专业能力，而数智化化工需与先进的数字工具无缝对接。化工工程师们不仅需熟练运用 Aspen Plus 等软件进行工艺模拟，通过 Python 语言深度挖掘生产数据宝藏，更要依托 AI 算法精准优化反应条件，实现生产效能的飞跃式提升。这一系列融合实践，加速了化工生产的智能化进程，更为绿色化工技术的研发开辟了新路径，展现了高技能人才在解决复杂工业挑战中的综合智慧与创新力量。

2. 数据洞察引领的科学决策

数智化化工行业的生产运营日益依赖于数据的精准分析与预测。大数据技术的引入，使得市场需求波动得以提前预测；物联网技术的普及，让供应链运营状态实现实时监控。高技能人才需具备从"浩瀚"数据海洋中精准捕捉关键信息、构建科学决策框架的能力。这要求他们不仅精通统计学原理、数据建模技术，还需熟练运用数据可视化工具，将传统经验决策升级为数据驱动的科学决策，为化工企业的稳健发展提供坚实支撑。

3. 跨系统协同的高效作业

数智化生产体系的构建，离不开多个复杂系统的紧密集成与高效协同。从生产管理系统（MES）到企业资源计划（ERP），再到智能设备控制系统，高技能人才需具备跨系统操作与数据流通的无缝对接能力。在智能工厂工程师们需精通物联网传感器与云计算平台的协同作业，实现生产线的灵活调整与智能优化。这一过程不仅考验技术深度，更强调团队协作与高效沟通，是对习近平总书记提出的"培养全面发展的人"教育理念的具体实践。

4. 技术跨界融合的创新驱动

数智化化工领域正成为技术融合创新的热土，如 AI 与绿色化学的深度融合，正引领着低碳生产工艺的革命性突破。华为与化工企业的成功合作案例，生动展示了 AI 技术在优化生产流程、显著降低碳排放方面的巨大潜力。高技能人才需具备前瞻视野，勇于探索技术交叉领域，不断提出创新解决方案，以技术革新驱动运营成本的不断优化。这一理念与"中国制造2025"战略中的创新驱动发展要求高度契合，激励着每一位高技能人才保持好奇心，拥抱终身学习，持续攀登技术高峰。

5. 系统思维与可持续发展的战略视野

数智化化工行业的发展，需在追求高效生产的同时，兼顾环境保护与社会责任。高技能人才需秉持系统思维，从全局视角出发，精心平衡经济效益与环境责任。在工艺设计阶段，他们需运用云计算技术模拟碳足迹，全面评估产品全生命周期的环境影响，确保每一步决策都符合可持续发展的原则。这种能力不仅是对习近平教育思想中关于培养社会责任感人才的积极响应，更是对国家"碳达峰、碳中和"目标的主动践行，展现了新时代高技能人才在推动化工行业绿色转型中的责任与担当。

（二）新内涵的意义与展望

高技能人才在数智化化工领域所展现的新内涵，是对传统能力框架的深刻解构与重塑，精准把握并积极响应了数智化化工行业的核心需求与未来趋势。高技能人才正逐步从单一的执行者角色，转型为具备系统设计视野与创新引领能力的复合型人才。这一转型不仅彰显了个人能力的多元化与深化，更是对"制造强国"战略的积极响应，为中国化工产业在全球市场的激烈竞争中抢占战略高地、赢得国际优势奠定了坚实的人才基石。

展望未来，技术的持续迭代与革新将成为化工行业发展的核心驱动力。量子计算、6G通信等前沿技术的逐步渗透与广泛应用，将为化工行业带来前所未有的变革与机遇。面对技术变革的浪潮，教育体系也必须紧跟时代步伐，持续更新课程内容与教学方式，强化产学研合作机制，同时引导学生树立正确的价值导向，培养学生的社会责任意识，确保人才培养同行业的发展与需求始终保持同步演进，共同推动化工行业迈向更加繁荣、可持续的未来。

综上所述，高技能人才在数智化化工领域的新内涵是以数据为纽带，将工艺知识、数字技能、跨系统协同、技术创新与系统思维深度融合的结果。这种人才不仅是技术的掌握者，更是行业变革的推动者。结合习近平教育思想和国家政策，这一新内涵的界定为化工教育提供了清晰方向，也为中国化工产业的数智化转型奠定了人才基础。它不仅回应了当前行业的现实需求，还为未来的技术革新和可持续发展提供了战略支撑。

二、谱系在化工人才培养体系中的内涵

随着化工行业的快速发展，对高技能人才的需求愈发迫切。谱系作为一种系统化、分层级的人才培养框架，其核心在于通过模块化设计，将化工人才的培养过程划分为不同阶段，每个阶段设定明确的学习目标和能力要求。这不仅为人才提供了从入门到进阶，再到专业领域的清晰发展路径，还确保了教育资源能够按照人才培养需求进行合理配置。同时，谱系通过统一的教学大纲、课程体系和考核标准的实施，保障了教育的连贯性和标准化，从而培养出符合行业要求的高质量化工人才，为化工行业的可持续发展提供坚实的人才支撑。

（一）内涵的具体界定：化工人才培养体系中的谱系新解读

在化工人才培养的广阔天地里，谱系正被赋予新的内涵与活力。它不再仅仅是一个阶段性培养的框架，而是成为一种紧密贴合数智化与可持续发展需求的动态体系。这一体系从目标导向、模块设计、资源整合、标准化管理和持续优化五个维度展开，深刻体现了现代化工教育对系统性与灵活性的双重追求，以及对国家政策的积极响应与技术发展的敏锐洞察。

1. 目标导向：精准定位，引领未来

谱系的核心在于为化工人才规划一条清晰的发展路径，从基础教育到专业深造，再到职业发展，每一阶段都设定了明确且具体的目标。在基础教育阶段，学生将扎实掌握化学基础知识和实验技能，为后续的专业学习奠定坚实基础；进入专业深造阶段，则侧重于工艺设计、数字工具应用等能力的培养，以适应数智化化工领域的新要求；而在职业发展阶段，则强调创新能力、跨学科协作以及领导力的全面提升，旨在培养能够引领未来化工行业发展的领军人才。这条路径不仅清晰明了，更与行业需求紧密对接，充分体现了教育的目标性与实用性，为化工人才未来在企业核心岗位上展现卓越表现打下了坚实的基础。

2. 模块设计：灵活多变，因材施教

模块设计是谱系灵活多变、因材施教的关键。面对数智化技术的快速发展和化工行业的深刻变革，模块化设计将复杂的化工人才培养过程分解为多个既独立又相互关联的单元。这些模块既包含化学原理、数学建模等基础内容，也涵盖工艺流程、数字技能等技术要素，还通过实验室实践和企业实习等实践模块，强化

学生的应用能力。华东理工大学等高校紧跟数智化趋势，在模块中新增了化工大数据分析等课程，帮助学生掌握数据驱动决策的核心技能。

3. 资源整合：协同联动，高效利用

谱系强调资源的合理配置与高效利用，将高校、企业和社会资源紧密整合为一个协同体系。高校作为理论教学和科研创新的摇篮，提供坚实的理论基础和实验平台；企业通过实习、实践指导和项目合作时机，为学生提供真实的生产环境和职业体验；社会机构则通过职业培训、技能认证等方式，补充和完善学生的职业素养。清华大学化工系与中石化的合作共建实训基地，便是这一理念的生动实践，学生在校期间即可接触并熟悉真实的生产环境，将理论与实践有机衔接。这种资源整合的方式，不仅避免了教育与行业脱节的问题，还体现了对"产教融合"政策的积极响应与实践。

4. 标准化管理：质量为本，规范先行

谱系通过统一的教学大纲、课程体系和考核标准，确保教育的连贯性和一致性。全国化工类高校可参照共同认可的培养框架，设定统一的基础课程和能力考核要求。这种标准化管理不仅提升了教育质量，还增强了人才的通用性和竞争力。同时，为学生提供了公平、公正的评价体系，也为人才流动提供了便利条件，使他们在不同企业或地区都能快速适应岗位需求并发挥所长。

5. 动态调整：与时俱进，持续优化

谱系并非一成不变的静态框架，而是一个随着行业变化而持续优化的动态体系。面对数智化技术的快速发展和可持续发展的切实要求，谱系不断更新培养目标和内容，以适应行业发展的新趋势。传统化工教育曾侧重于设备操作技能的培养，而如今则融入了人工智能应用、绿色工艺设计以及循环经济理念等前沿内容。浙江大学化工学院便是这一动态调整理念的先行者，他们根据行业趋势定期调整课程设置，新增物联网技术模块等前沿内容，确保学生始终掌握最新的技术动态和技能需求。这种动态性不仅体现了谱系对未来化工行业发展的前瞻性支持，更确保了人才始终与时代脉搏同频共振、与时俱进。

（二）内涵的意义与展望

谱系在化工人才培养体系中的新内涵，标志着对传统教育模式的深刻革新。它采用目标导向、模块设计和动态调整的策略，有效打破了以往零散式培养的局

限，为化工学子铺设了一条系统化的成长快车道。这一创新框架不仅显著提升了教育效率，还极大增强了人才的适应性和市场竞争力，精准对接了"制造强国"战略对高素质化工人才的迫切需求。

为了深化谱系的实施效果，加强跨区域合作显得尤为重要。具体而言，可以构建全国性的化工教育联盟，借此平台实现课程资源的广泛共享和实践平台的互联互通，从而在保障教育标准化的基础上，促进个性化培养方案的蓬勃发展。这一举措不仅能够全面提升化工教育的整体水平，还有助于缩小不同地区间人才培养的差距，切实推动教育公平的落地生根。

综上所述，谱系在化工人才培养体系中的内涵是以系统化、分层级培养为核心，通过目标导向、模块设计、资源整合、标准化管理和动态优化，构建适应数智化与可持续发展需求的框架。它不仅为学生提供了清晰的发展路径，还保障了教育质量与行业需求的对接。结合习近平教育思想和国家政策，这一内涵体现了化工教育的科学性与前瞻性，为中国化工产业的转型升级和可持续发展提供了坚实的人才支撑。

三、全过程人才培养在化工教育中的内涵

在当前社会经济发展中，现代化工行业作为经济支柱，对高技能人才需求激增，要求他们不仅专业精深，还需具备创新、批判性思维和终身学习能力。为适应行业变革，全过程人才培养成为关键策略。该模式贯穿个体教育与职业生涯，强调跨学科学习、终身发展及实践创新，确保人才技能与时俱进，具备跨领域合作与解决复杂问题的能力，并通过实践将理论转化为创新能力，满足现代化工行业对高技能人才的全生命周期培养需求。

（一）内涵的具体界定

在化工教育领域，全过程人才培养的内涵已超越了原有的传统教育模式，它构建了一个教育与职业紧密衔接、动态适应的全方位体系。这一体系围绕跨学科融合、终身学习导向、实践创新驱动、综合能力塑造及全生命周期支持五大核心支柱，旨在培育符合数智化与可持续发展要求的化工领域精英。

1. 跨学科融合：奠定创新基石

全过程人才培养体系将化工专业知识的深度与信息技术、数据科学、环境科

学等领域的广度相融合，为学生构建了一个多元且深入的知识体系。如北京化工大学推出的化工大数据分析课程模块，不仅要求学生掌握化学反应的基本原理，还鼓励他们学习编程技能，以便在智能设备操作中发挥大数据的分析作用，或运用生态学知识设计绿色工艺流程。这种跨学科的教育模式，不仅打破了传统学科间的界限，更培养了学生面对复杂问题时采取多维视角的能力，使他们能够灵活应对现代化工行业的多样化挑战。

2. 终身学习导向：激发持续成长动力

面对化工行业的快速变革，特别是数智化技术的迅猛发展，全过程人才培养体系强调终身学习的重要性。通过设立持续教育项目，确保学生在职业生涯中技能不断升级。华东理工大学与企业携手推出的在职培训项目，便是将AI在化工中的应用、最新环保技术等前沿知识融入实践，助力工程师掌握智能制造技能，实现了知识与技能的持续更新。这一导向不仅延长了人才的职业生命周期，更使他们在技术迭代中保持竞争力，成为行业变革的引领者。

3. 实践创新驱动：点燃创新火花

全过程人才培养体系尤为注重将理论知识与实践操作相结合，通过搭建创新实践平台，激发学生的创新思维和实践能力。还可以通过设立校企合作研发中心，让学生参与真实科研项目，如催化剂的优化、新材料的研发等，将课堂理论直接应用于解决行业实际问题。同时，举办创新大赛和创业孵化项目，鼓励学生围绕化工领域的前沿技术提出创新方案，如智能化工过程控制、环保型化工产品开发等，通过竞赛和孵化过程，将创意转化为实际产品或服务。此外，利用虚拟现实（VR）和增强现实（AR）技术，创建虚拟实验室和智能工厂模拟环境，让学生在安全、高效的环境中反复练习，提升操作技能和问题解决能力。这种实践创新驱动的模式，不仅强化了学生的实践能力，更激发了他们的创新潜能，为化工行业输送了大量具备创新精神和实战能力的人才。

4. 综合能力塑造：打造复合型人才

现代化工行业对人才的综合能力提出了更高要求，包括跨领域合作、批判性思维等。全过程人才培养体系通过团队项目、案例分析和职业素养课程，全面塑造学生的软技能。浙江大学化工学院的学生，通过参与跨学科团队，模拟智能工厂运营，需协调化学工程、信息技术和管理等多学科知识，这一过程不仅增强了他们的沟通能力、团队协作精神，更培养了独立思考和解决问题的能力，使他们在职场中能够胜任复杂任务，成为行业发展的中坚力量。

5.全生命周期支持：护航职业发展

全过程人才培养体系覆盖学生从入学到职业发展的全生命周期，提供全方位的支持。高校在本科阶段打下坚实基础，研究生阶段深化专业知识，企业实习阶段强化实践能力，而职业发展阶段则通过培训和认证保持竞争力。中石化与高校的合作项目，为员工提供了从新手到专家的完整培养路径，确保了人才技能与行业需求同步发展。这一体系不仅关注学生的即时成长，更为其职业生涯的长远规划提供了坚实保障，满足了化工行业对高技能人才动态需求的精准对接。

（二）全过程人才培养的意义与展望

全过程人才培养在化工教育中的内涵，体现了对传统教育模式的超越。它通过跨学科融合、终身学习和实践创新，打破了阶段性培养的局限，为化工人才提供了贯穿全生命周期的成长支持。

此外，全过程人才培养还需建立完善的反馈机制，以确保教育内容与行业需求保持高度一致。利用智能平台跟踪学生的学习和职业发展情况，动态调整教育内容和方法，提升培养的精准性和有效性。通过高校与企业深化合作，搭建校企合作平台、共享教育资源、开展联合培养模式，共建终身学习生态圈，为化工人才提供从教育到职业的全方位支持，这是全过程人才培养的重要发展方向，将为化工行业培养更多具备创新精神和实践能力的高技能人才。

综上所述，全过程人才培养在化工教育中的内涵是以跨学科融合、终身学习、实践创新、综合能力塑造和全生命周期支持为核心，构建适应数智化与可持续发展需求的动态体系。它不仅为学生提供了全面的成长路径，还保障了人才与行业需求的紧密对接。这一内涵体现了化工教育的系统性与前瞻性，为中国化工产业的转型升级和可持续发展提供了坚实的人才基础。

四、动态评测在数智赋能化工人才培养质量监控中的内涵

在快速变革的现代化工行业中，高技能人才的培养成为推动行业创新与发展的关键要素，而数智技术的深度融合正引领传统教育培训模式向新型模式转型。在此背景下，动态评测作为一种以学习者为中心、关注学习过程和个体差异的新兴评估方式，其在全生命周期高技能人才培养中的作用愈发显著，不仅能够衡量学习者的知识掌握和技能水平，而且重视学习过程、思维过程及问题解决能力的

培养，聚焦于学习者的"最近发展区"，通过在实际学习环境中进行观察、记录与分析，为教育者提供即时全面的学习反馈，进而更有效地支持学习者的个性化成长与全面发展。

（一）内涵的阐释与实践路径

在数智赋能的化工人才培养质量监控领域，动态评测这一概念被赋予了全新的内涵，它超越了传统静态评估的范畴，构建了一个以过程为导向、数据为驱动、个性化支持为核心的评估体系。该体系从过程性监控、个性化反馈、智能技术深度整合、能力导向评估及持续改进支持五大维度深入展开，旨在全方位提升化工教育质量，精心培育能够引领行业创新的拔尖人才，积极响应国家创新驱动发展战略，深入贯彻《中国教育现代化2035》的宏伟蓝图。

1. 过程性监控：精准描绘学习轨迹

动态评测首先将焦点对准了学习过程的深度洞察，摒弃了"一考定终身"的传统观念。在化工教育的广阔天地里，通过智能化、信息化的手段，实时捕捉并记录学生在理论学习、实验操作乃至实习实训中的每一步行动，深入剖析其操作习惯、决策逻辑与问题解决策略，从而精准描绘出每位学生的学习成长轨迹。这一过程性监控不仅聚焦于学生的"最近发展区"，为教学提供科学依据，更彰显了教育评价的人文关怀，让每个学生都能在适合自己的节奏中成长。

2. 个性化反馈：定制成长蓝图

动态评测强调以学习者为中心，通过大数据分析每位学生的独特学习特征，量身定制成长建议。通过搭建智能平台，深度挖掘学生的学习行为数据，精准识别其在工艺流程优化、数学建模或实验操作等方面的优势与短板，并据此生成个性化成长报告，推荐针对性的学习资源与实践机会。这一举措不仅体现了"因材施教"的教育智慧，更为每位学生铺就了一条个性化的成长之路，助力其全面发展。

3. 智能技术深度整合：驱动评估创新与实践

在动态评测的框架下，智能技术的深度整合不仅为评估过程提供了强有力的技术支持，更推动了评估模式的根本性创新与实践应用的深化。这着重强调技术如何无缝融入教育评估的每一个环节，促进评估效率与准确性的双重提升。

（1）技术融合创新评估模式　不同于前面提到的个性化反馈系统侧重于数据分析与反馈生成，智能技术的深度整合突出体现在评估工具的创新设计上。例如，利用增强现实（AR）或虚拟现实（VR）技术，创建沉浸式化工实验环境，使学生在模拟的真实场景中完成任务，同时AI系统实时捕捉并分析其行为数据，提供即时反馈与技能评估。这种技术融合不仅丰富了评估手段，还极大地增强了评估的真实性和有效性。

（2）智能平台优化资源配置　智能技术在动态评测中的应用还体现在教育资源的智能配置上。通过云计算与大数据分析，智能平台能够根据学生的学习进度、兴趣偏好及能力水平，智能推荐个性化学习资源与实践机会，实现教育资源的精准匹配与高效利用。

（3）促进产学研深度融合　智能技术的深度整合还体现在促进产学研合作方面。通过建立校企合作的智能评估平台，企业可以实时了解学生在校期间的学习表现与实践能力，为人才选拔与培养提供科学依据。同时，学校也能根据企业反馈，动态调整课程设置与教学内容，确保人才培养与行业需求的紧密对接，推动化工教育的持续创新与产业升级。

4. 能力导向评估：全面塑造高素质人才

动态评测不仅关注知识技能的掌握，而且看重学生批判性思维、创新能力与跨领域协作能力的培养。动态评测通过全面考查学生在解决复杂问题过程中的逻辑思考、创新设计与团队协作表现，确保所培养的人才不仅具备扎实的专业知识，更拥有应对未来挑战的综合能力。这一导向不仅满足了现代化工对高技能人才的需求，更为国家创新驱动发展战略提供了坚实的人才支撑。

5. 持续改进支持：构建循环提升机制

动态评测是一个持续迭代、循环提升的过程。通过评估结果的深度分析，教师能够及时调整教学策略，优化课程设计，确保教学内容与企业需求、行业标准紧密对接。例如，动态评测发现学生在物联网应用方面的不足后，会迅速增设相关课程模块，有效提升学生的技能水平，确保人才培养质量与企业需求的无缝衔接。这一持续改进、动态调整的机制不仅增强了教育体系的灵活性与适应性，更为学生在全生命周期内的持续成长提供了有力保障。

（二）化工人才培养质量监控的新路径与展望

动态评测在数智赋能化工人才培养质量监控中的新内涵，体现了对传统评估模式的革新。它通过过程性监控、个性化反馈和智能技术支持，打破了静态评估的局限，为学生提供了精准的成长指导。这种评估方式不仅提升了教育质量，还增强了人才的适应性与创新性，响应了"制造强国"战略对高技能人才的需求。此外，动态评测还可借助智能平台实现更大范围的应用。例如，建立全国化工教育评估网络，共享评估工具和反馈机制，提升整体教育水平。未来，动态评测还可与职业认证结合，为化工人才提供从学习到就业的全程质量监控，确保其技能与行业需求始终同步。

综上所述，动态评测丰富了数智化背景下化工人才培养质量监控中的内涵，是以过程性监控的深入洞察、个性化反馈的精准定制、智能技术赋能的创新应用、能力导向评估的全面发展以及持续改进支持的动态优化为核心，精心构建了一个既符合数智化趋势又满足创新需求的高效能评估体系。这一体系不仅为学生量身定制了成长蓝图，提供了科学、精准的个性化支持，还确保了教育内容与行业需求的高度契合，有力推动了化工教育质量的全面提升。

本章小结

随着技术的进步和市场的变化，化工行业正逐步从劳动密集型向技术密集型转变。这就要求从事该行业的工作者不仅要掌握深厚的专业知识和技能，还要不断适应新技术的应用，以满足生产效率和产品质量的提高。因此，现代化工行业对高技能人才的需求日益增长，这些人才不仅要有扎实的理论基础，还需要具备快速学习和应用新技术的能力。

数智技术的发展为现代化工行业带来了前所未有的机遇。通过人工智能、大数据、物联网等技术的应用，不仅可以优化生产流程、提高生产效率，还可以实现对产品质量的精准控制，从而降低生产成本，提高经济效益。然而，这些技术的应用也带来了挑战，包括技术融合的复杂性、员工技能升级的需求以及对传统工作方式的改变等。

在这种背景下，全生命周期的高技能人才培养显得尤为重要。全生命周期培养模式不仅关注人才的初始教育和培训，还包括职业发展过程中的持续学习和能力提升。这种培养模式强调对人才的系统性、终身性培养，通过不断优化的课程设计、灵活多样的教学方法和科学有效的评价体系，确保高技能人才能够在不同的职业阶段都能获得必要的支持和发展机会。

综上所述，现代化工行业的快速发展对高技能人才提出了更高的要求，数智技术的应用为人才培养提供了新的机遇，同时也带来了挑战。本书通过对这些问题的深入剖析和系统解决方案的提出，不仅为化工行业的发展提供了人才支持，也为高技能人才的培养提供了实践和理论的参考。通过本书的阅读，读者可以获得对现代化工行业和高技能人才培养的全面认识，为自己的职业规划和发展提供指导和启示。

在未来的现代化工行业发展中，人们将面对着技术革新的浪潮和产业结构调整的挑战，同时也将迎来新的发展机遇。对于高技能人才的全生命周期培养而言，这意味着必须适应新的变化并采取相应的策略以满足行业的需求。

首先，随着工业4.0的到来，数智技术的应用将在化工行业中扮演越来越重要的角色。自动化、机器人技术、物联网、大数据分析等技术的广泛应用将极大提升生产效率和产品质量，同时也将对从业人员的技能要求提出新的挑战。未来的化工过程将更加智能化，这就要求高技能人才不仅要掌握传统的化学工艺知识，还需要具备对新技术的理解和应用能力。

在这样的背景下，高技能人才的全生命周期培养将面临新的挑战。比如，如何设计出能够适应快速变化的新技术并且不断更新教育内容的课程体系，如何培养学生的学习能力以适应不断变化的工作环境，以及如何强化实践教学以确保学生能够将理论知识转化为实际操作技能等。

同时，人们也将面临着重大的机遇。数智技术的应用不仅可以优化生产流程，降低生产成本，还可以提高产品的附加值。这将为高技能人才打开职业发展的新领域，为他们的持续学习和成长提供更多可能性。例如，数据分析师、工艺工程师、生产系统管理员等新的职业角色将逐渐成为化工行业的宠儿。

为了应对这些挑战和把握机遇，人们需要采取多方面的策略：

（1）教育体系改革　需要重新设计教育课程和培养计划，以适应技术发展的需要。这包括为学生提供跨学科的学习机会，以及设置更多的实践性教学环节。

（2）持续学习与培训　为了让现有的工人阶层也能够适应新技术的应用，需要建立终身学习和职业培训的体系，以确保工作力的不断更新。

（3）强化校企合作　通过紧密的校企合作，可以使教育内容更贴近实际工作的需要，同时也为学生提供更多的实习和就业机会。

（4）创新教育方法　利用在线教育、游戏化学习等新型教学手段，提升学习的趣味性和有效性。

（5）培养创新思维　鼓励并培养学生的创新思维和解决问题的能力，以适应未来不断变化的工作环境。

总之，现代化工行业的发展方向和全生命周期高技能人才培养的挑战与机遇并存。通过教育改革、持续学习、校企合作、创新教育方法以及创新思维的培养，人们有望培养出适应未来发展需求的高技能人才。

数智驱动下现代化工高技能人才培养的
探索与实践

第三章
现代化工高技能人才的素养架构

在"双碳"目标与工业4.0深度融合的背景下，化学工业正经历着以数智技术为核心驱动的第四次产业革命。这一转型不仅要求高技能人才具备传统化工理论体系的基础支撑，更需构建"数据建模＋工艺洞察＋价值引领"的复合能力框架，以应对流程工业全生命周期数字化重构带来的系统性挑战。从生产现场到研发实验室，数智技术已深度嵌入化工产业链各环节：工业物联网（IIoT）实现装置运行状态的毫秒级监控，机器学习算法优化催化剂分子设计路径，数字孪生技术预演工艺故障处置方案，党建引领的"红色班组"机制强化安全责任传导，校企共建的"产教融合实训基地"提升技能与产业需求的匹配度。这些变革倒逼从业人员必须突破传统技术边界，在知识结构、技能体系、职业伦理及价值认同层面实现多维跃迁。

当前，高技能人才素养的培育体系正面临结构性重塑。传统"单元操作＋三传一反"的知识框架已扩展至"数据挖掘－工艺建模－智能决策"的三维能力模型，南京工业大学等高校通过"化工原理＋机器学习"跨学科课程改革，使学生在精馏塔优化项目中融合PID控制理论与随机森林算法，实验组能耗降低率达到行业领先水平。而职业伦理维度更衍生出新的内涵：在算法黑箱与工艺经验的价值博弈中，技术人员需坚守"人机协同决策"的责任边界，正如2024年巴斯夫数字化工厂通过建立"AI建议－人类确认"的双重验证机制，成功规避了数据偏差导致的重大安全风险。这种数智时代特有的职业素养，正在重新定义现代化工人才的能力评价标准。

第一节
专业素养维度

专业素养是职业人在特定领域内综合能力的体现，其本质在于将知识、技能与职业价值观有机结合，形成可持续的职业竞争力。现代职场对专业素养的要求不再局限于单一的技术能力，而是更强调综合性、动态性与规范性的协同发展。专业素养的综合性体现为理论知识、实践技能、软性能力与职业精神的深度融合。专业素养的动态性源于技术革新与行业标准的快速迭代，要求从业者建立终身学习机制。专业素养的规范性则强调对行业准则、法律法规与伦理责任的严格遵守，是职业可持续发展的保障。这三者共同构成了职业人适应复杂环境、实现长期成长的基础框架。

现代化工高技能人才的专业素养是指学生在所学科目中掌握丰富的知识和技能，并能灵活运用于实际问题解决中的能力，主要包括专业理论素养和专业技能素养等要素。专业理论素养是指专业人员应当掌握所在行业的不同的理论、知识、方法体系等，并具备进一步深化、发展的创新能力；专业技能素养是指个体在特定专业领域内所具备的一系列熟练的操作技能、实践能力以及相关的知识和经验等综合品质，是专业人员能够高效、准确地完成专业工作任务，并不断提升工作质量和效率的关键要素。鉴于化工行业的特殊性，现代化工高技能人才还需具备很高的安全素养。安全素养是指在化工领域工作的专业人员所具备的与安全相关的知识、技能、意识、态度和行为习惯等多方面的综合品质。在产教融合背景下，专业素养的培育需以行业需求为导向，通过"行业谱系-教育体系-岗位能力"的精准对接，解决产教融合不深入、不精准的问题，构建"理论扎实、技能精湛、素养全面"的新蓝领人才培育体系。

一、基于行业谱系的专业理论素养重构

（一）对接产业需求的化学基础理论教学

1. 原子结构与化学键

（1）原子结构　原子是一切物质的基本单位，了解原子的结构对于理解化学

反应的本质至关重要。原子由原子核和围绕核旋转的电子组成。原子核由质子和中子组成，而电子则带有负电荷。原子的整体电荷是中性的，质子和电子的数目相等。质子是带有正电荷的基本粒子，位于原子核中，它的相对质量为1，电荷为+1。中子是电中性的粒子，也位于原子核中，它的相对质量为1，没有电荷。电子是带有负电荷的基本粒子，存在于原子核外的轨道上，它的相对质量非常小，约为质子和中子的1/1836。

原子的质量由质子和中子的数量决定，而原子的性质则由电子的排布决定。根据电子的能量不同，它们分布在不同的能级上。电子能级越靠近原子核，能量越低。每个能级又分为不同的轨道，每个轨道最多容纳一定数量的电子。

（2）化学键　化学键是原子之间的相互作用力，用于维持原子与原子之间的联系，分为离子键、共价键和金属键等。化学键的不同类型导致了不同类型的化合物。

① 离子键。离子键是由正负电荷相互吸引形成的化学键。通常情况下，金属原子会失去一个或多个电子，形成正离子，而非金属原子则会接受这些电子，形成负离子。正负离子通过电荷相互吸引而结合在一起，形成离子晶体。

② 共价键。共价键是由共享电子形成的化学键。在共价键中，非金属原子共用一对电子。共价键的强度取决于共享电子的数量和结构。共价键可以单、双或三重共享，这取决于共享电子的数量。

③ 金属键。金属键是金属原子之间的相互作用力。金属原子可以形成密堆积的排列，在其晶体结构中存在自由移动的电子。这些自由电子能够在金属中传导热量和电流，从而使金属具有良好的导电性和导热性。

此外，还有其他类型的化学键，例如氢键、范德华力等。它们在特定条件下发挥作用，对物质的性质有重要影响。

原子结构与化学键是化学的基础知识，通过学习和理解原子结构与化学键的概念，人们能够深入了解物质的本质和特性。同时，这些知识也为人们探索更广阔的化学世界奠定了基础。

2.化学反应原理

化学反应是物质通过原子重组形成新物质的过程，其本质是旧化学键断裂与新化学键形成的协同作用。这一过程伴随着能量转化（吸收/释放）、物质组成变化和体系状态改变。

化学反应的本质是旧化学键断裂和新化学键形成的过程。在反应中常伴有发光、发热、变色、生成沉淀物等。判断一个反应是否为化学反应的依据是反应是否生成新的物质。根据化学键理论，又可根据一个变化过程中是否有旧键的断裂和新键的生成来判断其是否为化学反应。核反应不属于化学反应，离子反应属于化学反应。

化学反应按反应物与生成物的类型共分为四类：化合反应、分解反应、置换反应、复分解反应。

化合反应，即化学合成，是指两种以上元素或化合物合成一个复杂产物，简记为：A+B══C。即由两种或两种以上的物质生成一种新物质的反应。

分解反应，即化学分解，是指化合物分解为构成元素或小分子，简记为：A══B+C，即化合反应的逆反应。它是指一种化合物在特定条件下分解成两种或两种以上较简单的单质或化合物的反应。

置换反应，即单取代反应，表示额外的反应元素取代化合物中的一个元素，简记为：A+BC══B+AC。即指一种单质和一种化合物生成另一种单质和另一种化合物的反应。置换关系是指组成化合物的某种元素被组成单质的元素所替代。置换反应必为氧化还原反应，但氧化还原反应不一定为置换反应。

复分解反应，即双取代反应，是指在水溶液中（又称离子化的）两个化合物交换元素或离子形成不同的化合物，简记为：AB+CD══AD+CB。即由两种化合物互相交换成分，生成另外两种化合物的反应。

3. 化学热力学与动力学

化学热力学是物理化学和热力学的一个分支学科，它主要研究物质系统在各种条件下的物理和化学变化中所伴随着的能量变化，从而对化学反应的方向和进行的程度作出准确的判断。化学热力学主要研究化学反应的能量变化、方向和限度。化学热力学的核心理论有三个：所有的物质都具有能量，能量是守恒的，各种能量可以相互转化；事物总是自发地趋向于平衡态；处于平衡态的物质系统可用几个可观测量描述。化学反应的能量变化可以通过焓变（ΔH）、熵变（ΔS）和自由能变化（ΔG）来表示。焓变是化学反应中吸收或放出的热量，熵变是化学反应中体系混乱度的变化，自由能变化是化学反应的驱动力。当$\Delta G < 0$时，反应自发进行；当$\Delta G > 0$时，反应非自发进行；当$\Delta G=0$时，反应达到平衡。

化学动力学，也称反应动力学、化学反应动力学，是物理化学的一个分支，是研究化学过程进行的速率和反应机理的物理化学分支学科。它的研究对象是性质随时间而变化的非平衡的动态体系。化学动力学往往是化工生产过程中的决定性因素。化学动力学主要研究化学反应的速率和机理。化学反应速率受到温度、浓度、催化剂等因素的影响。升高温度可以加快化学反应速率，因为温度升高，分子的运动速度加快，分子间的碰撞频率增加，从而提高了反应速率。增加反应物的浓度也可以加快化学反应速率，因为浓度增加，单位体积内的分子数增加，分子间的碰撞频率增加，从而提高了反应速率。催化剂可以改变化学反应的速率，但不改变反应的平衡常数。催化剂通过降低反应的活化能，使更多的分子具有足够的能量参与反应，从而加快了反应速率。

（二）融合企业标准的化工专业理论体系

1. 化工原理

化工原理是指化学过程、物理过程与工艺流程的基本规律和通用方法。化工原理是化学工程的基础理论，它是实现化学工程技术的关键和基础。化工原理主要涉及化学反应、流体动力学、传热传质、分离与纯化等方面，是化学工程师必须掌握的基础知识。化工单元操作包括流体流动、传热、传质、蒸馏、吸收、萃取、干燥等。掌握化工原理的知识，有助于理解化工生产过程中的物理和化学变化，以及设计和优化化工生产工艺。

2. 化学反应工程

化学反应工程是化学工程的一个分支，主要研究工业反应过程，旨在开发反应技术、优化反应过程和设计反应器。它基于化工热力学、反应动力学、传递过程理论以及化工单元操作发展而来，广泛应用于化工、石油化工、生物化工、医药、冶金及轻工等领域。

化学反应工程的核心内容包括以下几个方面：①反应动力学。研究反应速率和反应机理，包括反应速率方程的建立和求解。②传递过程。包括质量传递和热量传递，研究反应器内的传质和传热现象。③反应器设计。设计不同类型的反应器，如间歇反应器、连续流动反应器等，并优化其操作条件。④反应过程中的传质与传热。研究反应器内传质与传热对反应过程的影响。⑤反应器的放大、设计、优化与控制。研究如何将实验室规模的反应器放大到工业规模，并进行优化和控制。

3. 化工工艺学

化工工艺学是一门研究化工生产过程及其相关技术的学科，主要包括化工生产基础、石油加工、烯烃及其下游化工产品生产工艺、芳烃及其下游化工产品生产工艺、煤化学加工及产品、碳一化学及产品以及无机化工产品生产工艺等。化工工艺学的主要任务是设计和优化化工生产工艺，提高化工产品的质量和产量，降低生产成本，减少环境污染。

（三）跨学科理论的产业场景化应用

针对化工行业多学科交叉的特点，以典型产业场景为载体整合跨学科知识。

1. 材料科学

材料科学是研究材料的结构、性能、制备和应用的学科。在化工领域，材料科学的知识对于选择合适的化工材料、设计和优化化工设备、提高化工产品的质量和性能具有重要意义。

2. 机械工程

机械工程是研究机械设计、制造和运行的学科。在化工领域，机械工程的知识对于设计和制造化工设备、进行设备的安装和调试，以及设备的维护和管理具有重要意义。

3. 自动化控制

自动化控制是研究如何利用自动控制技术实现生产过程的自动化和智能化的学科。在化工领域，自动化控制的知识对于提高化工生产的效率、质量和安全性具有重要意义。

二、依托产教协同的专业技能素养培育

（一）校企共建实训体系的实验技能提升

通过"企业真实设备+虚拟仿真平台"的实训基地建设，提升实验技能的产业适配性。

1. 实验设计与方案制定

实验设计是实验研究的重要环节，合理的实验设计可以提高实验的效率和准确性。在进行实验设计时，需要明确实验目的、确定实验变量、选择实验方法和仪器设备、制定实验方案和步骤等。例如，在进行化学反应动力学实验时，需要

明确实验目的是研究化学反应速率与温度、浓度等因素的关系。确定实验变量为温度、浓度和反应时间等。选择合适的实验方法和仪器设备，如恒温水浴、搅拌器、分光光度计等。制定实验方案和步骤，包括样品的制备、实验条件的设置、数据的采集和处理等。

2. 实验操作与数据采集

实验操作是实验研究的关键环节，准确的实验操作可以保证实验结果的可靠性。在进行实验操作时，需要严格按照实验方案和步骤进行，注意实验安全和环境保护。同时，需要熟练掌握实验仪器设备的使用方法，准确记录实验数据。例如，在进行化学分析实验时，需要准确称取样品、溶解样品、加入试剂、进行滴定等操作。在操作过程中，需要注意试剂的用量、滴定的速度、终点的判断等因素。同时，需要使用准确的仪器设备，如分析天平、滴定管、容量瓶等，准确记录实验数据。

3. 实验数据分析与处理

实验数据分析与处理是实验研究的重要环节，科学的数据分析与处理可以揭示实验现象的本质和规律。在进行实验数据分析与处理时，需要选择合适的数据分析方法和软件，对实验数据进行统计分析、曲线拟合、误差分析等。例如，在进行化学反应动力学实验数据分析时，可以使用线性回归、非线性回归等方法对实验数据进行曲线拟合，得到反应速率常数和活化能等参数。同时，需要进行误差分析，评估实验结果的准确性和可靠性。

（二）岗位轮岗历练的工艺操作技能强化

推行"校企双导师＋岗位轮岗"机制，学生在企业实践期间按岗位谱系轮换学习。

1. 化工单元操作技能

化工单元操作是化工生产过程中的基本操作环节，包括流体流动、传热、传质、蒸馏、吸收、萃取、干燥等。掌握化工单元操作技能，对于理解化工生产过程、设计和优化化工生产工艺具有重要意义。例如，在进行流体流动操作时，需要掌握流体的性质、流体流动的基本方程、流体阻力的计算等知识。在进行传热操作时，需要掌握传热的基本方式、传热系数的计算、换热器的设计等知识。在进行传质操作时，需要掌握传质的基本方式、传质系数的计算、吸收塔和萃取塔的设计等知识。

2. 工艺流程控制技能

工艺流程控制是化工生产过程中的关键环节，合理的工艺流程控制可以保证生产过程的稳定和高效。在进行工艺流程控制时，需要掌握工艺流程的原理和特点、控制参数的选择和调整、控制系统的设计和运行等知识。例如，在进行合成氨生产过程中，需要控制反应温度、压力、反应物浓度等参数，以保证反应的速率和产率。同时，需要设计和运行合理的控制系统，如温度控制系统、压力控制系统、流量控制系统等，以实现对生产过程的自动控制。

3. 设备操作与维护技能

设备操作与维护是化工生产过程中的重要环节，熟练的设备操作和良好的设备维护可以保证设备的正常运行和延长设备的使用寿命。在进行设备操作与维护时，需要掌握设备的结构和性能、操作规程和注意事项、设备的维护和保养方法等知识。例如，在进行化工反应器的操作时，需要掌握反应器的结构和性能、反应条件的控制方法、反应器的清洗和维护方法等知识。在进行化工泵的操作时，需要掌握泵的结构和性能、泵的启动和停止方法、泵的维护和保养方法等知识。

（三）基于生产数据的故障诊断能力培养

1. 设备故障诊断

设备故障诊断是指通过对设备运行状态的监测和分析，判断设备是否存在故障，并确定故障的类型和位置。在进行设备故障诊断时，需要掌握设备的结构和性能、故障的表现形式和特征、故障诊断的方法和技术等知识。例如，在进行化工泵的故障诊断时，可以通过观察泵的运行状态、听泵的声音、测量泵的流量和压力等参数，判断泵是否存在故障。如果泵的流量和压力下降，可能是泵的叶轮磨损、堵塞或密封不良等造成的。如果泵的声音异常，可能是泵的轴承损坏、叶轮不平衡或电机故障等造成的。

2. 工艺故障诊断

工艺故障诊断是指通过对化工生产过程中的工艺参数和产品质量的监测和分析，判断工艺是否存在故障，并确定故障的类型和原因。在进行工艺故障诊断时，需要掌握化工生产工艺的原理和特点、工艺参数的变化规律、产品质量的标准和要求、故障诊断的方法和技术等知识。例如，在进行合成氨生产过程中，如果反应温度过高或过低，可能会导致反应速率下降、产率降低或催化剂失活等问题。如果反应物浓度过高或过低，可能会导致反应不平衡、副反应增加或产品质量下降等问题。如果出现这些工艺故障，需要通过分析工艺参数的变化规律、检查设备的运行状态、检测产品的质量等方法，确定故障的类型和原因，并采取相应的措施进行排除。

3. 应急处理与故障排除

应急处理与故障排除是指在化工生产过程中，当出现突发事故或设备故障时，能够迅速采取有效的措施进行处理和排除，以保证生产的安全和稳定。在进行应急处理与故障排除时，需要掌握应急预案的制定和执行、应急设备的使用和维护、故障排除的方法和技术等知识。例如，在化工生产过程中，如果发生火灾、爆炸、泄漏等突发事故，需要立即启动应急预案，组织人员疏散和灭火救援。同时，需要使用应急设备，如灭火器、消防栓、防毒面具等，进行事故的处理和排除。如果设备出现故障，需要迅速采取措施进行排除，如停机检修、更换零部件、调整工艺参数等，以保证生产的正常进行。

三、融入安全环保基因的综合素养塑造

（一）产业场景中的安全素养培育

1. 认识化工生产中的潜在危险

化工生产过程中存在着许多潜在的危险，如火灾、爆炸、中毒、腐蚀等。现代化工高技能人才需要充分认识这些潜在危险，了解其发生的原因和后果，以便在工作中采取有效的预防措施。例如，了解危险化学品的性质和危害，掌握其储存、运输和使用的安全要求。认识化工设备的安全风险，如高温、高压、腐蚀等，以及可能导致设备故障和事故的因素。了解化工生产过程中的安全操作规程和注意事项，避免因违规操作而引发事故。

应用HAZOP分析方法识别风险，如某PTA装置通过分析发现氧化反应器泄压阀冗余不足，及时增设双阀联锁。定期开展"情景构建"应急演练（如模拟氢氟酸泄漏处置），确保5分钟内启动三级响应机制。

2. 始终保持对安全的高度警觉

在化工生产过程中，安全事故往往是由于疏忽大意或麻痹思想而引发的。现

代化工高技能人才需要始终保持对安全的高度警觉，时刻关注工作环境中的安全隐患，及时发现并消除潜在的危险。例如，在进行化工实验或操作设备时，要认真检查设备的运行状态和安全装置是否完好，发现问题及时报告和处理。在工作中要严格遵守安全操作规程，不冒险作业，不随意更改工艺参数。要积极参加安全培训和演练，不断提高自己的安全意识和应急处理能力。

杜邦公司通过"所有事故都是可以避免的"安全文化，实现安全事故率低于工业平均水平的1/10。化工人才应树立"安全第一"的伦理观，在工艺设计阶段采用本质安全策略（如以微反应器替代间歇釜），在操作中落实"五步确认法"（看、问、测、检、核），构建主动型安全防线。

（二）深厚的安全知识储备

1. 熟悉化工安全法规和标准

化工行业是一个高风险行业，国家和地方政府制定了一系列的安全法规和标准，以规范化工企业的生产经营活动，保障人民生命财产安全。现代化工高技能人才需要熟悉这些安全法规和标准，了解自己在工作中的权利和义务，严格遵守相关规定。例如，了解《中华人民共和国安全生产法》《危险化学品安全管理条例》等法律法规，掌握化工企业安全生产许可证制度、危险化学品登记制度等相关要求。熟悉化工行业的安全标准，如《化工企业安全卫生设计规范》《石油化工企业设计防火规范》等，确保化工生产过程符合安全标准。

现代化工高技能人才要养成"手指口述"操作习惯，如启动离心泵时严格执行"一看（油位）、二转（盘车）、三启（按钮）"流程。采用5S管理法，实现工具定置定位（误差≤2cm）、记录表单即时归档（延迟≤1h）。

2. 了解危险化学品的特性与处理方法

危险化学品是化工生产中不可或缺的原料和产品，但同时也存在着巨大的安全风险。现代化工高技能人才需要了解危险化学品的特性，如易燃、易爆、有毒、腐蚀等，掌握其储存、运输和使用的安全要求，以及发生事故时的应急处理方法。例如，了解不同危险化学品的分类和标识，掌握其物理性质、化学性质和危险特性。熟悉危险化学品的储存条件和要求，如储存场所的通风、防火、防爆等设施。掌握危险化学品的运输安全要求，如运输工具的选择、包装的要求、装卸的注意事项等。了解危险化学品泄漏、火灾、爆炸等事故的应急处理方法，如迅速撤离现场、报警求助、采取灭火措施等。

（三）娴熟的安全操作技能

1. 正确使用个人防护装备

个人防护装备是保护化工从业人员安全的最后一道防线。现代化工高技能人才需要正确使用个人防护装备，如安全帽、安全鞋、防护手套、防护眼镜、防毒面具等，以防止在工作中受到伤害。例如，了解不同个人防护装备的功能和适用范围，选择合适的防护装备。正确佩戴和使用个人防护装备，确保其能够发挥有效的防护作用。定期检查和维护个人防护装备，确保其性能良好。在工作中要根据实际情况及时更换个人防护装备，如发现防护装备损坏或失效，应立即更换。

2. 规范进行化工设备操作，避免安全事故

化工设备是化工生产的重要工具，但同时也存在着安全风险。现代化工高技能人才需要规范化工设备操作行为，严格遵守设备操作规程，避免因操作不当而引发安全事故。例如，在操作化工设备前，要认真检查设备的运行状态，确保设备各部件完好无损，仪表显示正常，安全装置有效。操作过程中，严格按照操作规程进行操作，不得擅自更改操作参数和程序。操作结束后，及时清理设备及周边环境，关闭设备电源和阀门，做好设备的维护保养工作。同时，要密切关注设备运行过程中的异常情况，如噪声、振动、温度异常升高等，一旦发现问题，应立即停止操作，进行检查和维修，确保设备安全可靠运行。

例如，现代化工高技能人才必须养成"四必须"习惯：进入装置区必须佩戴气体报警仪，高空作业必须系双钩安全带，动火作业必须进行三次气体检测（作业前30分钟、中、后），交接班必须进行"三交清"（工艺状态、设备情况、风险提示）。

（四）强烈的环保素养

现代化工高技能人才需具备强烈的环保素养。这种环保素养不仅体现在要具备扎实的环保理论基础和专业知识上，更体现在要能够将环保理念融入日常工作和创新实践，积极推动化工行业的可持续发展。

现代化工高技能人才应掌握环境科学、生态学、污染防治等方面的知识，以及环境监测、评估、治理等实际操作技能。这些知识和技能是开展环保工作的基

础，也是识别和解决环境问题的重要工具。

除了专业知识与技能，现代化工高技能人才还应具备强烈的环保意识和责任感。应认识到环境保护的重要性，关注环境问题，关注人类活动对环境的影响，并努力推动可持续发展。在实际工作中，现代化工高技能人才能够自觉遵守相关法律法规和技术标准，确保化工生产的合法性和合规性，同时积极采取措施减少污染物的排放，提高资源利用效率。

此外，现代化工高技能人才还应具备良好的学习能力和创新能力。随着环保技术和政策的不断发展和更新，需要不断关注新技术、新方法和新政策，并努力将其应用于实际工作中。通过持续学习和创新实践，不断提升自己的环保素养和技能水平，为化工行业的绿色发展贡献力量。

综上所述，现代化工高技能人才的环保素养是综合素质的重要组成部分。现代化工高技能人才不仅要具备扎实的专业知识和操作技能，更要具备强烈的环保意识和责任感，以及良好的学习能力和创新能力。这些素养使现代化工高技能人才能够在化工行业中发挥重要作用，推动行业的可持续发展。

第二节
职业素养维度

职业素养是指职业内在的规范和要求，是在职业过程中表现出来的综合品质，包含职业道德、职业意识和职业行为习惯三个方面。职业道德是职业素养的基础，它体现了一个人在职业生涯中对社会、对工作的责任和尊重。高尚的职业道德是化工生产的价值基石。一个具有良好职业道德的人，会始终坚守诚信、公正、尊重他人的原则，为企业和社会创造价值。职业意识，即职业思想，是指个人对职业的认识和态度，包括对职业目标的设定、职业发展的规划以及对职业责任的认知。前瞻的职业意识是卓越绩效的认知引擎，正确的职业意识能够帮助个人明确自己的职业方向，积极主动地面对职业挑战，实现自我价值。职业行为习惯是指在职业活动中形成的一种稳定的行为模式。良好的职业行为习惯是卓越绩效的实践范式。良好的职业行为习惯包括时间管理能力、团队合作精神、持续学习的态度等，这些习惯能够提高工作效率，促进个人和企业的共同发展。

一、高尚的职业道德

（一）诚信

诚信是职业道德的核心。在化工行业中，诚信意味着对产品质量的严格把控，对生产安全的高度重视，以及对客户和社会的负责。化工产品的质量直接关系到人们的生命健康和财产安全，因此，现代化工高技能人才必须始终坚守诚信原则，确保产品质量符合标准。同时，在生产过程中，要如实记录生产数据，不隐瞒、不篡改，保证生产过程的可追溯性。化工人才必须坚持数据真实性原则，如反应温度记录误差不超过±0.5℃，原材料投料严格按配方执行，杜绝"差不多"思维，用精准数据支撑工艺可靠性。

（二）公正

公正是职业道德的重要体现。在化工企业中，公正意味着对员工的公平对待，对资源的合理分配，以及对竞争的规范管理。现代化工高技能人才要秉持公正的态度，不偏袒、不歧视，为企业营造一个公平、公正的工作环境。在处理企业内部事务和外部合作中，要遵循公正的原则，维护企业的合法权益和良好形象。现代化工高技能人才应公正地对待同事和竞争对手，一视同仁。只有公正的职场环境，才能促进企业的健康发展，提高员工的工作积极性和效率。

（三）尊重他人

尊重他人是职业道德的基本要求。在化工行业中，尊重他人包括尊重同事、尊重上级、尊重客户和尊重社会公众。现代化工高技能人才要学会倾听他人的意见和建议，尊重他人的劳动成果，不嘲笑、不贬低他人。在团队合作中，要充分发挥每个人的优势，共同完成工作任务。同时，要尊重客户的需求和意见，为客户提供优质的产品和服务。在工作中，应尊重他人的权利和尊严，不歧视、不侮辱他人。尊重他人也能赢得他人的尊重，有助于建立良好的人际关系，提高团队的合作效率。

此外，职业道德还包括了对知识产权的尊重，对商业秘密的保护，以及对企业和客户利益的保护。这些都要求高技能人才在掌握了深厚的专业技能之后，还需具备一定的法律意识和法规遵循的能力，以确保其在专业领域内的活动是合法合规的。

二、前瞻的职业意识

（一）职业目标的设定

职业目标的设定是职业规划的关键步骤之一，它不仅帮助人们明确职业发展的方向，还能在遇到困难时提供坚持下去的动力。现代化工高技能人才要明确自己的职业目标，制定合理的职业发展规划。

设定职业目标的一般步骤和技巧如下。

（1）自我认知与评估　首先，人们需要对自己进行全面的认知和评估。这包括了解自己的兴趣、特长、价值观以及职业倾向。通过反思自己的过往经历，找出在工作中感到兴奋和满足的时刻，从而发现自己的潜在兴趣和优势。同时，也要认识到自己的不足和需要改进的地方，以便更好地规划职业发展路径。

（2）市场分析　在了解自身之后，进行市场与行业分析是关键。研究当前就业市场的趋势、行业发展的前景以及潜在的职业机会。通过了解这些信息，人们可以更加明智地选择与自己兴趣和技能相匹配的职业路径。

（3）设定职业目标　职业目标应该具有可实现性、具体性和时限性。例如，可以设定在未来三年内晋升为部门经理，或者在五年内成为某一领域的专家。设定目标时，要结合自己的实际情况和职场环境，确保目标既具有挑战性又不过于遥不可及。

（4）分解目标　将长期目标分解为短期目标，以便更好地追踪进度和保持动力。例如，可以将三年内的晋升目标分解为第一年内提升专业技能、第二年建立行业人脉、第三年争取晋升机会。

（5）制订行动计划　明确目标后，制订具体的行动计划。这包括提升专业技能、拓展人际关系网络、参加行业活动等。针对每个短期目标，列出具体的实现步骤和时间表，以便更好地追踪进度。

（6）持续反思与调整　在执行行动计划的过程中，持续反思和调整是必要的。定期检查自己的进度，评估目标的实现情况，及时发现问题并进行改进。同时，也要关注职场环境的变化，以便及时调整职业定位和目标。

（二）职业发展的规划

职业发展规划是实现职业目标的具体步骤和方法。现代化工高技能人才要根据自己的职业目标，制定详细的职业发展规划。现代化工高技能人才制定职业发展规划时，应结合自身专业特点、行业趋势及个人发展目标，分阶段设定短期、中期和长期规划，并注重技能提升、经验积累和职业网络扩展。

1. 短期规划（1～3年）

（1）技能提升 以实践为依托，深入学习化工行业的最新技术和发展趋势，掌握关键技术，实现技能的进阶。可以通过参加专业培训、研讨会或参与实际项目来增强自己的专业技能。

（2）经验积累 积极参与公司的项目和活动，通过实际操作和项目经验来积累宝贵的实践经验，为未来的职业发展打好基础。同时，扩展人际网络，与同行建立良好的关系。

2. 中期规划（3～5年）

（1）职责扩展 争取承担更多的工作职责和挑战，扩展自己的技术和管理能力。可以尝试参与项目的规划和实施，为公司和团队做出更多的贡献。

（2）市场关注 不断关注市场发展的动态、发展路径和前景，积极寻求学习和成长的机会。可以通过阅读行业报告、参加行业会议等方式来保持对行业趋势的敏锐洞察。

3. 长期规划（5～10年）

（1）成为专家或管理者 努力成为化工领域的专家或管理者，具备深厚的技术和管理能力。可以设定目标成为团队领导或项目负责人，负责完成复杂的项目和任务。

（2）综合素质提升 不断提升自己的综合素质，包括领导力、沟通能力、团队协作能力等。同时，拓展个人的视野和人脉，为未来的职业发展打造更宽广的空间。

在制定职业发展规划时，现代化工高技能人才还应注重以下几点：自我评估，即要准确评估自己的兴趣、能力和价值观，找到最适合自己的职业定位和发展方向。持续学习，即要保持对新知识、新技能的好奇心和学习态度，不断提升自己的竞争力。灵活调整，即要根据行业趋势和个人发展情况，灵活调整职业规划，确保规划与实际相符。

通过以上步骤，现代化工高技能人才可以制定出既符合个人特点又适应行业发展的职业发展规划，为未来的职业发展奠定坚实的基础。

（三）职业责任的认知

现代化工高技能人才要清楚地认识到自己的职业责任，积极履行自己的职责。职业责任包括对企业的责任、对客户的责任和对社会的责任。对企业的责任是要为企业创造价值，提高企业的竞争力；对客户的责任是要为客户提供优质的产品和服务，满足客户的需求；对社会的责任是要遵守法律法规，保护环境，促进社会的可持续发展。

化工生产涉及高温高压、有毒有害物质，一次操作失误可能引发重大事故。高技能人才须建立"责任即生命"的价值观，严格执行操作规程，主动识别风险点（如设备泄漏预警），并将"责任关怀"理念贯穿全流程，确保"零事故、零污染"。

三、良好的职业行为习惯

（一）时间管理能力

时间管理能力是现代化工高技能人才必备的职业行为习惯之一。在化工企业中，生产任务繁重，工作节奏快，因此，现代化工高技能人才要学会合理安排时间，提高工作效率。

首先，提前规划是关键。现代化工高技能人才需要为每天、每周乃至每年的任务提前做好详细规划，并明确具体的执行时间。这包括列出任务清单，按照重要程度和紧急程度进行排序，确保先处理重要且紧急的任务。

其次，设定优先级。要区分紧急事务与重要事务，将80%的努力集中在20%的有价值的事情上。根据任务的重要性和紧急程度来确定优先级，并据此分配时间。

再者，合理分配时间。使用日历或时间管理工具，将任务分配到具体的日期和时间，确保为每个任务分配足够的时间，并留出一些缓冲时间来应对意外情况。同时，要遵循个人的生物钟，将优先办的事情放在效率最佳的时间里。

此外，采用有效的时间管理工具和方法。例如，运用番茄工作法，将时间划分为一个个"番茄时段"，每个时段包括25分钟的工作时间和5分钟的休息时间，以提高工作效率和保持专注力。同时，要消除时间黑洞，识别并避免那些不知不觉消耗大量时间的活动。

综上所述，现代化工高技能人才在时间管理上应注重规划、设定优先级、合理分配时间，并采用有效的时间管理工具和方法，以提高工作效率和保持职业发展的持续动力。

（二）团队合作精神

团队合作精神是现代化工高技能人才不可或缺的职业行为习惯。在化工企业中，很多工作任务需要团队成员共同完成，因此，现代化工高技能人才要具备良好的团队合作精神。

首先，现代化工工程具有高度的精密性和安全性，需要各种技能和经验相互协作才能完成。化工工程是非常复杂且系统化的，需要各个领域的人才组成团队协作，以确保项目的顺利进行和高质量完成。因此，现代化工高技能人才必须具备良好的团队协作能力，能够与不同背景和专业的团队成员有效沟通和合作。

其次，团队协作能力有助于提升整个团队的工作效率和质量。在化工工程中，一个优秀的团队能够制订合理的计划和时间表，分配任务，并监督团队成员的工作进度。团队协作可以激发团队成员的工作热情和积极性，提高整个团队的工作效率。

此外，现代化工高技能人才还需要在团队中发挥领导作用，领导力在团队合作中至关重要，一个好的领导者能够带领团队朝着共同的目标前进，解决项目中遇到的问题，并确保项目的成功实施。因此，现代化工高技能人才不仅需要具备专业技能，还需要具备领导力和团队合作精神。

团队合作可以采用以下方法：明确团队目标，统一思想认识；分工合作，充分发挥每个人的优势；加强沟通交流，及时解决问题；相互支持，共同进步。现代化工高技能人才应具备"接口思维"，既能精准执行本岗任务（如反应器温度控制±1℃），又能理解上下游工序需求（如为精馏工段提供稳定进料），通过PDCA循环实现系统优化。

（三）持续学习的态度

持续学习的态度是现代化工高技能人才不断进步的动力源泉。现代化工高技能人才需要具备持续学习的能力。化工行业是一个快速发展的领域，新技术、新工艺、新设备不断涌现，要求从业人员不断更新知识和技能，以适应行业的变化和发展。同时，化工生产具有高度的安全性和环保性要求，从业人员需要不断学习和掌握相关的法律法规、安全标准和环保要求，确保生产过程的安全和环保。

为了提升持续学习的能力，现代化工高技能人才可以采取多种途径。一方面，可以参加各种形式的培训和学习活动，如企业内部培训、行业研讨会、专业技能课程等，以获取最新的行业信息和专业知识。另一方面，可以积极利用互联网和在线学习资源，如在线课程、专业论坛、技术文档等，进行自主学习和提升。此外，还可以与同行和专家进行交流和学习，分享经验和心得，拓宽视野和思路。

面对智能制造转型，现代化工高技能人才需掌握数字孪生（如 Aspen Plus 动态模拟）、工业互联网（如预测性维护系统）等新技能。通过参加国际认证（如 APICS CPIM）、行业技能大赛等途径，构建"技术＋管理"的复合型知识体系。

总之，持续学习是现代化工高技能人才必备的能力之一，也是其保持竞争力和适应行业变化的关键所在。

第三节
数字素养维度

在信息化、数字化的现代社会中，数字素养已成为评价个人能力与素养的重要维度。中央网络安全和信息化委员会印发的《提升全民数字素养与技能行动纲要2022—2035》指出，数字素养是数字社会公民学习工作生活应具备的数字获取、制作、使用、评价、交互、分享、创新、安全保障、伦理道德等一系列素质与能力的集合。在绿色低碳发展目标下，需以"数字孪生"技术为纽带，构建"数字建模-虚拟仿真-绿色优化"的能力体系，解决化工行业绿色转型对数字化素养的特殊需求。随着化工行业的不断发展和技术进步，数字化技术在化工生产、研发、管理等各个环节的应用越来越广泛。具备良好数字素养的化工人才能够更好地适应行业发展需求，提高工作效率和质量，为企业创造更大的价值。

一、熟练的数字技术应用能力

（一）核心数字化技术能力

1. 数据建模与算法开发能力

数智化转型要求化工人才掌握从分子尺度到装置层级的全流程建模技

术。现代化工高技能人才需掌握的化工模拟软件主要包括Aspen Plus、PRO/Ⅱ、HYSYS、CHEMCAD以及北京欧倍尔的系列仿真软件。这类软件可以模拟化工生产过程中的各种物理和化学现象，帮助工程师进行工艺设计、优化和故障诊断。通过使用这些软件，化工人才可以在设计阶段就对工艺的可行性和性能进行评估，从而减少实际生产中的风险和成本。以一个新建的化工厂为例，工程师可以利用化工模拟软件对不同的工艺方案进行比较，选择最优的设计方案。在生产过程中，如果出现问题，也可以通过模拟软件来分析原因，提出解决方案。现代化工高技能人才需熟练运用Aspen Plus、COMSOL等工具构建反应动力学模型与多物理场耦合仿真，并能通过Python/Matlab开发定制化算法。例如，在催化剂设计中，需结合密度泛函理论（DFT）计算结果与机器学习模型预测活性位点分布，实现"量子化学-AI"的协同创新路径。

2. 智能系统运维能力

工业物联网（IIoT）与数字孪生技术的深度融合，要求技术人员具备"传感网络-控制算法-三维建模"的集成能力。需掌握OPC UA通信协议配置，能够将DCS系统实时数据流与ANSYS Mechanical物理场仿真动态关联。某石化企业通过构建压缩机数字孪生体，使故障诊断准确率提升至92%。

现代化工生产高度依赖自动化控制系统，化工人才需要熟悉这些系统的操作和维护。自动化控制系统可以实现对生产过程的实时监控和控制，提高生产的稳定性和可靠性。此外，现代化工高技能人才还需要了解自动控制系统的基本原理和构成，包括传感器、执行器、输入输出接口以及中央处理单元（CPU）等关键组件。这些组件共同协作，实现对化工生产过程的自动调节和监控，提高操作稳定性、产品质量和安全性。

在具体的化工生产过程中，如反应釜的自动化控制，温度自动控制是一个关键环节。现代化工高技能人才需要掌握温度自动控制系统的组成和工作原理，包括温度传感器、控制器和执行器的选择和应用，以及PID控制算法、模糊控制算法和神经网络控制算法等先进控制算法的应用。

（二）跨学科融合能力

1. 工艺-信息复合能力

现代化工人才需突破传统学科边界，建立"三传一反原理-数据科学"的认知框架。例如，在精馏塔优化中，需同步考虑气液传质方程与强化学习算法的奖励函数设计，通过PyTorch框架实现能耗与收率的动态平衡。

2. 标准合规与安全伦理能力

数智化场景下，技术人员需深度理解ISA—88/95标准、ATEX防爆规范与GDPR数据隐私条例。在工艺安全领域，需构建"动态故障树-Monte Carlo模拟"风险评估模型，确保AI决策符合EHS规范。某化工园区通过建立"算法伦理审查委员会"，成功规避23%的高风险工艺方案。

（三）智能决策与创新能力

1. 数据驱动的工艺创新能力

高技能人才需掌握QSPR（定量构效关系）模型开发技术，能够将分子描述符、反应条件与产品性能进行多维度关联。万华化学团队通过图神经网络（GNN）预测聚氨酯材料性能，使新产品开发周期缩短58%。

2. 全价值链优化能力

从原料采购到产品回收的全生命周期管理，需建立"ERP-MES-APS"系统协同能力。技术人员应能运用运筹学算法优化供应链网络，同时通过区块链技术实现碳足迹追溯。巴斯夫实施的智能排产系统，使装置利用率提升19%，碳排放降低12%。

（四）持续进化能力体系

1. 敏捷学习能力

面对量子计算、工业元宇宙等新兴技术冲击，需建立"技术雷达"机制，快速掌握如量子化学计算软件Q-Chem、增强现实（AR）远程运维工具等前沿技术应用。陶氏化学通过建立数字化技能矩阵，使员工新技术适应周期缩短40%。

2. 人机协同领导力

在智能制造团队中，需具备"人类专家-智能体"协同管理能力，能够制定人机分工策略并评估AI决策可靠性。杜邦公司推行的"AI辅助工程师"制度，使工艺异常处置效率提升35%，同时保持人类对关键决策的终审权。

二、敏锐的信息素养

信息素养是现代化工人才数字素养的重要组成部分。信息素养包括关于信息和信息技术的基本知识和基本技能，运用信息技术进行学习、合作、交流和解决问题的能力，以及信息的意识和社会伦理道德问题。在数字化时代，化工行业的信息呈爆炸式增长，化工人才需要具备良好的信息检索、筛选、评估和整合能力。

具体而言，信息素养应包含以下五个方面的内容：热爱生活，有获取新信息的意愿，能够主动地从生活实践中不断地查找、探究新信息；具有基本的科学和文化常识，能够较为自如地对获得的信息进行辨别和分析，正确地加以评估；可灵活地支配信息，较好地掌握选择信息、拒绝信息的技能；能够有效地利用信息，表达个人的思想和观念，并乐意与他人分享不同的见解或资讯；无论面对何种情境，能够充满自信地运用各类信息解决问题，有较强的创新意识和进取精神。

（一）信息检索能力

化工人才需要掌握有效的信息检索方法，能够快速准确地获取化工行业的相关信息。他们可以利用专业的数据库、搜索引擎和学术资源平台来查找技术文献、市场动态、政策法规等信息。例如，Web of Science、Scopus、中国知网等数据库是化工领域常用的学术资源平台，化工人才可以通过这些平台查找最新的研究成果和技术进展。同时，他们还可以利用百度学术、谷歌学术等搜索引擎来查找相关的文献和资料。在检索信息时，化工人才需要掌握准确的关键词和检索策略，以提高检索的效率和准确性。

（二）信息筛选和评估能力

面对大量的信息，化工人才需要具备筛选和评估信息的能力，提取有价值的内容。他们可以根据信息的来源、权威性、时效性等因素来评估信息的可靠性和实用性。例如，来自权威学术期刊、专业机构和知名企业的信息通常具有较高的可靠性。同时，化工人才还需要关注信息的时效性，确保获取的信息是最新的。在筛选信息时，他们可以根据自己的工作需求和兴趣爱好，选择与自己相关的信息进行阅读和分析。

（三）信息整合能力

化工人才需要将获取的信息进行整合，形成自己的知识体系。他们可以通过阅读文献、参加学术会议、与同行交流等方式来获取信息，并将这些信息进行分类、整理和归纳。例如，他们可以将不同来源的信息进行对比和分析，找出其中的共同点和差异点，从而形成自己的观点和见解。同时，他们还可以将信息与自己的工作经验相结合，提出新的问题和解决方案。

（四）信息安全和知识产权保护意识

在数字化时代，信息安全和知识产权保护至关重要。化工人才需要遵守信息安全和知识产权法律法规，保护企业和个人的信息安全。他们需要了解信息安全的基本知识，如密码设置、网络安全、数据备份等，确保自己的信息不被泄露和篡改。同时，他们还需要尊重知识产权，不抄袭他人的作品和成果，保护自己的知识产权。

三、高效的数字化沟通与协作能力

在数字化时代，现代化工高技能人才需要具备良好的数字化沟通与协作能力，才能更好地与团队成员、客户和合作伙伴进行交流和合作。

（一）数字化沟通工具的应用能力

现代化工高技能人才需要熟练使用电子邮件、即时通信软件、视频会议等数字化沟通工具，与团队成员、客户和合作伙伴进行有效的沟通。例如，电子邮件是一种常用的沟通工具，化工人才可以通过电子邮件发送文件、汇报工作进展、与客户进行沟通等。即时通信软件如微信、QQ等可以用于实时沟通和协作，方便快捷。视频会议则可以用于远程会议和培训，提高沟通的效率和效果。在使用数字化沟通工具时，化工人才需要注意语言表达的准确性和规范性，避免产生误解。

（二）在线项目管理和团队协作能力

化工项目通常需要多个团队成员共同完成，因此，现代化工高技能人才需要熟悉在线项目管理和团队协作平台，提高工作效率和协同性。例如，Trello、Asana等项目管理平台可以用于任务分配、进度跟踪和团队协作。化工人才可以通过这些平台将项目分解为多个任务，分配给不同的团队成员，并实时跟踪任务的进展情况。同时，他们还可以在平台上进行沟通和协作，解决问题，提高项目的完成质量。现代化工项目如巴斯夫湛江基地建设，需要工艺、设备、自控等多专业协作。

（三）跨文化沟通能力

随着全球化的发展，化工企业越来越多地与不同国家和地区的客户和合作伙伴进行合作。因此，现代化工高技能人才需要具备跨文化沟通能力，能够与不同文化背景的人员进行交流和合作。他们需要了解不同国家和地区的文化差异，尊重对方的文化习惯和价值观。在沟通时，他们需要注意语言的选择和表达方式，避免因文化差异而产生误解。同时，他们还需要具备良好的倾听和理解能力，能够理解对方的观点和需求，达成共识。

四、与时俱进的创新思维和数字化转型意识

在数字化时代，创新是企业发展的关键。现代化工高技能人才需要具备创新思维和数字化转型意识，才能为企业的发展注入新的动力。

（一）创新思维

化工人才需要具备创新思维，能够将数字技术与化工行业的实际需求相结合，提出新的解决方案和创新产品。他们可以通过参加创新竞赛、阅读创新案例、与同行交流等方式来培养自己的创新思维。同时，他们还需要关注行业的发

展趋势和技术前沿，不断探索新的应用领域和创新方向。例如，在化工生产过程中，可以利用人工智能和大数据技术进行优化和预测，提高生产效率和产品质量。在化工产品研发方面，可以利用3D打印技术进行快速原型制作，缩短研发周期。

（二）数字化转型意识

化工企业正面临着数字化转型的挑战和机遇，现代化工高技能人才需要关注数字化转型趋势，提升数字化转型意识，积极参与企业的数字化转型工作。现代化工高技能人才可以通过以下方式提升数字化转型意识：

1. 积极参与数字化转型培训与学习

现代化工高技能人才应主动参加由企业、行业协会或职业院校组织的数字化转型培训与学习活动。这些活动通常涵盖数字化技术的最新进展、应用案例以及数字化转型的成功经验分享，有助于高技能人才了解数字化转型的重要性和必要性，从而增强自身的数字化转型意识。

2. 关注数字化转型政策与行业动态

高技能人才应密切关注国家及地方政府关于数字化转型的政策导向和行业动态，了解数字化转型在化工行业中的发展趋势和前景。通过关注政策文件和行业报告，高技能人才可以更加清晰地认识到数字化转型对于化工行业未来发展的重要性，从而自觉提升自身的数字化转型意识。

3. 实施数字化转型项目

通过亲身参与数字化转型项目的实施，现代化工高技能人才可以在实践中深化对数字化转型的理解和认识。在项目实施过程中，高技能人才可以学习到数字化技术的应用方法、操作流程以及解决实际问题的能力，从而更加深入地体会到数字化转型带来的变革和效益，进而提升自身的数字化转型意识。

4. 加强交流与合作

高技能人才应加强与同行、专家以及数字化技术提供商的交流与合作，共同探讨数字化转型的难点和痛点，分享数字化转型的经验和教训。通过交流与合作，高技能人才可以拓宽视野，了解更多的数字化转型案例和成功经验，从而激发自身的数字化转型热情，提升数字化转型意识。

　　总之，现代化工高技能人才的素养培育需以"党建思政为魂，谱系对接为基，数字孪生为翼"，通过红色工匠底色的塑造、产教融合的深化、数字技术与绿色目标的协同，构建适应行业高质量发展的素养体系，为化工行业的绿色化、数字化、高端化转型提供人才支撑。

数智驱动下现代化工高技能人才培养的
探索与实践

第四章

现代化工高技能
人才培养谱系构建

本章以现代化工及化工产品产业为例子，运用谱系学理论，追溯2014年12月至2024年12月，湖南化工职业技术学院应用化工技术专业与产业的对接情况。产教两端的分析数据主要由广东职教桥数据科技有限公司（以下简称"职教桥"）提供。职教桥通过搭建分布式爬虫架构、爬虫管理系VPS服务器集群动态持续采集全国各大主流综合性招聘平台、垂直化工行业招聘平台、地域性招聘平台、校园类招聘平台等线上公开招聘平台数据，具体包括前程无忧、智联招聘、58同城、拉勾招聘、实习僧、一览英才网56个主节点招聘平台，以及相应的300多个细分领域/地域的招聘网站。分析的数据信息主要包括岗位名称、学历要求、工作经验要求、企业名称、企业类型、企业规模、企业所在行业、工作地址、岗位关键词、岗位类型、岗位薪资、招聘人数、能力要求、工作职责等维度。对2014～2024年10亿余条数据进行匹配分析，最终共有4万条数据运用到湖南化工职业技术学院应用化工技术专业群产教对接研究中。

第一节
现代化工产业分析与产业要素谱系构建

一、现代化工产业分析

（一）现代化工产业宏观定位分析

综合湖南化工职业技术学院整体发展定位、专业建设定位，以及化工生产类、化工产品检测类专业的建设基础，以应用化工技术、精细化工技术、高分子材料智能制造技术、化工智能制造技术、分析检测技术五个专业为基础，构建面向株洲市、湖南省及长江经济带地区的化工产品生产领域的特色专业群。

政策是产业发展的方向。利用大数据技术，基于产教对接谱系图构建方法，在株洲重点打造了先进轨道交通装备、中小航空发动机与通用航空、先进硬质材料等13条标志性产业链，构建具有地方特色的"3+3+2"现代产业体系和湖南省以先进制造业为主导，改造提升现代石化、绿色矿业、食品加工、轻工纺织4大传统产业，巩固延伸工程机械、轨道交通装备、现代农业、文化旅游4大优势产业，培育壮大数字产业、新能源、大健康、空天海洋产业4大新兴产业，前瞻布局人工智能、生命工程、量子科技、前沿材料4大未来产业，构建湖南"4×4"现代化产业体系进行大数据分析，挖掘政策关键词、重点岗位群分布、岗位人才专业要求等多维度的数据，最终选出现代石化产业、化工新材料产业等重点产业作为拟对标产业。

为了更加充分地支撑专业及专业群建设与产业发展对接，同时利用PEST模型，对拟对标产业进行宏观环境分析。从政治（Political）、经济（Economic）、社会（Social）和技术（Technological）四个维度对拟对标产业的发展进行解读，从而深度挖掘拟对标产业的发展现状，为产教对接的可行性、适配性分析提供依据。

首先，从政治的角度对拟对标产业展开分析，选取与拟对标产业相关的重点政策文件进行详细解读。其次，以职业教育服务区域的经济发展为导向，从经济的角度对拟对标产业展开分析，重点分析各产业的规模、营业收入、生命周期等。最后，从社会和技术的角度对拟对标产业展开分析，包括社会对产业发展所持的态度、产业发展所面临的技术瓶颈等问题。综合PEST分析与算法支撑，最终选取现代石化及化工新材料产业作为上述五个专业对标的目标产业。

作为发展较为成熟的产业体系，化工产业可以分为上游、中游、下游三个板块，上游通常是资源开采与加工，中游则是化学原料生产，下游主要为化学制品生产，如图4-1所示。由于化工产业属于规模庞大的产业集群，各个环节均能细分成体系完备的子产业，因此可以把化工产业的上游、中游、下游分别视为化工产业集群的子产业，而化工新材料产业是化工产业集群的关键子产业。

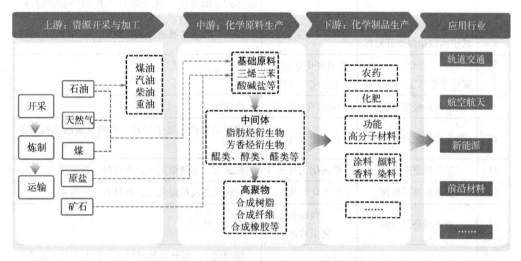

图4-1　现代石油与化学工业产业链示意图

化工新材料产业又可细分为上游、中游、下游三个板块，分别是化学助剂与单体中间物（上游）、化工新材料生产（中游）、化工新材料应用（下游）。将专业群建设与细分产业对接（表4-1），既能充分发挥区域产业的发展优势，又能提高产教对接的精准度、人才培养的有效性。

表4-1　湖南省现有化工园区

序号	园区名称	化工片区名称	主导产业定位
1	湖南岳阳绿色化工产业园	云溪化工片区、长岭化工片区、巴陵化工片区	云溪片区、长岭片区：石油化工、化工新材料、催化剂、催化新材料；巴陵片区：炼油化工产业
2	洪江高新技术产业开发区	洪江区化工片区	基础化工、精细化工、新材料
3	攸县高新技术产业开发区	攸州化工片区	新型化工、电子信息、食品医药

序号	园区名称	化工片区名称	主导产业定位
4	望城经济技术开发区	铜官化工片区	化工新材料、现代药业、新型环保建材产业
5	津市高新技术产业开发区	津市化工片区	精细化工、生物医药
6	湖南临湘工业园区	滨江化工片区	精细化工新材料（不含以排放有毒有害污染物废水为主的项目）、电子信息（不含印刷线路板）
7	湖南常宁水口山经济开发区	水口山化工片区	化工、有色金属冶炼及精深加工
8	宜章氟化学循环工业集中区	宜章氟化学循环工业化工片区	氟化学化工
9	湖南永兴经济开发区	湘阴渡化工片区	精细化工
10	湖南耒阳经济开发区	大市化工片区	化学品生产、电子信息、有色金属冶炼及精深加工
11	衡东经济开发区	衡东化工片区	盐卤化工及精细化工、新材料、新能源
12	松木经济开发区	松木化工片区	盐卤化工及精细化工、新材料、新能源
13	湘乡经济开发区	城西绿色化工片区	氟化学化工
14	新晃产业开发区	新晃化工片区	精细化工、矿产品精深加工（钡化工全产业链）、以铁合金（高碳铬铁）为主导产业的新金属材料产业
15	常德经济技术开发区	枫树岗化工片区	生物医药研发、新能源新材料研发

产业链各环节的重点技术构成产业技术链，是产业运作的技术支撑。化学助剂与中间单体生产环节，主要负责化工新材料合成用助剂和中间单体的分子设计、合成、分离提纯，包括有机无机等各类合成用助剂的分子设计，该环节的技术要求通常包括产品设计技术、选择合成技术、分离纯化等重点技术。化工新材料制造环节主要涉及新领域的高端化工新材料产品（高性能合成树脂、高性能橡胶材料、特种合成纤维）、传统化工材料的高端品种（工程塑料、功能高分子材料、有机硅氟）和二次加工生产的化工新材料（高端涂料、高端胶黏剂）等技术。化工新材料应用环节，主要涉及电子信息、新能源、汽车工业等应用技术。技术推动产业升级，而人才是技术的载体，是产业发展的基础力量。化学助剂与中间单体生产环节，与产品分子设计、合成、分离提纯等技术对应的人才主要包括基础化学原料制造人员、化工产品生产通用工艺人员等。化工新材料制造环节，与高端化工新材料产品、传统化工材料的高端品种和二次加工生产的化工

新材料等技术对应的人才包括高分子材料技术员、高分子材料成型加工生产操作等。

通过以上对化工新材料产业的分析,梳理出"产业链—技术链—人才链"的产业分析路径,为了能够有效反映产业真实的岗位需求,产业人才链包含了上百种化工新材料产业的岗位。但是,单个学校的人才培养难以覆盖整个产业,因此必须在产业人才链中有更加精准的定位。

(二)现代化工产业微观定位分析

从产业宏观定位分析中可以发现,无论是对产业技术链的分析还是对产业人才链的分析,都在一定程度上体现了产业人才需求与专业人才培养的契合性,如化学助剂与中间单体生产环节对基础化学原料制造人才的需求、化工新材料制造环节对高分子材料成型加工生产操作人员的需求,与应用化工技术专业、高分子材料智能制造技术专业、化工智能制造技术专业的人才培养方向总体匹配。因此,明确专业群在产业链上更加精准的定位,寻找与专业群更加适配的产业岗位群是建立产业与专业联系的关键。

经过上述对产业的详细分析,基于产业与岗位对接分析模型,结合学校所在区域、各专业建设基础、办学层次等多维度因素,通过人工智能(AI)算法对产业人才链的岗位进行比较分析,得出各岗位的综合评分并对其进行排序,最终选出产业人才链中综合评分排名前50位的岗位,组成适合相关专业定位的目标产业岗位群。表4-2展示了目标产业岗位群中的15个典型岗位,岗位按照与专业的对应关系排序。

表4-2　目标产业岗位群列表(仅展示15个典型岗位)

序号	岗位	岗位描述	专业匹配度	
			专业	匹配度
1	化工生产操作工	负责化工生产线的日常操作,监控设备运行状态,执行工艺参数调整,确保生产安全与效率等工作的人员	应用化工技术	95.53%
2	化工生产现场技术员	即化工生产过程中的现场工程师,负责监督、管理与指导化工生产操作,并确保生产设备正常运行等工作的人员	应用化工技术	90.23%
3	化工质检员	负责化工产品的质量检验与控制,执行检验标准,确保产品质量符合规定要求,及时发现并报告质量问题等工作的人员	应用化工技术	87.61%
4	化工工艺员	负责设计、优化并管理化工生产工艺流程,确保产品质量与生产效率,同时负责工艺文件的编制与更新等工作的人员	应用化工技术	92.4%

序号	岗位	岗位描述	专业匹配度	
			专业	匹配度
5	高分子材料成型加工生产操作工	负责操作高分子材料成型加工设备进行生产，控制加工参数，确保产品成型质量，维护设备正常运行等工作的人员	高分子材料智能制造技术	93.48%
6	高分子材料检测员	负责运用专业检测技术和设备，对高分子材料样品进行物理、化学性能检测，提供准确可靠的检测数据，为产品质量控制和研发提供支持等工作的人员	高分子材料智能制造技术	81.45%
7	高分子材料工艺员	负责制定和管理高分子材料的生产工艺流程，优化工艺参数，确保生产过程的稳定性和高效性，参与工艺改进和新工艺的开发，提高产品整体竞争力等工作的人员	高分子材料智能制造技术	77.53%
8	化工智能设备运维工程师	负责化工智能设备的日常维护与故障排查，保障设备稳定运行，优化设备性能，提升生产线的整体效率等工作的人员	化工智能制造技术	70.02%
9	化工智能生产线管理员	负责管理化工智能生产线的日常运行，监控生产流程，确保设备高效运作，优化生产调度，提升生产效率与产品质量等工作的人员	化工智能制造技术	87.44%
10	化工DCS操作工	负责操作分布式控制系统（DCS），监控并调整生产参数，确保系统稳定运行，处理系统故障与报警等工作的人员	化工智能制造技术	90.16%
11	精细化工生产员	负责在精细化学品生产领域，通过DCS系统精确控制原料配比、温度、压力等关键参数，确保生产线连续稳定运行，监控产品质量，及时调整以符合产品标准等工作的人员	精细化工技术	94.98%
12	精细化学品工艺员	负责制定、优化并执行精细化学品的生产工艺流程，监控生产过程中的关键控制点，解决工艺问题，提升生产效率与产品质量，确保产品符合安全卫生标准等工作的人员	精细化工技术	91.77%
13	涂料检测员	是指负责专注于涂料产品的性能测试与质量检验，包括黏度、固含量、耐候性、环保指标等，确保涂料产品符合行业标准及客户要求等工作的人员	精细化工技术	74.25%
14	采样员	负责根据采样标准和规范，从源头采集代表性样品，确保样品质量符合分析要求，为后续检测工作奠定基础等工作的人员	分析检验技术	93.83%
15	质控员	为保证分析结果的准确性，负责监督并检测各个环节的工作人员	分析检验技术	72.21%

（三）现代化工产业与岗位对接分析模型

1. 数据预处理

依托职教桥大数据中心，对全行业岗位数据进行基本转换，通过核心关键词提取和矢量计算，得到岗位关键词、产业关键词，具体处理步骤如下：

（1）对输入的行业人才需求信息（招聘信息：标题、职责要求）、产业链关键信息进行基本转换，统一转换为可识别使用的文本格式信息。

（2）对行业人才需求信息（招聘信息：标题、职责要求）和产业信息进行jieba分词、词性批注、TextRank关键词提取、词频计算等操作，提取岗位群与产业关键信息。

（3）基于职教桥标准职能体系及岗位分类标准化多标签识别算法，分析并匹配全行业数百个岗位群的相关人才需求信息，利用自然语言处理、文本挖掘技术，从岗位人才需求详细信息中挖掘出各类有效信息，结合岗位人才需求特征信息构建岗位架构。

（4）利用自然语言处理、文本挖掘技术，结合学校、产业等相关信息及产业知识图谱，构建产业链全景图（产教对接谱系图产业部分）。

（5）提取岗位关键词与行业领域标签，提取产业链全景图中各产业关键词及其节点下的技术信息。

2. 词向量的确定

利用ERNIE预训练模型，训练上述得到的岗位词向量w，产业词向量v。

3. 对岗位与产业进行关联打分

（1）岗位职责描述命中的产业/技术关键词及权重。

（2）产业信息命中的职能核心词及权重。

（3）计算岗位1与产业1的余弦相似度，具体计算公式为：

$$s_{11} = \cos(\theta) = \frac{w \cdot v}{|w||v|} = \frac{\sum_{i=1}^{n} w_i \times v_i}{\sqrt{\sum_{i=1}^{n} w_i^2} \times \sqrt{\sum_{i=1}^{n} v_i^2}}$$

（4）是否被规则命中。

（5）是否命中英文核心词。

（6）加权平均得到岗位1与产业1的关联度G_{11}，循环所有产业得到岗位1与各产业的关联度向量，遍历m个岗位，得到m个岗位与n个产业的关联矩阵。

$$\begin{bmatrix} G_{11} & G_{12} & \cdots & G_{1n} \\ G_{21} & G_{22} & \cdots & G_{2n} \\ \vdots & \vdots & & \vdots \\ G_{m1} & G_{m2} & \cdots & G_{mn} \end{bmatrix}$$

4. 产业关联岗位列表的确定

通过深度学习得到一个合适的分数阈值，得到大于阈值的岗位便为产业对应的岗位。

二、现代化工产业要素谱系构建

在产业技术链变迁的背景下，职业院校更加关注产业的技术要素和生产要素，下面就以这两种要素为例阐释产业要素谱系建构过程。

（一）技术谱系

以产业链技术重大变革节点为时间坐标，对产业发展历程中的技术要素进行细致准确的刻画，追溯产业链技术变革与岗位职业能力的随动关系，绘制谱系图。以化工关键产品技术为例，其谱系如表4-3所示。

表4-3　化工关键产品技术谱系

时间节点	产品技术突破	产业影响	岗位能力变迁	新兴职业岗位
1953	Ziegler-Natta催化剂工业化	聚烯烃塑料革命	高压反应釜操作技能→催化剂活性调控	聚合工艺工程师
1965	氨碱法升级离子膜电解	纯碱/氯碱成本下降50%	电解槽维护→膜材料诊断	电化学设备专员
1982	MTBE汽油添加剂技术	全球炼化产业链重构	炼油操作→含氧化合物合成	清洁燃料技术员
2008	煤制烯烃（DMTO）商业化	中国化工原料自主化	煤气化操作→碳一化学工艺优化	煤化工首席技师
2021	生物基PDO（1,3-丙二醇）量产	杜邦Sorona®纤维替代石油基	发酵过程控制→生物代谢调控	合成生物学工程师
2025	电催化CO_2制甲酸（中试）	碳负性化工兴起	传统工艺设计→电化学反应工程	碳中和技术专家

（二）生产谱系

生产谱系主要以岗位的变化为显性因素，产业链中岗位的变迁决定了生产过程的不同。以岗位重大变革节点为时间坐标，追溯岗位变革与职业能力的随动关系，绘制谱系图。

化工生产岗位谱系图主要展示了化工生产领域内不同岗位之间的层级关系、职责范围以及相互之间的协作方式。表4-4是一个简化的化工生产岗位谱系概述。

表4-4　简化化工生产岗位谱系

时代	时间	岗位变化	能力变化
机械化	1950	岗位主轴——设备操作工	能力核心——机械维修和经验判断
	1960	岗位分化——仪表监控员	能力新增——气动仪表调试
自动化	1980	岗位升级——DCS控制师	能力跃迁——PID参数整定
	1995	岗位新增——PLC程序员	能力要求——梯形图逻辑设计
数字化	2010	岗位革命——数字孪生工程师	能力重构——多物理场建模
	2025	岗位迭代——AI生产优化师	能力突破——深度学习调参
绿色化	2030	岗位新生——碳流追踪专员	能力维度——全生命周期分析

1. 管理层级

（1）高层管理

总经理/厂长：负责整个化工企业的战略规划、决策制定和资源配置。

副总经理/副厂长：协助总经理/厂长处理日常事务，分管不同部门或业务领域。

（2）中层管理

生产部经理：负责化工生产的整体运营和管理，包括生产计划制订、生产进度监控、生产成本控制等。

技术部经理：负责化工生产过程中的技术研发、工艺优化、质量控制等工作。

设备部经理：负责化工设备的采购、安装、调试、维护和保养等工作。

安全环保部经理：负责化工生产过程中的安全管理和环境保护工作，确保生产过程中的安全环保合规性。

（3）基层管理

生产主管/班长：负责具体生产线的日常管理和协调工作，包括生产任务分配、生产进度跟踪、员工管理等。

技术员/质检员：负责化工生产过程中的技术指导和质量控制工作，确保产品质量符合标准。

设备维护工：负责化工设备的日常维护和保养工作，确保设备正常运行。

安全员/环保员：负责化工生产过程中的安全环保监督和管理工作，确保生产过程中的安全环保措施得到有效执行。

2. 岗位分类与职责

（1）生产操作类

化工操作工：负责化工生产过程中的设备操作、参数监控和记录工作，确保生产过程的安全、稳定和高效。

分析化验工：负责化工产品的取样、分析和化验工作，确保产品质量符合标准和客户需求。

（2）技术研发类

研发工程师：负责化工产品的研发工作，包括新产品的设计、试验和改进等。

工艺工程师：负责化工生产工艺的优化和改进工作，提高生产效率和产品质量。

（3）设备维护类

机修工：负责化工设备的维修和保养工作，确保设备的正常运行和延长使用寿命。

电工：负责化工生产过程中的电气设备和线路的维护、检修和故障排除工作。

（4）安全与环保类

安全员：负责化工生产过程中的安全监督和管理工作，包括安全培训、安全检查和安全事故的应急处理等。

环保员：负责化工生产过程中的环境保护工作，包括废水、废气、废渣等污染物的治理和排放控制。

3. 岗位协作与关系

化工生产岗位之间需要紧密协作和配合，以确保生产过程的顺利进行和产品质量的稳定提升。不同岗位之间通过信息传递、技术交流、工作协调等方式进行协作和配合。例如，生产主管需要与技术员、质检员、设备维护工等保持密切沟通，共同解决生产过程中的问题和困难；研发工程师需要与工艺工程师、生产操作工等协作，共同推进新产品的研发和工艺优化工作。

综上所述，化工生产岗位谱系图展示了化工生产领域内不同岗位之间的层级关系、职责范围以及相互之间的协作方式。在实际应用中，企业需要根据具体情况和实际需求进行岗位设置和职责划分。

第二节
化工类专业分析与教育要素谱系构建

一、专业与岗位匹配模型

（一）数据预处理

依托职教桥大数据中心，对化工全行业岗位数据进行基本转换，通过核心关键词提取和矢量计算，得到岗位关键词、专业关键词，具体处理步骤如下：

（1）对输入的行业人才需求信息（招聘信息：标题、职责要求）、专业人才培养方案关键信息、专业教学标准（课程标准）、其余参考专业信息进行基本转换，统一转换为可识别使用的文本格式信息。

（2）对行业人才需求信息（招聘信息：标题、职责要求）和专业信息进行 jieba 分词、词性批注、TextRank 关键词提取、词频计算等操作，提取岗位群与专业关键信息。

（3）基于职教桥标准职能体系及岗位分类标准化多标签识别算法，分析并匹配全行业数百个岗位群的相关人才需求信息，利用自然语言处理、文本挖掘技术，从岗位人才需求详细信息中挖掘出各类有效信息，结合岗位人才需求特征信息构建岗位架构。

（4）利用自然语言处理、文本挖掘技术，结合学校、产业等相关信息，构建专业架构。

（5）构建专业倒排索引［基于专业教学标准（课程标准）进行分词统计，取每个专业下相互信息相关度较高（PMI>3）的词］。关键词与专业的互信息相关度计算公式为：

$$PMI = (x, y) = \log_2 \frac{p(x, y)}{p(x)p(y)}$$

（二）词向量的确定

利用 ERNIE 预训练模型，训练上述得到的岗位词向量 w、专业词向量 v。

（三）对岗位与专业进行关联打分

（1）职责描述命中的专业关键词及权重。

（2）专业教学标准命中的职能核心词及权重。

（3）计算岗位1与专业1的余弦相似度，具体计算公式为：

$$s_{11} = \cos(\theta) = \frac{w \cdot v}{|w||v|} = \frac{\sum_{i=1}^{n} w_i \times v_i}{\sqrt{\sum_{i=1}^{n} w_i^2} \times \sqrt{\sum_{i=1}^{n} v_i^2}}$$

（4）是否被规则命中。

（5）是否命中英文核心词。

（6）加权平均得到岗位1与专业1的关联度 G_{11}，循环所有专业得到岗位1与各专业的关联度向量，遍历 m 个岗位，得到 m 个岗位与 n 个专业的关联矩阵。

$$\begin{bmatrix} G_{11} & G_{12} & \cdots & G_{1n} \\ G_{21} & G_{22} & \cdots & G_{2n} \\ \vdots & \vdots & & \vdots \\ G_{m1} & G_{m2} & \cdots & G_{mn} \end{bmatrix}$$

（四）专业关联岗位列表的确定

通过深度学习得到一个合适的分数阈值，得分大于阈值的岗位便为专业对应的岗位。

二、专业关联岗位分析

基于专业与岗位匹配模型，计算出与相关专业关联度最高的前20个岗位作为重点分析目标，形成"专业关联岗位一览表"。下面以应用化工技术专业的分析过程为例进行展示，表4-5为应用化工技术专业关联岗位列表。

表4-5　应用化工技术专业关联岗位列表

序号	岗位名称	关联度	序号	岗位名称	关联度
1	化工生产操作工	99.67%	3	化工工艺工程师	92.23%
2	化工生产现场操作技术员	95.32%	4	化工质检员	92.12%

续表

序号	岗位名称	关联度	序号	岗位名称	关联度
5	有机合成研发员	90.68%	15	化工产品研发员	84.50%
6	化工研发助理工程师	90.62%	16	精细化学品数据工艺员	84.32%
7	化工智能设备运维工程师	90.28%	17	油墨研发工程师	82.36%
8	化工设备工程师	87.45%	18	高分子材料成型加工生产操作工	81.75%
9	环保工程师	85.93%	19	高分子材料工艺员	80.63%
10	化工安全工程师	85.63%	20	精细化学品数据分析员	80.35%
11	化工产品销售代表	85.25%	21	涂料研发工程师	80.10%
12	化工产品登记助理	84.67%	22	工业废水处理工	79.62%
13	化工产品研发员	84.60%	23	化工经济核算师	75.53%
14	化工产品数据分析员	84.52%	24	化工仓库管理员	74.68%

三、岗位人才需求大数据分析

（一）化工与新材料类人才需求量地域分析

从全国、长江经济带、湖南省、株洲市等地域维度，对应用化工技术专业关联的重点岗位人才需求量进行统计分析，各地域维度的人才需求量如表4-6所示（20个重点岗位按湖南省域岗位人才需求量进行降序排列）。

表4-6　与应用化工技术专业关联的重点岗位人才需求量统计表

序号	岗位名称	全国人才需求量		长江经济带人才需求量		湖南省人才需求量		株洲市人才需求量	
		数量/人	排序	数量/人	排序	数量/人	排序	数量/人	排序
1	化工生产操作工	75624	2	30362	1	17461	1	1782	1
2	化工生产现场操作技术员	52436	3	23965	2	15643	2	1538	3
3	化工工艺工程师	86379	1	19384	4	8536	3	1623	2
4	化工设备工程师	26720	8	13670	5	7864	4	1278	4
5	化工安全工程师	48368	4	23012	3	7632	5	986	5
6	化工产品销售代表	31768	6	12814	6	6895	6	869	6

续表

序号	岗位名称	全国人才需求量		长江经济带人才需求量		湖南省人才需求量		株洲市人才需求量	
		数量/人	排序	数量/人	排序	数量/人	排序	数量/人	排序
7	化工产品登记助理	27869	7	10819	7	5639	7	211	17
8	化工产品研发员	22596	10	9786	8	5067	8	753	7
9	化工产品数据分析员	23273	9	8164	10	4367	9	623	8
10	化工仪表工程师	32988	5	9367	9	3108	10	583	9
11	有机合成研发员	8976	11	3578	11	1994	11	496	11
12	化工质检员	6239	12	2905	12	1635	12	511	10
13	化工研发助理工程师	4356	14	2836	13	1425	13	389	12
14	环保工程师	4896	13	2608	14	1202	14	358	13
15	涂料研发工程师	2895	15	2168	16	902	15	324	14
16	油墨研发工程师	2536	16	2385	15	869	16	284	15
17	高分子材料成型加工生产操作工	2175	17	1965	17	752	17	218	16
18	高分子材料工艺员	1982	18	1408	18	620	18	196	18
19	精细化学品工艺员	1692	19	1360	19	586	19	183	19
20	化工智能设备运维工程师	1539	20	1159	20	203	20	162	20

（二）化工与新材料类岗位学历要求分析

根据现代石化产业代表性企业调研和网络数据爬取，统计长江经济带、中部地区、湖南省企业人员的学历分布情况（图4-2所示）。长江经济带区域企业人员学历平均水平最高，中部地区其他学历人员比例最高。

湖南省应用化工技术专业关联岗位学历要求占比和分布如图4-3所示，可知，湖南省现代石化产业TOP50岗位对于人才的学历要求呈现出多样化的特点，但主要集中在学历不限及大专层次，有36.91%的岗位对学历没有明确要求，其中，化工生产操作工、食品质检员、化工质检员、食品检验员、涂装操作工超50%学历达不到岗位要求，这表明对于实操性强、技能要求高的岗位，企业更加注重应聘者的实践经验和专业技能操作，而非学历背景。大专学历要求的岗位占比达到34.54%，位居第二，说明该行业对具备一定专业知识和技能的大专毕业生有较大需求。

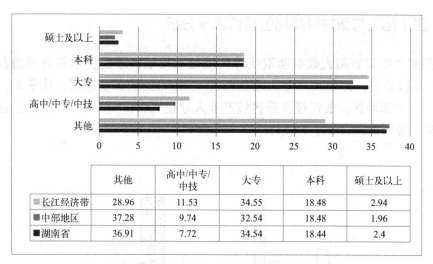

	其他	高中/中专/中技	大专	本科	硕士及以上
长江经济带	28.96	11.53	34.55	18.48	2.94
中部地区	37.28	9.74	32.54	18.48	1.96
湖南省	36.91	7.72	34.54	18.44	2.4

图4-2　现代石化产业企业人员学历分布示意图

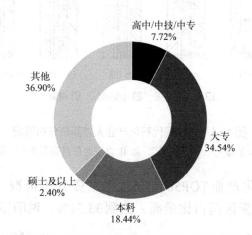

图4-3　湖南省化工企业从业人员学历现状

（三）化工与新材料类岗位工作经验要求分析

而在经验要求中，无经验要求的岗位占比达到了52.56%，这表明现代石化产业在湖南省内对于应届毕业生的接纳度较高，同时也可能反映出该行业在快速发展过程中需要大量新进员工来补充和推动。1～3年经验需求占比28.85%，说明该行业也重视有一定工作经验但尚未达到资深水平的员工。3年及以上经验要求的岗位需求相对较少，这与行业特性、技术更新速度以及人才流动情况等因素有关。

（四）化工与新材料类岗位薪资水平分析

根据企业调研和大数据爬取统计区域技术技能人才薪资水平分布情况（图4-4），可以看出，湖南省产业人才在6000～8000元的薪资区间占比最高，达到33.51%；中部地区、长江经济带区域产业人才在10000～15000元的薪资区间占比最高，分别为34.45%，34.65%。

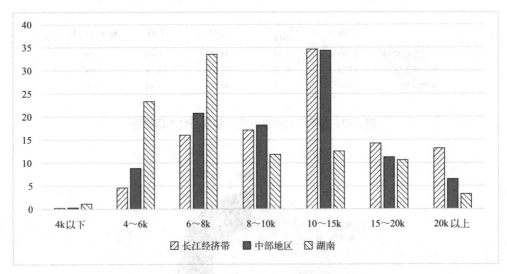

图4-4　区域现代石化产业人才薪资分布情况

（注：k是英文kilo的缩写，译为"千"，如4k以下为每月薪资在4千元及以下，下同）

湖南省现代石化产业TOP50岗位人才薪资分布情况（图4-5）可以看出6000～8000元的薪资区间占比最高，达到33.51%，说明该行业在湖南省内的

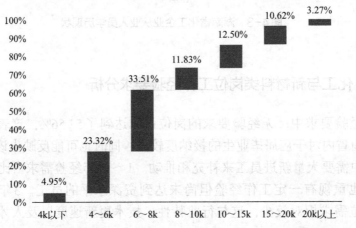

图4-5　湖南省现代石化产业TOP50岗位人才薪资分布情况图

大部分岗位薪资集中在中等水平。此外，4000 ～ 6000元的薪资区间也占据一定的比例（23.32%）。8000 ～ 10000元、10000 ～ 15000元、15000 ～ 20000元区间的薪资水平在10%左右，这表明该行业薪资差异仍然显著，且薪资增长潜力较大。

（五）化工与新材料类岗位需求企业性质及规模分析（表4-7）

表4-7　代表性28家化工与新材料类企业性质及规模分析

	企业名称	江苏扬农化工集团有限公司		
1	主营业务	化工材料、材料中间体、精细化学品、电子化学品		
	企业地址	江苏省扬州市文峰路39号		
	成立日期	1990 年 10 月 20 日	公司规模	600 ～ 700人
	所属行业	化学原料和化学制品制造业	公司性质	中化国际（国有）骨干成员企业
	公司荣誉资质	中国优秀专利奖、石油和化工行业高技能人才培养突出贡献单位		
	企业名称	浙江恒逸集团有限公司		
2	主营业务	石油炼化一体化、己内酰胺（CPL）、乙二醇（MEG）、对苯二甲酸（PTA）		
	企业地址	浙江省杭州市萧山区钱江世纪城奔竞大道353号		
	成立日期	1994 年 10 月 18 日	公司规模	100 ～ 150人
	所属行业	化学原料和化学制品制造业	公司性质	民营
	公司荣誉资质	国家科学技术进步奖二等奖、全国先进民营企业		
	企业名称	中石化湖南石油化工有限公司		
3	主营业务	汽柴油、稀释剂、环己酮、SBS、环氧树脂、己内酰胺、尿素等160多种		
	企业地址	湖南省岳阳市云溪区湖南岳阳绿色化工产业园科技创业服务中心625室		
	成立日期	2020 年 2 月 28 日	公司规模	在职职工 13000 余人
	所属行业	化学原料和化学制品制造业	公司性质	国有企业
	公司荣誉资质	国家技术发明奖一等奖、国家科技进步奖一等奖、中国工业大奖各1项，国家科技进步奖二等奖6项		

4	企业名称	万华化学集团股份有限公司		
	主营业务	聚氨酯及助剂、异氰酸酯及衍生产品的开发、技术服务及相关技术人员培训		
	企业地址	山东省烟台市经济技术开发区重庆大街59号		
	成立日期	1998年12月16日	公司规模	19600人以上
	所属行业	医药制造业	公司性质	中外合资
	公司荣誉资质	福布斯2022全球企业2000强榜单，排名第392位；国家技术发明奖二等奖；国家科技进步奖二等奖		
5	企业名称	湖南海利化工股份有限公司		
	主营业务	化肥、化工产品、农药开发、生产及自产产品销售		
	企业地址	长沙市芙蓉中路二段251号		
	成立日期	1994年4月15日	公司规模	400人以上
	所属行业	化学原料和化学制品制造业	公司性质	国有企业
	公司荣誉资质	2021年（第28批）新认定及全部国家企业技术中心名单的通知显示：该企业技术中心具有国家企业技术中心资格		
6	企业名称	中国石油化工股份有限公司镇海炼化分公司		
	主营业务	新型催化材料及助剂销售；炼油、化工生产专用设备销售；机械设备销售；炼油、化工生产专用设备制造		
	企业地址	浙江省宁波市镇海区蛟川街道（俞范）		
	成立日期	2018年6月18日	公司规模	0574-86445455
	所属行业	石油、煤炭及其他燃料加工业	公司性质	国有企业
	公司荣誉资质	国家科学技术进步奖一等奖、第九届浙江省政府质量奖、国家优质工程金奖、全国五一劳动奖		
7	企业名称	中国石化上海石油化工股份有限公司		
	主营业务	专用化学产品制造（不含危险化学品）；再生资源回收（除生产性废旧金属）；高性能纤维及复合材料制造		
	企业地址	上海市金山区金一路48号		
	成立日期	1993年6月21日	公司规模	8016人
	所属行业	石油、煤炭及其他燃料加工业	公司性质	国有企业
	公司荣誉资质	第六届全国文明单位、国家科学技术进步奖二等奖、第22届工博会"CIIF新材料奖"、2018—2019年度上海市守合同重信用企业（AAA级）、上海证券交易所信息披露A级评价、2019年度上海市平安示范单位、2019年度上海市"质量标杆"单位等		

续表

	企业名称	巨化集团有限公司		
8	主营业务	化肥、化工原料及产品（不含危险品及易制毒化学品）、化学纤维、医药原料、中间体及成品		
	企业地址	浙江省杭州市江干区泛海国际中心2幢2001室		
	成立日期	1980年7月1日	公司规模	1500人
	所属行业	化学原料和化学制品制造业	公司性质	国有企业
	公司荣誉资质	国家循环经济试点单位、全国循环经济工作先进单位、国家循环经济教育示范基地、国家循环化改造示范试点园区、国家首批"两化融合"体系贯标试点单位、浙江省首批"三名"培育企业、浙江省商标示范企业		
	企业名称	中韩（武汉）石油化工有限公司		
9	主营业务	柴油、异戊二烯、甲基叔丁基醚、原油、乙苯、异丁烯、甲醇、仓储服务、聚丙烯、环氧乙烷、甲苯、乙烯、乙二醇、白油、航空煤油、溶剂油、二氧化碳、丁二烯、异丁烷、硫黄、混合二甲苯		
	企业地址	湖北省武汉市化学工业区八吉府大街特1号		
	成立日期	2013年10月28日	公司规模	2824人
	所属行业	石油、煤炭及其他燃料加工业	公司性质	国有企业（中外合资）
	公司荣誉资质	湖北省推进卓越绩效管理先进单位、中华全国总工会授予其全国工人先锋号		
	企业名称	湖南昊华化工有限责任公司		
10	企业简介	湖南昊华化工有限责任公司，成立于1970年7月，新型现代企业，位于湖南省株洲市石峰区，现隶属于中国化工集团公司所属中国化工装备（昊华化工）总公司。公司资产规模达3亿元，销售收入2.15亿元，年出口额1.5亿元。		
	主营业务	以生产农药、化工产品为主业，主要有98%杀螟丹原药、50%杀螟丹可溶性粉剂、90%杀虫单可溶性粉剂、95%杀虫单原药、18%和29%杀虫双水剂等农药产品，97%工业亚磷酸、98%三氯化磷等化工产品。		
	企业地址	湖南省株洲市攸县高新技术产业开发区禹王路1号		
	成立日期	1970年7月	公司规模	300人
	所属行业	化学原料和化学制品制造业	公司性质	民营企业
	公司荣誉资质	中国农药行业金口碑50强、标杆党组织、石油化工协会常务理事单位、副会长单位、红旗单位、先进基层党组织、高新技术企业		

11	企业名称	嘉兴石化有限公司		
	主营业务	精对苯二甲酸（PTA）的生产和销售；副产混苯二甲酸、粗对苯二甲酸、苯甲酸的生产和销售；特种化纤、改性化纤、涤纶纤维（除化学危险品）和涤纶丝的生产、销售。		
	企业地址	浙江嘉兴港区乍浦镇中山西路388号		
	成立日期	2010年1月	公司规模	540人
	所属行业	化学原料和化学制品制造业	公司性质	民营企业
	公司荣誉资质	工信部认定的"智能制造试点示范"项目，"浙江省清洁生产阶段性成果企业""2018年浙江制造业与互联网融合发展试点示范项目"		
12	企业名称	长沙特盾环保科技有限公司		
	主营业务	化工产品生产销售（不含许可类化工产品）；消毒剂销售（不含危险化学品）；环保咨询服务；水污染治理		
	企业地址	长沙经济技术开发区力新街256号高峰智造产业园1栋厂房108		
	成立日期	2008年3月3日	公司规模	100人
	所属行业	科技推广和应用服务业	公司性质	民营企业
	公司荣誉资质	先后获得"国家高新技术企业""创新型中小企业"等资质和荣誉		
13	企业名称	浙江石油化工有限公司		
	主营业务	石油制品销售（不含危险化学品）；新型催化材料及助剂销售；炼油、化工生产专用设备销售		
	企业地址	浙江省舟山市定海区临城街道翁山路555号大宗商品交易中心5201室（自贸试验区内）		
	成立日期	2015年6月18日	公司规模	11395人
	所属行业	石油、煤炭及其他燃料加工业	公司性质	民营企业
	公司荣誉资质	先后获得"国家高新技术企业""省级工程技术研究中心"等资质和荣誉		
14	企业名称	广东宇新能源科技股份有限公司		
	主营业务	乙酸正丁酯、甲苯、液化石油气、乙酸乙酯、乙酸甲酯、异丁烯、正丁烷、粗苯、甲醇、正丁醇、甲基叔丁基醚、丙酮、硫酸、苯、石油气液化、环己酮		
	企业地址	广东省惠州市惠东县白花镇联丰村、谟岭村地段、秧脚埔地段		
	成立日期	2009年10月12日	公司规模	852人
	所属行业	批发业	公司性质	民营企业
	公司荣誉资质	先后获得"国家高新技术企业""全国石油和化学工业先进集体"等资质和荣誉		

	企业名称	江苏理文化工有限公司		
15	主营业务	从事危险化学品[氯、氯甲烷、四氯化碳、二氯甲烷、氢、三氯甲烷、硫酸、氢氧化钠溶液（包括食品添加剂氢氧化钠）、盐酸、次氯酸钠溶液、过氧化氢溶液]生产以及其他非危险化学品生产、销售及其衍生产品的研发		
	企业地址	江苏省常熟经济技术开发区兴港路6-2号		
	成立日期	2006年12月20日	公司规模	725人
	所属行业	化学原料和化学制品制造业	公司性质	民营企业
	公司荣誉资质	荣获"江苏省民营科技企业"称号、2023年转型升级标杆奖		
16	企业名称	株洲三亿化学建材科技发展有限公司		
	主营业务	氟化合物及其盐、甲醚、水泥添加剂、通用有机试剂		
	企业地址	湖南省株洲市攸县江桥街道攸州工业园禹王路		
	成立日期	2009年4月10日	公司规模	100人
	所属行业	化学原料和化学制品制造业	公司性质	民营企业
	公司荣誉资质	先后获得"国家高新技术企业""创新型中小企业"等资质和荣誉		
17	企业名称	株洲安特新材料科技有限公司		
	主营业务	氧化锌、锑酸钠、焦锑酸钠等无机化工产品研发、生产、销售		
	企业地址	攸县攸州工业园龙山路2号		
	成立日期	2009年9月25日	公司规模	100人
	所属行业	批发业	公司性质	民营企业
	公司荣誉资质	先后获得"国家高新技术企业""创新型中小企业"等资质和荣誉。		
18	企业名称	新凤鸣集团股份有限公司		
	主营业务	合成纤维织物		
	企业地址	浙江省桐乡市洲泉工业区德胜路888号		
	成立日期	2000年2月22日	公司规模	1000人
	所属行业	化学纤维制造业	公司性质	民营企业
	公司荣誉资质	全国五一劳动奖状、全国非公企业"双强百佳党组织"、浙江省文明单位、嘉兴市功勋民营企业等荣誉称号，是中国企业500强之一		

19	企业名称	湖南松井新材料股份有限公司		
	主营业务	新型功能涂层材料；表面功能材料销售；专用化学产品制造（不含危险化学品）；电子专用材料制造和销售		
	企业地址	湖南宁乡经济技术开发区三环北路777号		
	成立日期	2009年3月20日	公司规模	400人
	所属行业	化学原料和化学制品制造业	公司性质	民营企业
	公司荣誉资质	国家技术创新示范企业		
20	企业名称	建滔（衡阳）实业有限公司		
	主营业务	32万吨/年（折百）烧碱、22万吨/年聚氯乙烯、19.5万吨/年双氧水、12万吨/年液氯、12万吨/年盐酸、2万吨/年氯化石蜡、2万吨/年元明粉		
	企业地址	湖南省衡阳市石鼓区松木工业园		
	成立日期	2004年4月28日	公司规模	840人
	所属行业	化学原料和化学制品制造业	公司性质	民营企业
	公司荣誉资质	曾先后获得"国家级高新技术企业""省级企业技术中心"等资质和荣誉		
21	企业名称	株洲兴隆新材料股份有限公司		
	主营业务	白炭黑、水玻璃、泡花碱、硅酸钠		
	企业地址	石峰区龙头铺镇工业小区		
	成立日期	1998年3月26日	公司规模	700人
	所属行业	化学原料和化学制品制造业	公司性质	民营企业
	公司荣誉资质	湖南省株洲市第三届株洲市市长质量奖、授予的"第四届全国文明单位"荣誉称号		
22	企业名称	杭州龙山化工有限公司		
	主营业务	碳酸钠（国家标准GB/T 210—2022）、氯化铵（GB/T 2946—2018）、硝酸钠（GB/T 4553—2016）、亚硝酸钠（GB/T 2367—2016）		
	企业地址	浙江省杭州市钱塘区临江高新技术产业园区红十五路9899号		
	成立日期	2001年4月29日	公司规模	700人
	所属行业	化学原料和化学制品制造业	公司性质	民营企业
	公司荣誉资质	先后获得"国家级高新技术企业""市级研发中心"等资质和荣誉		

续表

23	企业名称	利尔化学股份有限公司		
	主营业务	原药产品（除草剂、杀菌剂、杀虫剂）、醇类中间体、吡啶		
	企业地址	四川省绵阳经济技术开发区		
	成立日期	2000年7月26日	公司规模	2200人
	所属行业	化学原料和化学制品制造业	公司性质	民营企业
	公司荣誉资质	获得"国家级高新技术企业"荣誉		
24	企业名称	中国化学赛鼎工程有限公司（出海企业）		
	主营业务	MTG、苯酚丙酮、TDI、焦炉气制甲醇、煤制天然气、焦化工程、焦油深加工以及硝酸、硝铵、多晶硅、环氧乙烷、苯胺、聚甲醛		
	企业地址	山西综改示范区太原学府园区晋阳街赛鼎路1号		
	成立日期	1991年12月14日	公司规模	1300余人
	所属行业	石油/化工/矿产/地质	公司性质	国有企业
	公司荣誉资质	获得"国家科学技术进步奖""全国石油和化工企业管理创新奖"荣誉		
25	企业名称	瑞柏集团（出海企业）		
	主营业务	乙酸甲酯、乙酸乙酯、乙酸正丙酯、冰乙酸等。		
	企业地址	安徽省淮北市新型煤化工合成材料基地临白路18号		
	成立日期	2018年9月18日	公司规模	200人
	所属行业	科技推广和应用服务业	公司性质	民营公司
	荣誉资质	获得"2023年度淮北市科技创新企业综合类十强"荣誉		
26	企业名称	安徽华星化工有限公司		
	主营业务	基础化工（氯碱产品）、智能加工（草甘膦智能化加工中心）、制剂产品、原药产品		
	企业地址	安徽省马鞍山市和县乌江镇		
	成立日期	2015年1月6日	公司规模	1229人
	所属行业	农药	公司性质	民营公司
	荣誉资质	2023年全国农药行业销售TOP100第51名		

27	企业名称	安徽六国化工股份有限公司		
	主营业务	肥料、化学制品、化学原料、精细磷酸盐、双氧水、磷石膏制品		
	企业地址	铜陵市铜港路安徽六国化工股份有限公司		
	成立日期	2000年12月28日	公司规模	1279人
	所属行业	化学原料和化学制品	公司性质	民营公司
	荣誉资质	2011年全国文明单位		
28	企业名称	恒力石化（大连）有限公司		
	主营业务	乙烯、乙二醇、苯乙烯、PTA		
	企业地址	江苏省苏州市吴江区盛泽镇南麻恒力路		
	成立日期	2002年1月16日	公司规模	17万人
	所属行业	化学原料和化学制品	公司性质	民营公司
	荣誉资质	世界500强第123位、中国企业500强第36位、中国民营企业500强第3位、中国制造业企业500强第7位，获国务院颁发的"国家科技进步奖"和"全国就业先进企业"等荣誉		

（六）化工与新材料类岗位及职责要求分析

HGA公司招聘岗位及职能一览表如表4-8所示。

表4-8　HGA公司招聘岗位及职责一览表

序号	岗位名称	岗位职责	任职资格
1	化工设备工程师	（1）根据化工设备设计输入条件，完成化工设备设计选型； （2）评估化工设备实际运行效果，总结技术优缺点及选型优化方向； （3）负责设备验收，协助设备部完成资料整理及转固资料移交，推动设备管理规范有效	一、学历要求：大专 二、专业要求：化工设备、应用化工、化学工程等相关专业 三、专业技能要求： （1）熟悉化工单元操作基本原理； （2）熟悉并掌握基本流体力学计算、传热学计算； （3）掌握化工机械常用的密封技术和常规化工机械装配方式及原理； （4）对化工分离机械（包含固液分离、液液分离等）干燥装置、固体输送机械等熟悉并有过相关设计经验者优先； （5）熟悉使用办公软件、CAD等工程绘图软件，会使用SW6、流程模拟等软件优先 四、工作经验：有1～3年相关工作经验

序号	岗位名称	岗位职责	任职资格
1	化工设备工程师	（1）根据化工设备设计输入条件，完成化工设备设计选型； （2）评估化工设备实际运行效果，总结技术优缺点及选型优化方向； （3）负责设备验收，协助设备部完成资料整理及转固资料移交，推动设备管理规范有效	五、素养要求： （1）具有严格的遵规守纪意识； （2）具有强烈的化工安全生产责任感； （3）具有良好的团队协作能力； （4）有责任心； （5）有较强的学习能力，不断学习新技术； （6）有较好的沟通能力和领悟能力
2	化工安全工程师	（1）依据国家及地方安全生产法律法规、方针政策等，建立健全公司安全管理制度体系，推进安全生产标准化建设； （2）监督现场安全管理工作，审查现行安全技术措施，参与公司新、改、扩建设项目安全方面的设计、审核及验收，确保本质安全； （3）推进隐患排查与治理，完善应急预案，并定期组织应急演练； （4）推广应用先进安全管理技术，推进安全管理进步	一、学历要求：本科 二、专业要求：安全工程、消防工程、化学工程、能源等相关专业 三、专业技能要求： （1）取得注册安全工程师资格证书； （2）化工安全隐患排查； （3）掌握化工安全事故处理； （4）熟悉使用化工CAD、HAZOP分析软件等优先 四、工作经验：具备5年及以上化工行业安全或生产管理从业经验 五、素养要求： （1）具有严格的遵规守纪意识； （2）具有强烈的化工安全生产责任感； （3）具有良好的团队协作能力； （4）有责任心； （5）有较强的学习能力，不断学习新技术； （6）有较好的沟通能力和领悟能力
3	化工工艺工程师	（1）和研发员对接，将工艺转化成可建设的PID流程图； （2）对工艺路线进行经济评价，提供经济指标； （3）编写工艺说明，对自控、电气、设备、配管提工艺条件； （4）进行基本的工艺计算，以及物料平衡、热量平衡计算； （5）在施工阶段，从工艺角度进行各模块的系统化集成； （6）配合采购部门进行设备的采购	一、学历要求：大专 二、专业要求：化学化工技术类 三、专业技能要求： （1）熟悉化工单元操作基本原理； （2）熟悉并掌握化工工艺PID流程图； （3）掌握化工工艺经济评价方法； （4）对化工工艺中的自控、电气、设备等较熟悉； （5）熟悉使用办公软件、CAD等工程绘图软件，会使用SW6、流程模拟等软件优先

序号	岗位名称	岗位职责	任职资格
3	化工工艺工程师	（1）和研发员对接，将工艺转化成可建设的PID流程图； （2）对工艺路线进行经济评价，提供经济指标； （3）编写工艺说明，对自控、电气、设备、配管提工艺条件； （4）进行基本的工艺计算，以及物料平衡、热量平衡计算； （5）在施工阶段，从工艺角度进行各模块的系统化集成； （6）配合采购部门进行设备的采购	四、工作经验：有1～3年相关工作经验 五、素养要求： （1）具有严格的遵规守纪意识； （2）具有强烈的化工安全生产责任感； （3）具有良好的团队协作能力； （4）有责任心； （5）有较强的学习能力，不断学习新技术； （6）有较好的沟通能力和领悟能力
4	化工产品销售代表	（1）完成本区域各项化工产品销售任务及回款指标； （2）根据销售目标和计划，完成目标分解并制定本区域市场营销策略； （3）完成领导交代的其他任务	一、学历要求：大专 二、专业要求：化学化工类 三、专业技能要求： （1）熟悉化工产品销售技能； （2）热爱化工行业，了解化工产品的基本知识，熟悉化工产品销售业务或同行业工作经验1年以上者优先； （3）较强的市场把控、市场推广、市场拓展、市场策划等能力 四、工作经验：有1年相关工作经验 五、素养要求： （1）具有良好的沟通能力和领悟能力； （2）具有良好的团队协作能力； （3）有责任心； （4）有较强的学习能力，不断学习新技术
5	化工产品登记助理	（1）国外化工产品登记资料的收集与整理； （2）国外化工产品实验项目的协助跟踪； （3）客户支持登记； （4）化工产品相关法务文件的办理	一、学历要求：大专 二、专业要求：化学化工类 三、专业技能要求： （1）能熟练运用相关办公软件和较强的国外文献检索、归类能力； （2）较强的英文听写能力，熟练运用英文处理日常工作 四、工作经验：有1年相关工作经验

续表

序号	岗位名称	岗位职责	任职资格
5	化工产品登记助理	（1）国外化工产品登记资料的收集与整理； （2）国外化工产品实验项目的协助跟踪； （3）客户支持登记； （4）化工产品相关法务文件的办理	五、素养要求： （1）生活态度乐观积极向上，能承受一定工作压力； （2）较强的自我管理能力，良好的团队合作精神，能够与相关部门配合共同完成工作目标； （3）有责任心； （4）有较强的学习能力，不断学习新技术； （5）有较好的沟通能力和领悟能力
6	化工产品研发员	（1）根据项目开发计划，开展公司原药和中间体研发工作，并做好实验记录，为工艺定型提供依据； （2）负责开发项目工艺技术调研、专利撰写； （3）对公司在线生产项目做工艺技术指导，确保生产正常运行	一、学历要求：本科 二、专业要求：化学化工类 三、专业技能要求： （1）从事有机合成、工艺优化等研发工作1年以上； （2）3年以上的工作经验，或者化学专业B级以上； （3）能独立进行有机合成工作，有工艺放大经验者优先 四、工作经验：有1～3年相关工作经验 五、素养要求： （1）具有创新精神和独立解决问题能力； （2）具有良好的团队协作能力； （3）具有一定的抗压能力和良好的责任心； （4）有较强的学习能力，不断学习新技术； （5）有较好的沟通能力和领悟能力
7	化工产品数据分析员	（1）进出口化工产品数据分析：对公司产品月度进出口数据进行收集、分析，形成报告，使公司全面了解主要产品的进出口趋势变化，以及竞争对手的产品策略，完成12份进出口数据分析； （2）运营数据分析：对公司产品月度运营数据进行收集、分析，形成报告，使公司全面了解产品的销售、供应趋势变化； （3）采购数据分析：对公司月度原材料采购数据进行收集、分析，形成报告，使公司全面了解产品原材料的采购、供应趋势变化	一、学历要求：大专 二、专业要求：化学化工类、计算机类 三、专业技能要求： （1）熟悉化工产品销售； （2）熟练使用办公软件、财务软件； （3）文本整理和报告撰写能力 四、工作经验：有2～3年相关工作经验

续表

序号	岗位名称	岗位职责	任职资格
7	化工产品数据分析员	（1）进出口化工产品数据分析：对公司产品月度进出口数据进行收集、分析，形成报告，使公司全面了解主要产品的进出口趋势变化，以及竞争对手的产品策略，完成12份进出口数据分析；（2）运营数据分析：对公司产品月度运营数据进行收集、分析，形成报告，使公司全面了解产品的销售、供应趋势变化；（3）采购数据分析：对公司月度原材料采购数据进行收集、分析，形成报告，使公司全面了解产品原材料的采购、供应趋势变化	五、素养要求：（1）心思缜密，能胜任长时间文案工作；（2）较强沟通表达能力；（3）具有勤奋敬业，较强的自我管理能力，有一定的独立工作能力；（4）良好的团队合作精神，能够与相关部门配合共同完成工作目标
8	化工仪表工程师	（1）设计管理化工生产各项目配电和仪表控制系统，以保证各项目电气正常运行；（2）落实化工生产各项目电气仪表安装的质量、安全管理；（3）管控化工生产各项目电气仪表设备、材料质量进度，确保供应进度	一、学历要求：大专 二、专业要求：化学化工类、仪表电器类 三、专业技能要求：（1）熟悉化工电气仪表安装相关的法规知识、化工热工仪表及自动控制设备知识；（2）熟悉低压电气知识、熟悉化工工艺及过程控制知识；（3）熟悉化工DCS编程的相关知识、熟悉自动化网络通信知识、熟悉电气仪表设计和选型的相关知识 四、工作经验：有1～3年相关工作经验 五、素养要求：（1）具有严格的遵规守纪意识；（2）具有强烈的化工安全生产责任感；（3）具有良好的团队协作能力；（4）有责任心；（5）有较强的学习能力，不断学习新技术；（6）有较好的沟通能力和领悟能力
9	有机合成研发员	（1）根据项目开发计划，开展公司原药和中间体研发工作，并做好实验记录，为工艺定型提供依据；（2）负责开发项目工艺技术调研、专利撰写；（3）对公司在线生产项目做工艺技术指导，确保生产正常运行	一、学历要求：本科 二、专业要求：有机化学、应用化学、农药学、有机合成、药物合成等 三、专业技能要求：（1）研发常规工艺流程和方法；（2）搜索、查阅中英文文献能力；（3）新产品表征处理能力

序号	岗位名称	岗位职责	任职资格
9	有机合成研发员	（1）根据项目开发计划，开展公司原药和中间体研发工作，并做好实验记录，为工艺定型提供依据； （2）负责开发项目工艺技术调研、专利撰写； （3）对公司在线生产项目做工艺技术指导，确保生产正常运行	四、工作经验：有1～3年相关工作经验 五、素养要求： （1）具有较强研发能力和创新能力； （2）具有良好的团队协作能力； （3）有责任心； （4）有较强的学习能力，不断学习新技术； （5）有较好的沟通能力和领悟能力

HGB公司招聘岗位及职能一览表如表4-9所示。

表4-9　HGB公司招聘岗位及职责一览表

序号	岗位名称	岗位职责	任职资格
1	顺酐装置操作工	（1）在操作班长的领导下具体执行生产作业操作和设备的维护保养工作； （2）服从上级领导的工作指令和安全管理人员的监督和工作安排； （3）遵守相关法律法规和公司的各项管理制度，严格执行安全操作规程和设备的维护规程，并按规定做好相应的操作记录和维护记录； （4）负责顺酐装置各工段DCS的工艺操作，及时处理各种报警，当电脑出现异常状况或故障，要立即汇报，迅速处理，保障室内仪表设备正常运行； （5）积极参加公司、部门、班组组织的各种安全活动和安全知识培训； （6）履行应急预案中规定的岗位职责，平时按规定参加应急演练	一、学历要求：大专 二、专业要求：化工设备、应用化工、化学工程等相关专业 三、专业技能要求： （1）熟悉顺酐装置化工工艺流程、压力容器、电气系统、换热系统、控制系统等安全和操作； （2）理论基础扎实，能够通过持续学习不断提升专业素质； （3）有建厂和现场施工管理经历者优先考虑； （4）HSE管理 四、工作经验： （1）3年以上顺酐类似装置工作经验； （2）1年以上顺酐装置反应主操岗位经历； （3）有新建项目工作经验者优先考虑 五、素养要求： （1）工作积极主动，细致认真，执行力强，责任心强； （2）具有良好的沟通能力，具有良好的职业道德和团队合作精神； （3）有较强的学习能力，不断学习新技术； （4）有较好的沟通能力和领悟能力； （5）能接受岗位调剂

续表

序号	岗位名称	岗位职责	任职资格
2	BDO（1,4-丁二醇）操作工	（1）在中控主操的领导下，负责生产工况的全面调整，保证工况稳定，确保设备安全平稳运行； （2）熟悉BDO车间工艺、设备情况、岗位操作法和安全技术规程，做到应用自如，及时发现现场存在的生产问题并向现场发出准确指令，快速判断DCS信号是否正确； （3）协助中控主操对所辖装置的DCS画面进行监控，每两小时做一次操作记录报表； （4）坚守岗位、服从命令、听从指挥、主动配合、精心操作、严格执行公司和车间的各项制度； （5）协助中控主操如实填写生产记录报表，认真进行交接班	一、学历要求：大专 二、专业要求：化学化工技术类 三、专业技能要求： （1）掌握BDO车间工艺流程、岗位关键点、主要工艺参数和控制指标； （2）掌握BDO车间安全操作规程、危险有害因素和预防控制措施； （3）掌握自救互救方法； （4）能独立进行操作，有一定的处理生产突发事故的能力； （5）掌握安全生产知识 四、工作经验：有1～3年相关工作经验 五、素养要求： （1）办事沉稳、细致，思维活跃，有创新精神； （2）有良好的团队合作精神； （3）与岗位相适应的组织协调能力、沟通表达能力、团队合作能力； （4）遵纪守法，作风正派，廉洁自律
3	丁二酸操作工	（1）在中控主操的领导下，负责生产工况的全面调整，保证工况稳定，确保设备安全平稳运行； （2）熟悉丁二酸车间工艺、设备情况、岗位操作法和安全技术规程，做到应用自如，及时发现现场存在的生产问题并向现场发出准确指令，快速判断DCS信号是否正确； （3）协助中控主操对所辖装置的DCS画面进行监控，每两小时做一次操作记录报表； （4）坚守岗位、服从命令、听从指挥、主动配合、精心操作、严格执行公司和车间的各项制度； （5）协助中控主操如实填写生产记录报表，认真进行交接班	一、学历要求：大专 二、专业要求：化学化工技术类 三、专业技能要求： （1）掌握丁二酸车间工艺流程、岗位关键点、主要工艺参数和控制指标； （2）掌握丁二酸车间安全操作规程、危险有害因素和预防控制措施； （3）掌握自救互救方法； （4）能独立进行操作，有一定的处理生产突发事故的能力； （5）掌握安全生产知识 四、工作经验：有1～3年相关工作经验 五、素养要求： （1）办事沉稳、细致，思维活跃，有创新精神； （2）有良好的团队合作精神； （3）与岗位相适应的组织协调能力、沟通表达能力、团队合作能力； （4）遵纪守法，作风正派，廉洁自律

序号	岗位名称	岗位职责	任职资格
4	化工安全工程师	（1）协助部门领导做好公司整体安全管理工作； （2）监督指导各部门、车间安全管理工作，并协助解决存在的问题； （3）组织或者参与拟定本单位安全生产规章制度、操作规程和生产安全事故应急救援预案； （4）组织或者参与本单位安全生产教育和培训，如实记录安全生产教育和培训情况； （5）督促落实本单位重大危险源的安全管理措施； （6）组织或者参与本单位应急救援演练； （7）检查本单位的安全生产状况，及时排查生产安全事故隐患，提出改进安全生产管理的建议； （8）制止和纠正违章指挥、强令冒险作业、违反操作规程的行为； （9）督促落实本单位安全生产整改措施	一、学历要求：本科 二、专业要求：安全工程、消防工程、化学工程、能源等相关专业 三、专业技能要求： （1）取得注册安全工程师资格证书； （2）化工安全隐患排查； （3）掌握化工安全事故处理； （4）熟悉使用化工CAD、HAZOP分析软件等优先 四、工作经验：具备5年及以上化工行业安全或生产管理从业经验 五、素养要求： （1）具有严格的遵规守纪意识； （2）具有强烈的化工安全生产责任感； （3）具有良好的团队协作能力； （4）有责任心； （5）有较强的学习能力，不断学习新技术； （6）有较好的沟通能力和领悟能力

HGC公司招聘岗位及职责一览表如表4-10所示。

表4-10　HGC公司招聘岗位及职责一览表

序号	岗位名称	岗位职责	任职资格
1	水处理操作工（工作地点：国外）	（1）负责水处理装置日常巡检、维护工作，做好所有操作前和操作后的确认； （2）配合和执行班长及部门领导关于生产、安全、管理等方面指令； （3）认真做好本岗位的安全运行工作	一、学历要求：大专 二、专业要求：化工工艺等石油化工相关专业 三、专业技能要求： （1）熟练掌握水处理装置流程及操作技能、装置设备的维护保养。 （2）具有较强的水处理生产异常判断和处理能力。 （3）具有一定的英语沟通能力 四、工作经验：有1～2年以上石油化工相关工作经验

序号	岗位名称	岗位职责	任职资格
1	水处理操作工（工作地点：国外）	（1）负责水处理装置日常巡检、维护工作，做好所有操作前和操作后的确认； （2）配合和执行班长及部门领导关于生产、安全、管理等方面指令； （3）认真做好本岗位的安全运行工作	五、素养要求： （1）工作积极主动，细致认真，执行力强，责任心强； （2）具有良好的沟通能力，具有良好的职业道德和团队合作精神； （3）身体健康，能适应长期国外工作
2	加氢裂化工艺工程师（工作地点：国外）	（1）负责编制装置的生产方案，制（修）订工艺卡片、工艺技术操作规程，编写各类技术总结以及工艺技术报表、台账； （2）编写装置的开停工方案、网络计划，协助设备技术员编写所辖装置的检修计划，负责做好所辖装置的开停工，确保开停工安全、平稳、按时进行，并及时编写开停工总结； （3）负责指挥和指导班组人员做好装置的各类操作变动、危险操作和关键操作保证装置的安全生产； （4）每日、每周、每月对装置生产工艺、产品质量、报警联锁、节能降耗、工艺纪律、交接班内容等进行检查，定期进行工艺技术分析，及时掌握装置生产情况，有效解决日常生产问题，确保所辖装置的安全、平稳、高效运行； （5）按时完成上级布置的其他工作任务	一、学历要求：本科 二、专业要求：炼油化工相关专业 三、专业技能要求： （1）4年及以上炼化企业生产操作及相关管理工作经验，其中2年及以上加裂及同类装置工作经验。 （2）熟练掌握装置工艺流程及工艺技术，具备各类突发事故的应急预案和异常事故的应急处理能力。 （3）一定的英语表达能力，能适应长期海外工作。 （4）掌握安全生产知识 四、工作经验：有4年相关工作经验 五、素养要求： （1）办事沉稳、细致，思维活跃，有创新精神； （2）有良好的团队合作精神； （3）与岗位相适应的组织协调能力、沟通表达能力、团队合作能力； （4）遵纪守法，作风正派，廉洁自律

序号	岗位名称	岗位职责	任职资格
3	环保工程师（工作地点：国外）	（1）参与各类环保管理制度的编制与监督执行； （2）配合合规性手续办理； （3）参与环境应急管理，监督"三废"合规处置、达标排放与考核； （4）协调解决生产过程中出现的各类环保问题，开展日常与定期环保检查，以及环保数据的收集、分析、统计等工作； （5）参与与其他国家环保相关部门的沟通与协调	一、学历要求：本科 二、专业要求：炼油化工或环境工程相关专业 三、专业技能要求： （1）熟悉HSE体系和GB 24001环境管理体系，熟练应用HSE管理知识，精通炼化相关环保技术； （2）具有良好的英语沟通能力； （3）掌握自救互救方法； （4）能独立进行操作，有一定的处理生产突发事故的能力； （5）掌握安全生产知识 四、工作经验：有6年相关工作经验 五、素养要求： （1）办事沉稳、细致，思维活跃，有创新精神； （2）具有较强的组织协调能力、分析判断能力和人际沟通能力； （3）遵纪守法，作风正派，廉洁自律
4	加氢裂化主操/副操（工作地点：国外）	（1）完成加氢裂化装置生产方法工艺流程图识读； （2）正确在班组长指导下进行加氢裂化操作； （3）每日、每周、每月对装置生产工艺、产品质量、报警联锁、节能降耗、工艺纪律、交接班内容等进行检查，定期进行工艺技术分析，及时掌握装置生产情况，有效解决日常生产问题，确保所辖装置的安全、平稳、高效运行； （4）按时完成上级布置的其他工作任务	一、学历要求：高中、技校 二、专业要求：石油化工等相关专业 三、专业技能要求： （1）熟悉加氢裂化的流程和操作，并具有独立操作能力； （2）掌握加氢裂化应急预案，具有能及时判断和处理生产过程中出现的突发异常或突发事故的能力； （3）有较强的安全防护意识，会正确使用劳动安全防护用品，会正确使用基本消防器材； （4）具有一定的英语沟通能力 四、工作经验：有3年以上炼化企业生产操作及相关工作经验 五、素养要求： （1）具有良好的语言能力和人际交往能力，能准确、清晰地表达自己的想法； （2）具有良好的团队协作能力； （3）有责任心； （4）身体健康，可适应长期国外工作

序号	岗位名称	岗位职责	任职资格
5	加氢精制操作工（主操/副操）（工作地点：国外）	（1）负责装置的平稳操作、应急处理； （2）负责装置的工艺控制指标和经济技术指标； （2）负责指挥外操做好生产操作工作	一、学历要求：大专 二、专业要求：石油炼制、化学工程、化学工艺等相关专业 三、专业技能要求： （1）熟悉加氢精制的流程和操作，并具有独立操作能力； （2）掌握加氢精制应急预案，具有能及时判断和处理生产过程中出现的突发异常或突发事故的能力； （3）有较强的安全防护意识，会正确使用劳动安全防护用品，会正确使用基本消防器材； （4）具有一定的英语沟通能力 四、工作经验：5年以上石油化工生产操作经验，其中3年以上相似或相同装置操作经验 五、素养要求： （1）具有良好的语言能力和人际交往能力，能准确、清晰地表达自己的想法； （2）具有良好的团队协作能力； （3）有责任心； （4）身体健康，可适应长期国外工作
6	空分空压主操/副操（工作地点：国外）	（1）负责执行本岗位工艺开、停车及异常状况下工艺处理； （2）严格巡回检查、点检，接受本部门安排的各项安全、操作技能培训； （3）完成汽轮机、空压机等设备启停操作	一、学历要求：大专 二、专业要求：石油炼制、化学工程、化学工艺等相关专业 三、专业技能要求： （1）熟练掌握汽轮机、空压机等设备启停操作和工作原理； （2）有较强的安全防护意识，会正确使用劳动安全防护用品，会正确使用基本消防器材； （3）具有一定的英语沟通能力 四、工作经验：从事空分行业2年以上 五、素养要求： （1）具有良好的语言能力和人际交往能力，能准确、清晰地表达自己的想法； （2）具有良好的团队协作能力； （3）有责任心； （4）身体健康，可适应长期国外工作

序号	岗位名称	岗位职责	任职资格
7	常减压主操/副操（工作地点：国外）	（1）认真做好交接班，做好加热炉、初馏塔、常压塔、烟气预热回收系统、公用系统的操作； （2）控制炉温、塔压、流量等工艺操作参数达标； （3）负责做好减压系统平稳操作，特别要控制好各集油箱液面和各汽提塔液面，流量调节要平缓以防冻凝管线； （4）注意监屏，确保减压系统正常，确保各类仪表正常运行，有异常联系仪表维护或生产调度室，并及时汇报班长	一、学历要求：高中、技校 二、专业要求：石油化工相关专业 三、专业技能要求： （1）熟悉常减压装置的流程和操作，并具有独立操作能力； （2）掌握常减压装置应急预案，具有能及时判断和处理生产过程中出现的突发异常或突发事故的能力； （3）有较强的安全防护意识，会正确使用劳动安全防护用品，会正确使用基本消防器材； （4）具有一定的英语沟通能力 四、工作经验：3年以上炼化企业生产操作及相关工作经验 五、素养要求： （1）具有良好的语言能力和人际交往能力，能准确、清晰地表达自己的想法； （2）具有良好的团队协作能力； （3）有责任心； （4）身体健康，可适应长期国外工作
8	锅炉主操/副操（工作地点：国外）	（1）负责锅炉装置的开、停车及工艺处理，认真做好巡查、点检等工作； （2）负责完成分管设备及系统的交、接班前的检查； （3）认真准确地填写运行日志、日报，详细记录检修工作、运行方式、值班中发生的重要事件和重大操作等情况； （4）所辖设备发生事故或异常运行状态时，应立即向班长、值长汇报并迅速、果断、正确地按规程有关规定处理	一、学历要求：高中、技校 二、专业要求：石油化工相关专业 三、专业技能要求： （1）熟悉循环流化床锅炉工艺流程和操作，对锅炉附属脱硫、脱硝系统了解； （2）有较强的安全防护意识，会正确使用劳动安全防护用品，会正确使用基本消防器材； （3）具有一定的英语沟通能力 四、工作经验：3年及以上电厂或炼化企业生产操作及相关工作经验 五、素养要求： （1）具有良好的语言能力和人际交往能力，能准确、清晰地表达自己的想法； （2）具有良好的团队协作能力； （3）有责任心； （4）身体健康，可适应长期国外工作

续表

序号	岗位名称	岗位职责	任职资格
9	芳烃/重整操作工（工作地点：国外）	（1）负责芳烃/重整装置的开、停车及工艺处理，认真做好巡查、点检等工作； （2）负责完成分管设备及系统的交、接班前的检查； （3）认真准确地填写运行日志、日报，详细记录检修工作、运行方式、值班中发生的重要事件和重大操作等情况； （4）所辖设备发生事故或异常运行状态时，应立即向班长、值长汇报并迅速、果断、正确地按规程有关规定处理	一、学历要求：高中、技校 二、专业要求：石油化工相关专业 三、专业技能要求： （1）熟悉芳烃/重整工艺流程和操作； （2）有较强的安全防护意识，会正确使用劳动安全防护用品，会正确使用基本消防器材； （3）具有一定的英语沟通能力 四、工作经验：3年及以上芳烃/重整企业生产操作及相关工作经验 五、素养要求： （1）具有良好的语言能力和人际交往能力，能准确、清晰地表达自己的想法； （2）具有良好的团队协作能力； （3）有责任心； （4）身体健康，可适应长期国外工作
10	加氢裂化工艺工程师（工作地点：国外）	（1）负责编制加氢裂化装置的生产方案，制（修）订工艺卡片、工艺技术操作规程，编写各类技术总结以及工艺技术报表、台账； （2）负责做好所辖装置的开停工，确保开停工安全、平稳、按时进行，并及时编写开停工总结； （3）负责指挥和指导班组人员做好装置的各类操作变动、危险操作和关键操作保证装置的安全生产； （4）每日、每周、每月对加氢裂化装置生产工艺、产品质量、报警联锁、节能降耗、工艺纪律、交接班内容等进行检查，定期进行工艺技术分析，及时掌握装置生产情况	一、学历要求：本科 二、专业要求：石油炼制、化学工程、化学工艺等相关专业 三、专业技能要求： （1）熟练掌握装置工艺流程及工艺技术，具备各类突发事故的应急预案和异常事故的应急处理能力； （2）掌握加氢精制应急预案，具有能及时判断和处理生产过程中出现的突发异常或突发事故的能力； （3）有较强的安全防护意识，会正确使用劳动安全防护用品，会正确使用基本消防器材； （4）具有一定的英语沟通能力 四、工作经验：4年及以上炼化企业生产操作及相关管理工作经验，其中2年及以上加裂及同类装置工作经验 五、素养要求： （1）具有良好的团队协作能力； （2）有责任心； （3）身体健康，可适应长期国外工作

HGD公司招聘岗位及职责一览表如表4-11所示。

表4-11　HGD公司招聘岗位及职责一览表

序号	岗位名称	岗位职责	任职资格
1	BDO车间现场副操	（1）在现场主操的指令下，配合主操完成生产调节，保证生产安全稳定运行； （2）完成一小时巡检一次的巡检任务，检查本岗位设备、仪表、电气运行状况，检查温度、压力、液位是否正常，并做好巡检记录； （3）熟悉BDO装置工艺、设备情况、岗位操作法和安全技术规程等，做到应用自如； （4）坚守岗位、服从命令、听从指挥、主动配合、精心操作、严格执行公司和车间的各项制度； （5）在发生事故时，在现场主操的带领下，按照事故预案正确处理，及时、如实向值班长报告，并保护现场，做好详细记录； （6）如实填写生产记录报表，认真进行交接班； （7）严格执行岗位操作规程，配合现场主操做好设备操作； （8）将巡检中发现的异常现象、隐患，按照巡检制度及时处理或上报； （9）完成班长或现场主操安排的现场操作任务； （10）完成本装置所辖区域的卫生清洁工作，保持作业环境整洁，做到安全文明生产； （11）参加车间的技术培训； （12）完成领导交办的其他工作	一、学历要求：中专及以上学历 二、专业要求：化工生产技术、化工工艺及相关专业 三、专业技能要求： （1）掌握车间基本工艺流程、岗位关键点、主要工艺参数和控制指标； （2）掌握车间安全操作规程、危险有害因素和预防控制措施； （3）掌握自救互救知识，熟悉现场岗位操作法，能独立进行操作，有一定的处理生产突发事故的能力 四、工作经验：半年以上化工生产操作经验 五、素养要求： （1）办事沉稳、细致，思维活跃，有创新精神，有良好的团队合作精神； （2）工作积极主动，执行力强，责任心强； （3）具有良好的沟通能力，具有良好的职业道德和团队合作精神
2	BDO车间现场主操	（1）在中控主操的指令下，配合主操完成生产调节，保证生产安全稳定运行； （2）完成一小时巡检一次的巡检任务，检查本岗位设备、仪表、电气运行状况，检查温度、压力、液位是否正常，并做好巡检记录； （3）熟悉BDO装置工艺、设备情况、岗位操作法和安全技术规程等，做到应用自如； （4）坚守岗位、服从命令、听从指挥、主动配合、精心操作、严格执行公司和车间的各项制度；	一、学历要求：中专及以上学历 二、专业要求：化工生产技术、化工工艺及相关专业 三、专业技能要求： （1）掌握车间基本工艺流程、岗位关键点、主要工艺参数和控制指标； （2）掌握车间安全操作规程、危险有害因素和预防控制措施； （3）掌握自救互救知识，熟悉现场岗位操作法，能独立进行操作，有一定的处理生产突发事故的能力

续表

序号	岗位名称	岗位职责	任职资格
2	BDO车间现场主操	（5）在发生事故时，按照事故预案正确处理，及时、如实向值班长报告，并保护现场，做好详细记录； （6）如实填写生产记录报表，认真进行交接班； （7）严格执行岗位操作规程，配合中控主操控制好各项工艺指标； （8）将巡检中发现的异常现象、隐患，按照巡检制度及时处理或上报； （9）完成值班长安排的现场操作任务； （10）完成本装置所辖区域的卫生清洁工作，保持作业环境整洁，做到安全文明生产； （11）参加车间的技术培训； （12）完成领导交办的其他工作	四、工作经验：半年以上化工生产操作经验 五、素养要求： （1）办事沉稳、细致，思维活跃，有创新精神，有良好的团队合作精神； （2）工作积极主动，执行力强，责任心强； （3）具有良好的沟通能力，具有良好的职业道德和团队合作精神
3	BDO车间中控副操	（1）在中控主操的领导下，负责生产工况的全面调整，保证工况稳定，确保设备安全平稳运行； （2）高度熟悉BDO车间工艺、设备情况、岗位操作法和安全技术规程，做到应用自如，及时发现现场存在的生产问题并向现场发出准确指令，快速判断DCS信号是否正确； （3）协助中控主操对所辖装置的DCS画面进行监控，每两小时做一次操作记录报表； （4）坚守岗位、服从命令、听从指挥、主动配合、精心操作、严格执行公司和车间的各项制度； （5）协助中控主操如实填写生产记录报表，认真进行交接班； （6）检查各项工艺指标，对超标现象要及时调整，对工艺指标的执行情况要负全部责任； （7）协助中控主操处理监盘过程中发现的异常现象，联系岗位相关工作人员检查现场情况，并做出判断，对可处理的问题及时处理，权限范围外的问题及时上报； （8）对岗位突出问题及时上报，必要时有权自行组织处理，避免事故发生，有权拒绝执行任何违反操作原则的错误指令；	一、学历要求：中专及以上学历 二、专业要求：化工生产技术、化工工艺及相关专业 三、专业技能要求： （1）掌握BDO车间工艺流程、岗位关键点、主要工艺参数和控制指标，掌握车间安全操作规程和危险有害因素和预防控制措施； （2）掌握自救互救方法，能独立进行操作，有一定的处理生产突发事故的能力，掌握安全生产知识 四、工作经验：1年以上化工生产操作经验

续表

序号	岗位名称	岗位职责	任职资格
3	BDO车间中控副操	（9）DCS显示工艺或设备异常时，协助中控主操通知现场，做好中控室与现场间的联系和协调；若有较大问题及时通知有关专业人员处理，并向班长或有关领导汇报； （10）完成本装置所辖区域的卫生清洁工作，保持作业环境整洁，做到安全文明生产； （11）参加车间的技术培训； （12）完成领导交办的其他工作	五、素养要求： （1）办事沉稳、细致，思维活跃，有创新精神； （2）具有较强的组织协调能力、分析判断能力和人际沟通能力； （3）遵纪守法，作风正派，廉洁自律
4	BDO车间中控主操	（1）在当班班长的领导下，负责生产工况的全面调整，保证工况稳定，确保设备安全平稳运行； （2）高度熟悉BDO车间工艺、设备情况、岗位操作法和安全技术规程，做到应用自如，及时发现现场存在的生产问题并向现场发出准确指令，快速判断DCS信号是否正确； （3）对所辖装置的DCS画面进行监控，每两小时做一次操作记录报表； （4）坚守岗位、服从命令、听从指挥、主动配合、精心操作、严格执行公司和车间的各项制度； （5）如实填写生产记录报表，认真进行交接班； （6）检查各项工艺指标，对超标现象要及时调整，对工艺指标的执行情况要负全部责任； （7）协助班长处理监盘过程中发现的异常现象，联系岗位相关工作人员检查现场情况，并做出判断，对可处理的问题及时处理，权限范围外的问题及时上报； （8）对岗位突出问题及时上报，必要时有权自行组织处理，避免事故发生，有权拒绝执行任何违反操作原则的错误指令； （9）DCS显示工艺或设备异常时，通知现场，做好中控与现场间的联系和协调；若有较大问题及时通知有关专业人员处理，并向班长或有关领导汇报； （10）完成本装置所辖区域的卫生清洁工作，保持作业环境整洁，做到安全文明生产； （11）参加车间的技术培训； （12）完成领导交办的其他工作	一、学历要求：中专及以上学历 二、专业要求：化工生产技术、化工工艺及相关专业 三、专业技能要求： （1）掌握BDO车间工艺流程、岗位关键点、主要工艺参数和控制指标，掌握车间安全操作规程、危险有害因素和预防控制措施； （2）掌握自救互救方法，能独立进行操作，有一定的处理生产突发事故的能力；掌握安全生产知识 四、工作经验：1年以上化工生产操作经验 五、素养要求： （1）办事沉稳、细致，思维活跃，有创新精神； （2）具有较强的组织协调能力、分析判断能力和人际沟通能力； （3）遵纪守法，作风正派，廉洁自律

续表

序号	岗位名称	岗位职责	任职资格
5	BDO车间副班长	（1）进行交接班前巡检，了解装置运行情况后，协助班长召开班前、班后会，对班组操作人员进行工作安排、协调及安全操作告知，使本班组成员进入安全工作状态； （2）协助班长负责组织班组的生产和工艺管理； （3）协助班长负责本班组的安全生产、现场管理、节能降耗、环保、考勤、质量管理及劳动纪律等工作； （4）协助班长对本班组人员进行管理考核，合理分配本班组员工工作，并将目标分解到个人； （5）协助班长负责装置的正常运行，包括BDO中控室操作和现场操作； （6）严格执行岗位操作规程，根据工况随时调整装置的各项指标，确保生产安全； （7）当班期间必须坚持各岗位巡检，对工艺参数和设备的运行情况进行了解，发现问题及时组织协调处理，必要时向有关领导汇报； （8）协助班长开展技术革新、岗位练兵及合理化建议活动，努力提高产品质量和产品收率，组织本班组的培训学习； （9）协助班长处理本岗位的各类意外事故，力争将事故损失率降到最低； （10）出现事故停车，要作好分析，协助指挥本班人员恢复生产正常； （11）协助班长负责管理好各岗位的设备、专用工器具、消防和防护器材； （12）关心班组员工生活，搞好岗位团结，增强班组的凝聚力和战斗力； （13）认真进行交接班记录的填写和亲自对各岗位报表进行检查和签名； （14）按照设备检修、维修制度的规定，办理各类工作票，保证检修、维修程序按制度执行； （15）完成领导交办的其他工作	一、学历要求：大专及以上学历 二、专业要求：化工生产技术、化工工艺及相关专业 三、专业技能要求： （1）掌握基本工艺流程、岗位关键点、主要工艺参数和控制指标，掌握车间安全操作规程、危险有害因素和预防控制措施； （2）掌握自救互救方法，能独立进行操作，有一定的处理生产突发事故的能力，掌握安全生产知识 四、工作经验：1年以上BDO生产操作经验 五、素养要求： （1）办事沉稳、细致，思维活跃，有创新精神； （2）具有较强的组织协调能力、分析判断能力和人际沟通能力； （3）遵纪守法，作风正派，廉洁自律
6	BDO车间班长	（1）进行交接班前巡检，了解装置运行情况后，召开班前、班后会，对班组操作人员进行工作安排、协调及安全操作告知，使本班组成员进入安全工作状态；	一、学历要求：大专及以上学历 二、专业要求：化工生产技术、化工工艺及相关专业

序号	岗位名称	岗位职责	任职资格
6	BDO车间班长	（2）负责组织班组的生产和工艺管理； （3）对本班组的安全生产、现场管理、节能降耗、环保、考勤、质量管理及劳动纪律等全面负责； （4）对本班组人员进行管理考核，合理分配本班组员工工作，并将目标分解到个人； （5）负责装置的正常运行，包括BDO中控室操作和现场操作； （6）严格执行岗位操作规程，根据工况随时调整装置的各项指标，确保生产安全； （7）当班期间必须坚持各岗位巡检，对工艺参数和设备的运行情况进行了解，发现问题及时组织协调处理，必要时向有关领导汇报； （8）开展技术革新、岗位练兵及合理化建议活动，努力提高产品质量和产品收率，组织本班组的培训学习； （9）负责处理本岗位的各类意外事故，力争将事故损失率降到最低； （10）出现事故停车，要作好分析，指挥本班人员恢复生产正常； （11）负责管理好各岗位的设备、专用工器具、消防和防护器材； （12）关心班组员工生活，搞好岗位团结，增强班组的凝聚力和战斗力； （13）认真进行交接班记录的填写和亲自对各岗位报表进行检查和签名； （14）按照设备检修、维修制度的规定，办理各类工作票，保证检修、维修程序按制度执行； （15）完成领导交办的其他工作	三、专业技能要求： （1）熟练掌握装置工艺流程、岗位关键点、主要工艺参数和控制指标，掌握车间安全操作规程、危险有害因素和预防控制措施； （2）掌握自救互救方法，掌握安全生产知识 四、工作经验：2年以上BDO生产操作经验 五、素养要求： （1）办事沉稳、细致，思维活跃，有创新精神； （2）具有较强的组织协调能力、分析判断能力和人际沟通能力； （3）遵纪守法，作风正派，廉洁自律
7	BDO车间核算员	（1）宣传贯彻公司的人力资源管理制度； （2）严格遵守公司和车间各项规章制度； （3）对部门的资产进行日常管理，保证资产不流失； （4）负责车间劳动保护用品的计划编制、领用和发放工作； （5）协助车间设备工程师做好车间备件工作；	一、学历要求：大专及以上学历 二、专业要求：人力资源、财务、文秘相关专业 三、专业技能要求： （1）熟悉人力资源、统计、财务等相关管理知识； （2）掌握Word、Excel等办公软件，掌握档案管理知识； （3）熟练操作信息设备（如扫描仪、打印机、复印机、传真机）

续表

序号	岗位名称	岗位职责	任职资格
7	BDO车间核算员	（6）负责公司文件的传达及文件资料的整理工作； （7）协助车间主任抓好车间考勤、物资领用、劳动纪律工作； （8）协助车间主任做好成本核算和目标分解工作； （9）做好部门每月的各项申报计划； （10）完成领导交办的其他工作	四、工作经验：2年以上BDO生产操作经验 五、素养要求： （1）办事沉稳、细致，思维活跃，有创新精神； （2）具有较强的组织协调能力、分析判断能力和人际沟通能力； （3）遵纪守法，作风正派，廉洁自律
8	BDO车间安全员	（1）认真贯彻执行国家及公司有关安全生产方针、政策； （2）制订车间安全培训计划，并检查执行情况； （3）做好车间操作人员的安全教育培训和考核工作； （4）负责车间新员工的入厂安全教育培训工作； （5）负责车间安全装置、防护器具、消防器材的管理工作； （6）做好安全生产中规定资料的记录、收集、整理和保管，并建立安全管理台账； （7）配合安全环保部组织员工进行特种作业资格培训； （8）积极参加公司组织的事故调查； （9）负责外来人员安全教育工作； （10）完成领导及安全环保部交办的其他工作	一、学历要求：大专及以上学历 二、专业要求：化工生产技术、化工工艺专业及安全工程相关专业 三、专业技能要求： （1）熟悉本车间基本工艺流程、岗位关键点、主要工艺参数和控制指标； （2）掌握车间安全操作规程、危险有害因素和预防控制措施，掌握自救互救及应急处置措施。 四、工作经验：5年以上化工生产操作经历，其中1年以上安全管理工作经验 五、素养要求： （1）办事沉稳、细致，思维活跃，有创新精神； （2）具有较强的组织协调能力、分析判断能力和人际沟通能力； （3）遵纪守法，作风正派，廉洁自律
9	BDO车间设备工段长	（1）协助设备组长制订机械设备维护计划和备品备件计划； （2）组织、实施、监督设备日常保养维护工作； （3）协调、配合与监督设备检修工作； （4）负责车间各种设备使用者的技术培训； （5）负责车间的设备备品、备件的申报及领用；	一、学历要求：大专及以上学历 二、专业要求：化工机械及相关专业 三、专业技能要求： （1）精通BDO设备的维护和检修，熟悉本车间基本工艺流程、岗位关键点； （2）掌握车间安全操作规程、危险有害因素和预防控制措施，掌握自救互救及应急处置措施

续表

序号	岗位名称	岗位职责	任职资格
9	BDO车间设备工段长	（6）设备机械发生故障和损坏时，及时通知BDO车间维修； （7）组织班组做好设备卫生和所辖区域内的卫生； （8）组织设备事故调查、分析处理工作； （9）做好系统开、停车的技术指导和检修配合工作； （10）完成领导交办的其他工作	四、工作经验：3年以上设备管理工作经验 五、素养要求： （1）办事沉稳、细致，思维活跃，有创新精神； （2）具有较强的组织协调能力、分析判断能力和人际沟通能力； （3）遵纪守法，作风正派，廉洁自律
10	BDO车间工艺工段长	（1）编制所辖装置的开、停车方案、应急预案； （2）编写及修订所辖装置工艺操作规程； （3）编制所辖装置工艺指标、并对指标进行监督、检查、考核； （4）负责车间技术革新和技术改造具体实施工作； （5）按照培训计划，对操作人员进行各类技术培训及考核； （6）深入生产现场，了解生产、安全、环保技术方面存在的问题，并参与解决，适时提出修订工艺指标，编写工艺技术方案，认真进行经济活动分析，做好节能降耗工作； （7）做好系统开、停车的技术指导和检修配合工作； （8）完成领导交办的其他工作	一、学历要求：大专及以上学历 二、专业要求：化工技术类、化工工艺及相关专业 三、专业技能要求： （1）熟练掌握本车间工艺流程、岗位关键点、各项工艺参数和控制指标； （2）掌握车间安全操作规程、危险有害因素、预防控制措施，掌握自救互救及应急处置措施 四、工作经验：3年以上BDO生产工作经验 五、素养要求： （1）办事沉稳、细致，思维活跃，有创新精神； （2）具有较强的组织协调能力、分析判断能力和人际沟通能力； （3）遵纪守法，作风正派，廉洁自律
11	BDO车间设备副主任	（1）组织、实施、监督设备日常保养维护工作； （2）根据公司生产计划，组织制订车间设备检维修计划；执行好公司下发的各项设备大修、检修、安装、调试、保养计划； （3）严格按照安全操作规程和各项设备管理制度做好设备管理工作；	一、学历要求：大专及以上学历 二、专业要求：化工机械及相关专业 三、专业技能要求： （1）熟悉国家化工及危险化学品生产方面的政策法规； （2）熟悉公司各项规章制度及工作流程； （3）精通各类设备维护和检修工作；

续表

序号	岗位名称	岗位职责	任职资格
11	BDO车间设备副主任	（4）负责每周对设备的监督和考核，并对设备盘车、设备定期切换、设备缺陷记录进行按时检查，确保记录的准确无误，做好设备消缺工作； （5）组织编制检修材料与设备备品、备件需求计划并上报； （6）负责抓好员工设备操作技能培训工作； （7）检查设备运行、检修情况，检查各项记录和文明生产情况，发现问题及时解决； （8）解决车间设备、安全环保设施存在的问题，组织编写设备技术方案，并做好设备改造工作； （9）监督和教育各岗位员工自觉爱护设备、精心保养设备，贯彻设备安全操作规程和有关设备维修保养计划； （10）及时掌握员工思想动态，做好稳定员工队伍工作； （11）完成领导交办的其他工作	（4）熟悉车间各项工作流程及生产操作； （5）掌握生产作业管理知识技能； （6）熟悉生产规程以及质量标准； （7）掌握Word、Excel等办公软件 四、工作经验：5年以上设备管理工作经验 五、素养要求： （1）办事沉稳、细致，思维活跃，有创新精神； （2）具有较强的组织协调能力、分析判断能力和人际沟通能力； （3）遵纪守法，作风正派，廉洁自律
12	BDO车间工艺副主任	（1）协助车间主任做好车间的工艺技术管理工作； （2）认真贯彻和执行公司下达的各项生产任务和指令，强化工艺、劳动纪律，保质保量地完成车间各项生产任务； （3）组织做好车间的技术管理工作，组织做好车间工艺台账管理工作； （4）认真贯彻执行各项规章制度，把安全工作放在首位，带头执行上级命令，使安全工作真正落到实处； （5）组织制订车间工艺操作人员培训计划，监督培训实施过程，评价培训效果并进行反馈； （6）抓好车间安全生产和节能降耗工作，对车间生产成本进行分析和总结，并提出降耗措施； （7）组织开展岗位练兵活动，贯彻实施各类标准，实行规范化操作，加强车间的凝聚力和战斗力；	一、学历要求：大专及以上学历 二、专业要求：化工工艺及相关专业 三、专业技能要求： （1）熟悉国家化工及危险化学品生产方面的政策法规； （2）熟悉公司各项规章制度及工作流程； （3）熟悉本车间工艺的生产过程； （4）熟悉车间各项工作流程及生产操作； （5）掌握生产作业管理知识技能； （6）熟悉生产规程以及质量标准； （7）掌握Word、Excel等办公软件

续表

序号	岗位名称	岗位职责	任职资格
12	BDO车间工艺副主任	（8）经常对劳动纪律和人员在岗情况进行巡查，检查设备运行、检修情况，检查各项记录和文明生产情况，发现问题及时解决； （9）深入现场，解决车间生产工艺、安全环保等方面存在的技术问题，组织编写技术改造方案，并做好技术改造工作； （10）检查、落实车间各项制度、规程及工艺指标的执行情况，并负责考核员工的工作业绩； （11）及时掌握员工思想动态，做好稳定员工队伍工作； （12）完成领导交办的其他工作	四、工作经验：5年以上BDO生产管理工作经验 五、素养要求： （1）办事沉稳、细致，思维活跃，有创新精神； （2）具有较强的组织协调能力、分析判断能力和人际沟通能力； （3）遵纪守法，作风正派，廉洁自律
13	BDO车间主任	（1）组织编制车间生产操作规程和生产应急预案并组织实施； （2）根据公司设备管理相关规定，组织编制车间设备维修和保养管理制度并组织落实； （3）根据管理需要，组织编制车间内部行政管理制度并组织落实； （4）开展经常性的安全检查，控制关键要害部位，及时落实安全措施，整改隐患，严格执行操作规程，抓好车间安全、环保和健康工作，不断改善劳动条件，确保安全生产无事故； （5）严抓产品质量，加强经济管理，建立以质量和经济效益为中心的责任制、奖惩制； （6）根据公司生产计划，组织制定车间生产经营目标和生产计划并组织完成生产任务； （7）组织做好员工培训工作，积极组织开展劳动竞赛、技术练兵，不断提高员工业务素质和技术素质； （8）每月召开一次车间管理人员、技术人员、班组长会议，总结上月工作，布置本月任务，每周召开一次车间安全生产例会； （9）按照生产计划和调度指令，组织车间生产活动和生产物资采购活动； （10）加强车间团队建设，稳定员工队伍，激励及提升员工工作热情，营造良好工作氛围； （11）完成领导交办的其他工作	一、学历要求：大专及以上学历 二、专业要求：化工工艺及相关专业 三、专业技能要求： （1）熟悉国家化工及危险化学品生产方面的政策法规； （2）熟悉公司各项规章制度及工作流程； （3）熟悉所在车间的生产过程，熟悉车间各项工作流程及生产操作； （4）掌握生产作业管理知识技能，熟悉生产规程以及质量标准； （5）掌握Word、Excel等办公软件 四、工作经验：6年以上BDO生产管理工作经验 五、素养要求： （1）办事沉稳、细致，思维活跃，有创新精神； （2）具有较强的组织协调能力、分析判断能力和人际沟通能力； （3）遵纪守法，作风正派，廉洁自律

四、专业目标培养岗位分析

（一）化工与新材料类岗位评价标准建立

化工与新材料类岗位评价标准的建立是一个系统性工程，它涉及多个维度，旨在全面、客观地评估员工的工作表现、专业能力和职业素养。表4-12为一个可行的评价标准框架。

表4-12　评价指标列表

序号	评价维度	评价细则
1	基本素质	（1）教育背景：考察员工的学历、专业是否与化工或新材料领域相关，以及是否具备必要的专业知识和技能基础。 （2）工作经验：评估员工在化工或新材料行业的从业年限、过往项目经验、成果，以及是否具备解决复杂问题的能力。 （3）职业道德：考查员工是否遵守行业规范、公司规章制度，以及是否具备诚信、责任和团队合作精神
2	专业技能	（1）理论知识：评估员工对化工原理、新材料制备、化学反应工程等基础理论知识的掌握程度。 （2）操作技能：针对生产、研发、检测等岗位，考查员工的实际操作技能、设备使用熟练度及实验数据分析能力。 （3）创新能力：鼓励员工在工艺改进、新产品研发、节能减排等方面提出创新思路和实施方案
3	工作绩效	（1）工作数量：根据岗位特点，设定合理的工作量指标，如生产任务完成量、研发项目数量等。 （2）工作质量：关注产品的合格率、研发项目的成功率、客户满意度等关键质量指标。 （3）工作效率：评估员工在规定时间内完成任务的速度和效率，以及是否能够合理安排工作进度
4	职业发展	（1）学习成长：考查员工是否积极参加培训、学习新知识，以及是否具备自我提升和持续学习的能力。 （2）职业规划：鼓励员工制订个人职业发展规划，评估其职业发展目标与公司战略方向的契合度。 （3）领导力与团队协作：针对管理岗位，评估员工的领导能力、团队协作能力以及在团队中的影响力
5	安全环保	（1）安全意识：考查员工是否严格遵守安全生产规章制度，是否具备应对突发事件的能力。 （2）环保行为：评估员工在节能减排、资源循环利用、废弃物处理等方面的环保意识和行为

续表

序号	评价维度	评价细则
6	综合评价	（1）定量评价与定性评价相结合：通过设定明确的量化指标（如工作量、合格率等）进行定量评价，同时结合工作态度、创新能力等难以量化的方面进行定性评价。 （2）360度反馈评价：邀请员工的上级、同事、下属及客户进行全方位评价，以获取更全面的反馈。 （3）定期评价与即时评价相结合：定期进行综合评价，同时针对重大项目、突发事件等及时进行评价和调整
7	实施与监督	（1）明确评价标准：确保评价标准清晰、具体、可操作，便于员工理解和执行。 （2）加强沟通与反馈：建立有效的沟通机制，及时将评价结果反馈给员工，并鼓励员工提出意见和建议。 （3）持续改进与优化：根据评价结果和实际情况，不断调整和完善评价标准和方法，以适应公司发展和员工成长的需要

（二）化工与新材料类专业目标培养岗位的确定

化工与新材料类专业目标培养的岗位通常涉及多个领域，包括化工、材料、能源、环保等。表4-13是对这些专业高职专科层次目标培养岗位的详细归纳。

表4-13　专业培养目标的主要岗位

序号	专业名称	培养目标	主要岗位
1	应用化工技术	培养能够践行社会主义核心价值观，传承技能文明，德智体美劳全面发展，具有一定的科学文化水平，良好的人文素养、科学素养、数字素养、职业道德、创新意识，爱岗敬业的职业精神和精益求精的工匠精神，较强的就业创业能力和可持续发展的能力，掌握本专业知识和技术技能，具备职业综合素质和行动能力，面向化学原料及化学制品制造行业的化工生产现场操作员、化工生产中控操作员、化工生产班组长、化工工艺技术员等职业，能够从事化工生产操作与控制、生产管理和工艺优化等工作的高技能人才	化工生产现场操作员、化工生产中控操作员、化工工艺技术员
2	精细化工技术	培养德智体美劳全面发展，掌握扎实的科学文化基础和精细化学品原料处理、绿色生产、DCS控制、产品性能测试及企业管理等知识，具备精细化工生产、产品性能测试、精细化学品配制及配方初步优化、数据分析应用等能力，具有工匠精神和信息素养，能够从事精细化工生产控制、配制及配方优化、分离精制、品质控制、产品营销等工作的高技能人才	精细化学品工艺员、有机合成工、涂料检测员

续表

序号	专业名称	培养目标	主要岗位
3	高分子材料智能制造技术	培养能够践行社会主义核心价值观，传承技能文明，德智体美劳全面发展，具有一定的科学文化水平，良好的人文素养、科学素养、数字素养、职业道德、创新意识、爱岗敬业的职业精神和精益求精的工匠精神，较强的就业创业能力和可持续发展的能力，掌握本专业知识和技术技能，具备职业综合素质和行动能力，面向橡胶和塑料制品行业的橡胶和塑料制品制造人员、橡胶及塑料工程技术人员等职业，能够从事高分子制品的生产与管理、品质管控、配方与工艺优化等工作的高技能人才	高分子材料成型加工生产操作工、高分子材料检测员、高分子材料工艺员
4	化工智能制造技术	培养能够践行社会主义核心价值观，传承技能文明，德智体美劳全面发展，具有一定的科学文化水平，良好的人文素养、科学素养、数字素养、职业道德、创新意识、爱岗敬业的职业精神和精益求精的工匠精神，较强的就业创业能力和可持续发展的能力，掌握本专业知识和技术技能，具备职业综合素质和行动能力，面向化学原料及化学制品制造行业的化工产品生产通用工艺人员、基础化学原料制造人员、化学肥料生产人员、化工生产工程技术人员等职业，能够运用智能化技术从事化工生产操作与控制、工艺运行和生产技术管理、大数据系统运维和管理等工作的高技能人才	化工智能设备运维工程师、化工智能生产线管理员、化工总控工
5	分析检验技术	培养能够践行社会主义核心价值观，传承技能文明，德智体美劳全面发展，具有一定的科学文化水平，良好的人文素养、科学素养、数字素养、职业道德、创新意识、爱岗敬业的职业精神和精益求精的工匠精神，较强的就业创业能力和可持续发展的能力，掌握本专业知识和技术技能，具备职业综合素质和行动能力，面向化学原料和化学制品制造业、专业技术服务业等行业的检验、检测和计量服务、检验试验等岗位（群），能够从事样品采集、常规检测分析、自动监测/在线分析系统运维、质量控制等工作的高技能人才	采样员、常规检测分析技术员、自动监测/在线分析运维工

五、典型岗位工作任务与职业能力要求分析

结合2019—2024年学校自身情况与大数据分析结果，基于互联网上公开的化工产业人才招聘信息中的"岗位职责描述"和"任职要求"，选取化工生产现场操作员、化工生产中控操作员、化工智能设备运维工程师、精细化学品工艺

员、在线分析运维技术员共五个岗位进行岗位工作任务与职业能力要求分析。为了使读者更清晰地理解工作任务、职业能力、普适度、要求指数的含义，下面对这四个指标做进一步的解释说明，如表4-14所示。

表4-14　岗位工作任务与职业能力要求相关指标说明

序号	指标	指标解释
1	工作任务	指该岗位的工作流程、步骤和具体职责
2	职业能力	指运用知识和技能解决工作中实际问题的能力，包括工作标准的把握、工作方法的运用、工具的使用、劳动材料的选择等
3	普适度	普适度（0%～100%）：体现该条岗位任务或岗位能力是否普遍存在。高（90%～100%），较高（70%～90%），一般（50%～70%），较低（30%～50%），低（0%～30%）
4	要求指数	要求指数（0～100）：体现胜任该岗位工作要求，掌握该条岗位能力的程度，数值越大，要求掌握的程度越深。高（85～100），较高（70～85），一般（50～70），较低（30～50），低（0～30）

（一）化工生产现场操作员工作任务与职业能力要求分析（表4-15）

表4-15　化工生产现场操作员工作任务与职业能力要求分析表

类型	任务及能力类别	任务及能力要求	普适度	要求指数
工作任务要求	生产操作与监控	按照操作规程完成投料、反应、分离、精制等工序操作	90%～100%	85～100
		实时监控DCS控制系统参数（温度、压力、流量等），及时调整至工艺范围内	90%～100%	85～100
		记录生产数据，识别异常现象（如仪表波动、设备异响）	90%～100%	85～100
	设备维护与点检	负责反应釜、泵、阀门、管道等设备的日常巡检与简单维护（如润滑、紧固）	90%～100%	85～100
		协助处理设备故障，参与定期检修	70%～90%	70～85
	安全与应急管理	执行安全规范（如动火作业、受限空间进入许可）	90%～100%	85～100
		处理突发事故（泄漏、火灾等），启动应急预案（紧急停车、疏散等）	70%～90%	85～100

续表

类型	任务及能力类别	任务及能力要求	普适度	要求指数
工作任务要求	安全与应急管理	正确使用防护用品（防毒面具、呼吸器等）和消防器材	90%～100%	85～100
	质量控制与环保	取样送检，确保产品符合质量标准	50%～70%	70～85
		处理"三废"（废气、废水、废渣），符合环保要求	50%～70%	70～85
	协作与沟通	与工艺工程师、维修团队、班组成员协调工作	90%～100%	70～85
		交接班时清晰传递生产状态与待解决问题	90%～100%	70～85
职业能力要求	专业知识与技能	化工基础：掌握化工原理（如传热、传质）、常见反应类型（聚合、氧化等）	90%～100%	85～100
		工艺理解：熟悉本企业生产流程、工艺卡片关键参数	90%～100%	85～100
		设备知识：了解泵、压缩机、换热器等设备工作原理	90%～100%	85～100
		安全标准：精通《化学品生产单位特殊作业安全规范》等法规	50%～70%	70～85
	核心能力	操作技能：熟练操作DCS系统、手动阀门调节、采样分析工具	70%～90%	70～85
		应急处置：能快速判断事故等级并采取隔离、泄压等措施	90%～100%	70～85
		问题诊断：通过参数趋势分析潜在故障（如催化剂失活、管道堵塞）	70%～90%	50～70
	职业素养	安全意识：坚持"安全第一"，杜绝违章操作	90%～100%	85～100
		责任心：对数据记录、巡检细节高度负责	90%～100%	85～100
		团队协作：在高压环境下与团队高效配合	70%～90%	70～85
		持续学习：适应新工艺、新设备的技术更新	70%～90%	50～70

续表

类型	任务及能力类别	任务及能力要求	普适度	要求指数
职业能力要求	资质与身体条件	持证要求：特种作业操作证（如危险化学品作业）、压力容器操作证等	50%～70%	85～100
		体能要求：适应倒班工作，具备耐酸碱、耐高温等作业身体素质	30%～50%	30～50

（二）化工生产中控操作员工作任务与职业能力要求分析（表4-16）

表4-16　化工生产中控操作员工作任务与职业能力要求分析表

类型	任务及能力类别	任务及能力要求	普适度	要求指数
工作任务要求	实时监控与参数调节	通过DCS（分布式控制系统）、SCADA等系统监控温度、压力、流量、液位等关键工艺参数	90%～100%	85～100
		根据工艺卡片调整操作参数，确保生产在安全范围内运行	90%～100%	85～100
		识别异常波动（如反应器温度骤升、管道压力超限）并启动应急预案	90%～100%	85～100
	生产流程协调	与现场操作员、工程师、调度部门联动，协调开停车、切换生产线等操作	90%～100%	85～100
		记录并汇报生产数据（如产量、能耗、质量指标），参与生产优化会议	90%～100%	70～85
	异常处理与报警管理	处理系统报警（如联锁触发、设备故障），判断是否需要紧急停车（ESD）	90%～100%	85～100
		参与事故分析，填写异常事件报告（如HAZOP分析记录）	70%～90%	85～100
		正确使用防护用品（防毒面具、呼吸器等）和消防器材	90%～100%	85～100
	质量控制与记录	监控产品质量实时数据（如pH值、纯度），配合实验室采样分析	70%～90%	85～100
		确保操作记录完整（如批生产记录、电子日志），符合GMP或ISO标准	50%～70%	85～100

类型	任务及能力类别	任务及能力要求	普适度	要求指数
工作任务要求	安全与环保合规	执行SOP（标准操作规程）和MOC（管理变更程序）	50%～70%	70～85
		监控废气、废水排放数据，确保符合环保法规（如EPA、REACH）	50%～70%	70～85
	协作与沟通	与工艺工程师、维修团队、班组成员协调工作	90%～100%	85～100
		交接班时清晰传递生产状态与待解决问题	90%～100%	85～100
职业能力要求	专业知识与技能	工艺知识：熟悉化工单元操作（如蒸馏、反应、萃取）、PID图解读、物料平衡计算	90%～100%	85～100
		仪表与自动化：掌握DCS/PLC系统操作、控制逻辑（如PID调节）、仪表校准原理	90%～100%	85～100
		安全规范：精通HAZOP、LOPA分析方法，了解SIL（安全完整性等级）要求	90%～100%	85～100
		行业标准：熟悉化工行业相关法规（如OSHA、GB 30871—2022《危险化学品企业特殊作业安全规范》）	50%～70%	70～85
	核心能力	应急响应：能在3分钟内判断是否启动紧急泄压或停车程序	50%～70%	85～100
		数据分析：通过趋势图预判潜在风险（如催化剂活性下降导致的反应延迟）	50%～70%	70～85
		多任务处理：同时监控多个界面（如反应工段＋分离工段）并优先处理关键报警	70%～90%	50～70
	软技能	团队协作：使用标准化沟通术语清晰传递指令	90%～100%	85～100
		抗压能力：在持续噪声、高频报警环境中保持专注	50%～70%	85～100
		持续学习：跟进新工艺技术（如低碳生产改造）、参与HAZOP复审	50%～70%	70～85

续表

类型	任务及能力类别	任务及能力要求	普适度	要求指数
职业能力要求	资质与经验	基础要求：化工相关专业大专以上学历，持有化工操作证（如国内《特种作业操作证》）	90%～100%	85～100
		进阶要求：3年以上现场操作经验，熟悉本企业特定工艺（如聚合、加氢）	50%～70%	85～100
		加分项：具备APC（先进过程控制）系统操作经验或Six Sigma绿带认证	30%～50%	30～50

（三）化工智能设备运维工程师工作任务与职业能力要求分析（表4-17）

表4-17　化工智能设备运维工程师工作任务与职业能力要求分析表

类型	任务及能力类别	任务及能力要求	普适度	要求指数
工作任务要求	智能设备全生命周期管理	安装调试：部署智能传感器（如振动监测、红外热成像）、边缘计算设备，完成与DCS/MES系统的数据对接	90%～100%	85～100
		预测性维护：利用AI算法分析设备运行数据（如泵的轴承温度趋势、阀门动作频次），提前2周预警潜在故障	90%～100%	85～100
		故障诊断：结合数字孪生模型定位故障点（如离心叶轮气蚀仿真），缩短MTTR（平均修复时间）至4小时以内	90%～100%	85～100
	工业物联网系统运维	维护无线仪表网络、工业网关，确保数据采集完整率>99.9%	90%～100%	85～100
		处理SCADA系统通信中断等异常，熟悉OPC UA、Modbus等工业协议	90%～100%	70～85
	智能化改造实施	参与老旧设备智能化升级（如加装智能润滑系统），编制改造风险评估报告（FMEA）	90%～100%	85～100
		验证智能控制逻辑（如基于机器学习的反应釜温度优化模型）的实际效果	70%～90%	85～100

类型	任务及能力类别	任务及能力要求	普适度	要求指数
工作任务要求	安全与数据管理	监控工业网络安全（如防火墙策略、异常访问日志），符合IEC 62443标准	70%～90%	85～100
		管理设备健康数据库，生成月度可靠性分析报告（含OEE设备综合效率指标）	50%～70%	85～100
	协作与沟通	与工艺研发工程师、班组成员协调工作	90%～100%	85～100
		交接班时清晰传递生产状态与待解决问题	90%～100%	85～100
职业能力要求	硬技能矩阵	化工设备基础：熟悉动/静设备结构（如压缩机、换热器）、腐蚀机理、ASME/API维护标准	90%～100%	85～100
		工业智能化技术：工业传感器原理（如激光测振仪）、机器学习预测模型（Python/R）、数字孪生工具（ANSYS Twin Builder）	90%～100%	85～100
	硬技能矩阵	自动化控制：能解读PLC梯形图、修改PID参数，熟悉SIS安全仪表系统维护	90%～100%	85～100
		数据能力：SQL查询设备历史数据、用Power BI制作设备健康看板、大数据分析（如Spark处理振动频谱）	50%～70%	70～85
	关键软技能	系统性思维：理解设备故障对全流程的影响	50%～70%	85～100
		快速学习：跟进新技术（如5G+工业互联网应用场景）	50%～70%	70～85
		跨部门协作：用"工程师语言"与工艺团队沟通，用"一线语言"指导现场人员更换智能部件	70%～90%	50～70
	资质与经验	准入门槛：化工相关专业大专以上学历，持有化工操作证（如国内《特种作业操作证》）；2年以上化工设备维护经验	90%～100%	85～100
		高阶要求：工业AI应用认证（如Siemens Industrial AI）、参与过智能工厂建设项目	50%～70%	30～50
		行业趋势能力拓展：低碳技术（氢能设备运维知识、碳捕捉系统智能监测）、前沿工具（量子传感设备校准、工业元宇宙故障演练系统）	30%～50%	0～30

（四）精细化学品工艺员工作任务与职业能力要求分析（表4-18）

表4-18 精细化学品工艺员工作任务与职业能力要求分析表

类型	任务及能力类别	任务及能力要求	普适度	要求指数
工作任务要求	生产工艺管理	工艺参数优化：根据产品特性（如纯度、粒径、晶形）调整反应温度、压力、pH值、搅拌速度等参数，确保符合工艺规程	90%～100%	85～100
		小试/中试放大：参与实验室工艺向工业化生产的转化，解决放大过程中的传质、传热等问题	70%～90%	70～85
		异常工艺分析：对生产偏差（如收率下降、副产物增多）进行原因分析，提出改进方案	90%～100%	85～100
	生产操作指导	编写和修订标准操作规程，确保操作步骤清晰、可执行	70%～90%	70～85
		监督生产现场执行情况，纠正不规范操作	90%～100%	85～100
		对生产操作员进行工艺培训，确保其掌握关键控制点（如加料顺序、反应终点判断）	70%～90%	85～100
	质量控制与合规管理	监控关键质量属性，如含量、杂质、溶剂残留，确保符合药典或客户标准	70%～90%	85～100
		配合质量保证部门完成工艺验证和清洁验证，确保符合GMP要求	90%～100%	85～100
		管理变更控制，评估工艺调整对产品质量的影响	70%～90%	85～100
	安全与环保管理	识别工艺风险（如强放热反应、易燃溶剂使用），参与HAZOP分析	90%～100%	85～100
		确保生产符合EHS（环境、健康、安全）法规	90%～100%	85～100
		优化工艺以减少"三废"（如采用绿色溶剂、催化反应替代传统工艺）	50%～70%	70～85
	数据记录与报告	填写批生产记录（BPR），确保数据完整性和可追溯性（符合ALCOA+原则）	90%～100%	85～100
		撰写工艺总结报告，分析批次间差异并提出优化建议	90%～100%	85～100

类型	任务及能力类别	任务及能力要求	普适度	要求指数
工作任务要求	协作与沟通	与工艺研发工程师、班组成员协调工作	90%～100%	70～85
		交接班时清晰传递生产状态与待解决问题	90%～100%	85～100
职业能力要求	专业知识与技能	化学/化工基础：熟悉有机合成、催化反应、分离纯化（如结晶、蒸馏、层析）等精细化工核心技术	90%～100%	85～100
		工艺优化能力：掌握实验设计、质量源于设计方法，能通过数据分析优化工艺	70%～90%	70～85
		设备与仪表：了解反应釜、离心机、喷雾干燥器等设备原理，能解读DCS/PLC控制逻辑	90%～100%	85～100
	核心能力	问题解决能力：能快速分析生产异常，提出有效对策	50%～70%	85～100
		数据分析能力：利用统计工具（如Excel、Python）分析工艺数据，优化生产参数	50%～70%	70～85
		沟通协调能力：与生产、质量、研发、工程等多部门协作，确保工艺顺利执行	70%～90%	50～70
	软技能	细致严谨：对工艺细节敏感（如加料速度影响反应选择性）	50%～70%	85～100
		抗压能力：在紧急情况下（如生产偏差）保持冷静，快速决策	50%～70%	70～85
		持续学习：关注行业新技术（如连续流化学、酶催化）	70%～90%	50～70
	资质与经验	基础要求：化工相关专业大专及以上学历	90%～100%	85～100
		高阶要求：2年以上精细化工或制药行业工艺相关经验；熟悉GMP、ISO 9001等质量管理体系	50%～70%	30～50

（五）在线分析运维技术员工作任务与职业能力要求分析（表4-19）

表4-19 在线分析运维技术员工作任务与职业能力要求分析表

类型	任务及能力类别	任务及能力要求	普适度	要求指数
工作任务要求	设备安装与调试	根据工艺需求安装在线分析仪器（如CEMS烟气监测系统、pH/COD水质分析仪等）	90%～100%	85～100
	设备安装与调试	完成气路、电路、信号传输等系统连接，并进行校准和性能测试	90%～100%	85～100
	日常巡检与维护	定期检查仪器运行状态（如探头清洁度、试剂余量、气源压力等）	70%～90%	70～85
		更换耗材（如滤膜、电极、光源等），预防性维护延长设备寿命	90%～100%	85～100
	故障诊断与维修	快速响应异常数据或报警，定位故障（如传感器漂移、通信中断、采样堵塞等）	70%～90%	85～100
		使用万用表、示波器等工具排查硬件问题，或通过软件诊断参数异常	90%～100%	85～100
	数据管理与校准	定期校准仪器（如零点/量程校准），确保数据符合环保或工艺标准（如EPA、ISO）	90%～100%	85～100
		记录维护日志，分析数据趋势，生成报告供工艺优化参考	90%～100%	85～100
	安全与合规操作	遵守防爆区域安全规范（如ATEX标准），处理有毒有害介质时佩戴防护装备	90%～100%	85～100
		确保系统符合环保法规	90%～100%	85～100
	技术支持与培训	指导客户或操作人员正确使用设备，解答技术问题	90%～100%	70～85
职业能力要求	技术能力	仪器原理：熟悉红外/紫外光谱、电化学、色谱等分析技术原理	90%～100%	85～100

续表

类型	任务及能力类别	任务及能力要求	普适度	要求指数
职业能力要求	技术能力	硬件技能：能维修电路板、更换气动元件、处理光学部件（如激光器、光栅）	70%～90%	70～85
		工具使用：熟练运用校准器、信号发生器、气体标定装置等	70%～90%	70～85
		软件技能：操作DCS/PLC系统，配置Modbus、Profibus等通信协议	90%～100%	85～100
	分析能力	通过数据趋势（如NO_x监测值突变）判断仪器故障或工艺异常	50%～70%	85～100
		熟悉交叉干扰因素（如SO_2对电化学O_2传感器的干扰）及补偿方法	50%～70%	70～85
	安全与规范	掌握HAZOP风险评估方法，处理易燃易爆环境（如石化行业VOC监测）	50%～70%	85～100
		了解ISO 9001质量管理体系及行业标准	50%～70%	70～85
	软技能	沟通能力：向非技术人员解释技术问题（如"数据偏差因探头结垢导致"）	50%～70%	70～85
		跟踪新技术（如量子cascade激光气体分析仪）、新法规（如碳排放监测要求）	50%～70%	70～85
		应急能力：突发故障时优先保障工艺连续性（如启用备用分析仪）	50%～70%	70～85

六、岗位变迁与岗位职业能力要求变迁

（一）岗位变迁

随着数智技术与化工产业的深度融合，现代化工行业岗位结构发生显著变化，主要体现在以下方面。

（1）传统岗位的智能化转型

操作类岗位（如化工生产操作员）：逐渐向"人机协同"模式转变，要求从业人员掌握智能化设备操作、数据监测与分析能力。

安全环保岗位：从"人工巡检"向"智能监控"升级，需熟悉物联网、大数据预警系统等技术的应用。

（2）新兴岗位的涌现

化工数据工程师：负责生产数据建模、工艺优化算法开发。

智能装备运维师：专注于智能化生产线维护与故障诊断。

绿色工艺设计师：聚焦低碳化、循环化生产流程设计。

（3）岗位边界的模糊化　跨领域复合型岗位需求增加，例如"工艺-IT"双背景的数字化工艺员，需兼具化工知识与编程能力。

（二）岗位职业能力要求变迁

（1）核心能力升级

技术能力：从"单一设备操作"转向"智能化系统集成应用"（如MES系统操作、数字孪生模型调试）。

安全能力：从"规范执行"升级为"风险预测与主动防控"（基于AI的安全态势感知）。

（2）数字素养成为基础要求　数据采集与分析（如利用Python处理生产数据）、数字化工具（如Aspen Plus、COMSOL）应用能力成为岗位准入门槛。

（3）可持续发展能力强化　绿色化工技术（如碳捕集、生物基材料合成）、循环经济模式设计能力成为职业发展关键。

实证数据：据湖南省化工行业协会调研，2020～2023年，企业对"数字化技能"的需求占比从18%提升至47%，传统工艺技能需求下降23%。

七、教育要素谱系构建

教育要素谱系是指围绕某一职业或专业领域，系统梳理其所需的知识、技能、能力、素质等教育培养要素，并建立层次化、结构化的关联体系。目前，教育端的人才供给与产业端的人才需求在结构、质量、水平上还不能完全对应，专业设置不合理、人才培养与产业需求偏差明显、人才供给侧和产业需求侧问题仍存在。职业院校要解决人才供给与产业需求之间的重大结构性矛盾，就必须建立健全以产业需求为导向的人才培养模式，只有这样才能推动教育和产业统筹融合、良性互动发展。专业（群）建设是职业教育主动适应经济社会发展和产业转型升级的关键环节，是提升人才培养质量的着力点。下面以专业群及人才培养规格为例，具体阐释教育要素谱系的建构。

（一）专业群谱系构建

以专业群重大变革节点为时间坐标，对专业群发展历程中的专业要素进行细致准确的刻画，追溯专业群与岗位群的随动关系，绘制谱系图。以应用化工技术专业群为例，其谱系如图4-6所示。

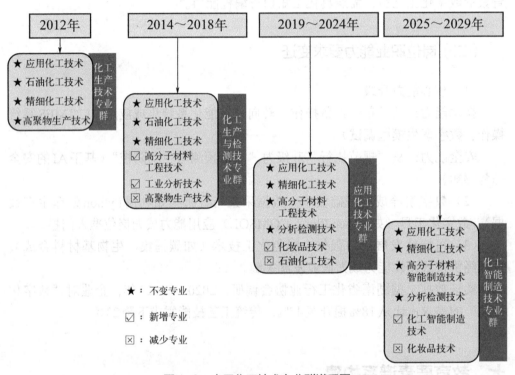

图4-6　应用化工技术专业群谱系图

（二）人才培养规格谱系建构

职业能力的变迁决定了人才培养规格的不同，以人才培养规格重大变革节点为时间坐标，追溯人才培养规格与职业能力的随动关系，绘制谱系图。以应用化工技术专业群人才培养规格为例，其谱系如图4-7所示。

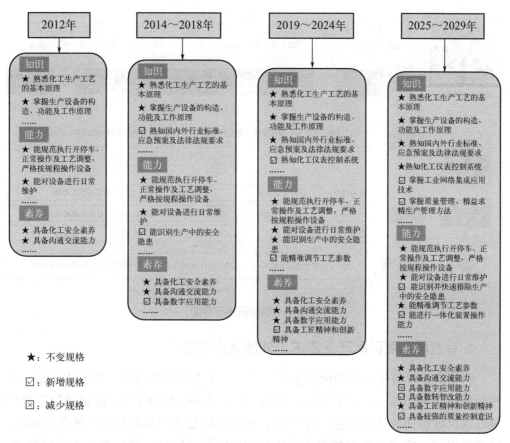

图4-7　应用化工技术专业群人才培养规格谱系图

第三节
湖南化工职业技术学院化工新材料类专业组群分析

一、专业群组群逻辑的科学性

湖南化工职业技术学院应用化工技术专业群按照产业需求、生态协同、职业发展逻辑构建，由应用化工技术、化工智能制造技术、精细化工技术、高分子材料智能制造技术、分析检验技术5个专业组成（图4-8）。

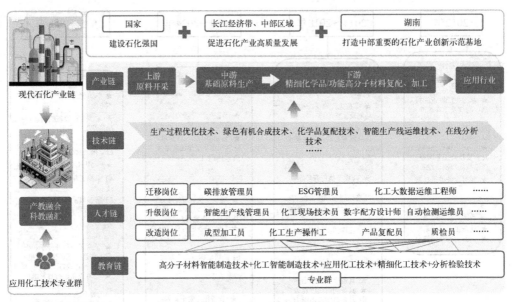

图4-8 组群逻辑示意图

1. 专业群高度匹配产业需求，外部适应性好

石化产业"绿色化高端化智能化"升级，企业全流程减碳、短流程合成、生产智能化等变革带来"生产操作-材料复配、生产-智能运维-质量管控"等岗位群领跨域协同性不断加强，精一岗、通多岗的复合型高技能型人才急需紧缺。群内应用化工技术专业主要服务石化产业中游的基础化工原料生产控制岗位群；精细化工技术、高分子材料智能制造技术专业主要服务石化产业下游的精细化品/功能高分子材料复配、加工岗位群，打通石化产业链向应用行业延伸的"最后一公里"；化工智能制造技术专业主要服务化工生产智能运维岗位群；分析检验技术专业把关生产质量，服务品质管控岗位群。专业群培养既精专业岗位，又能跨岗协同的复合型高技能人才，支撑产业转型升级。

2. 专业群生态协同性强，内部相关性高

群内专业属于生物与化工、能源动力材料大类专业，在四大化学基础、化工单元基础、设备基础、化工HSE与清洁生产、生产大数据和智能运维等方面基础相通，具备天然的生态协同优势，专业群对接的典型岗位的技术技能要求构建课程体系，共享专业基础课、部分专业核心课，交叉共享岗位牵引模块课，职业发展课则满足学生岗位迁移能力需求。所涉及的相关产业资源、校内外实践教学基地、校内教学软硬件资源、精品课程资源、双师型师资团队等教育教学资源均可以实现共建共享，可以形成专业群建设与人才培养合力（图4-9）。

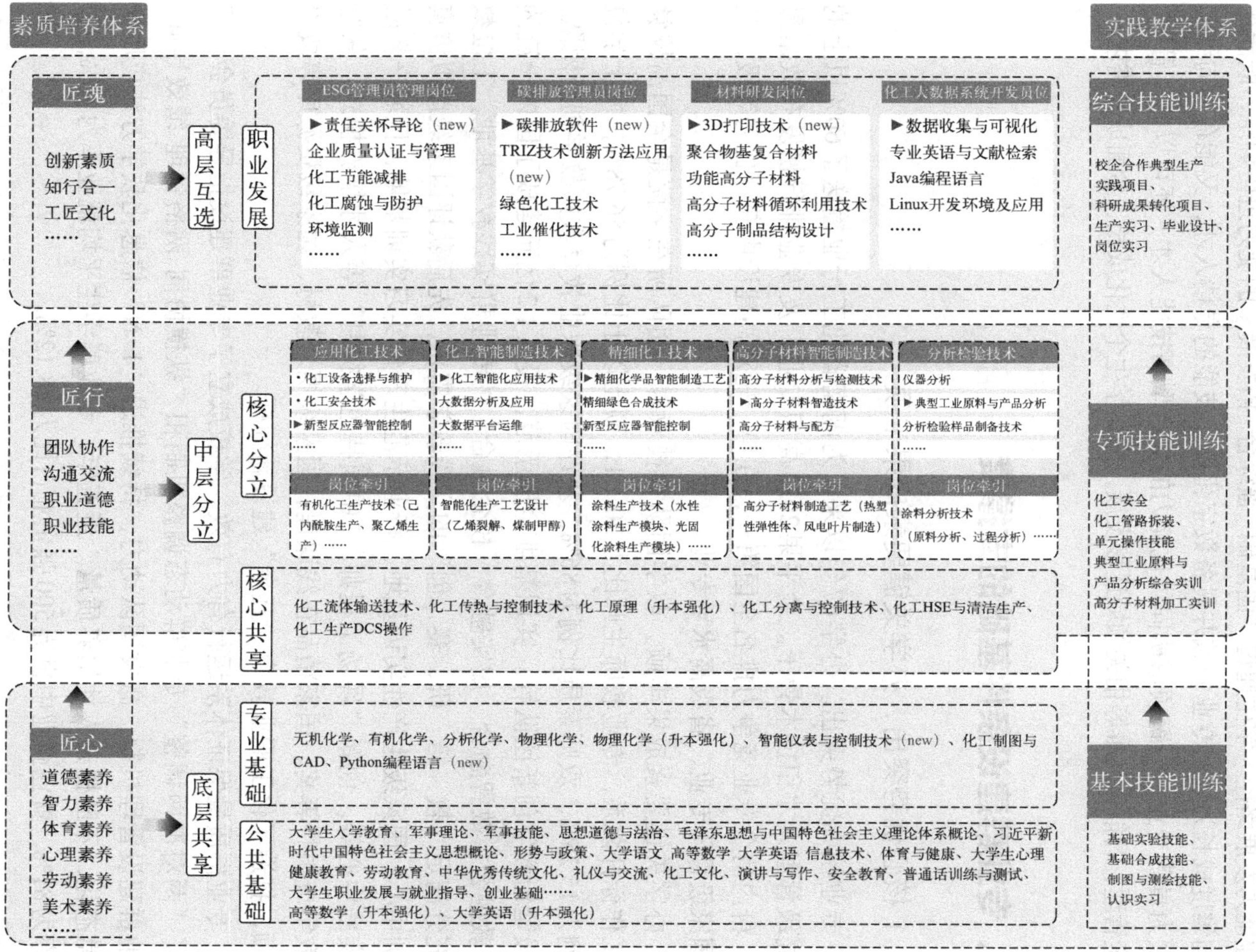

素质培养体系　　实践数字体系

综合技能训练
- 校企合作典型生产实践项目、科研成果转化项目、生产实习、毕业设计、岗位实习

专项技能训练
- 化工安全、化工管路拆装、单元操作技能、典型工业原料加工、高分子材料综合实训、产品分析综合实训

基本技能训练
- 基础实验技能、基础综合技能、制图与测绘技能、认识实习

职业发展（高层互选）

ESG管理员管理岗位
- ▶责任关怀导论（new）
- 企业质量认证与管理
- 化工节能减排
- 化工腐蚀与防护
- 环境监测
- ……

课程安排管理员岗位
- ▶碳排放软件（new）
- TRIZ技术创新方法应用（new）
- 绿色化工技术
- 工业催化技术
- ……

材料研发岗位
- ▶3D打印技术（new）
- 聚合物复合材料
- 功能高分子材料
- 高分子材料循环利用技术
- 高分子制品结构设计
- ……

化工人数据系统开发员岗位
- ▶数据收集与可视化
- 专业英语与文献检索
- Java编程语言
- Linux开发环境及应用
- ……

核心分立（中层分立）

应用化工技术
- 化工设备选择与维护
- 化工安全技术
- 新型反应器智能控制
岗位实习：有机化工生产技术（已）、聚乙烯生产……

化工智能制造技术
- ▶化工智能化应用
- 大数据分析及应用
- 大数据平台运维
岗位实习：智能化生产工艺设计（乙烯裂解、煤制甲醇）

精细化工技术
- ▶精细化学品智能制造工艺
- 精细绿色合成技术
- 新型反应器智能控制
岗位实习：涂料生产技术（水性、光固化涂料生产等）

高分子材料智能制造技术
- ▶高分子材料分析与检测技术
- 高分子材料与产品分析
- 高分子材料与配方
岗位牵引：高分子材料制造工艺（热塑性弹性体、风电叶片制造）

分析检测技术
- ▶仪器分析
- 典型工业原料与产品分析
- 分析检验样品制备技术
岗位牵引：原料分析技术（原料分析法）

核心共享（中层共享）

化工流体输送技术、化工传热与控制技术、化工原理（升本强化）、化工分离与控制技术、化工HSE与清洁生产、化工制图与测绘技术（new）、化工制图与识图、智能仪表与控制技术（升本强化）、化工生产DCS操作

专业基础（底层共享）

无机化学、有机化学、分析化学、物理化学、物理化学（升本强化）、高等数学（升本强化）、大学英语（升本强化）、CAD、Python编程语言（new）

公共基础（底层共享）

大学生入学教育、思想道德与法治、形势与政策、中华优秀传统文化、创业基础……、军事技能、军事理论、劳动教育、中国特色社会主义思想概论、毛泽东思想和中国特色社会主义理论体系概论、习近平新时代中国特色社会主义思想、大学语文、高等数学、信息技术、体育与健康、安全教育、大学生职业发展与就业指导、大学英语、礼仪文化、心理健康教育、演讲与写作、普通话训练与测试

匠魂： 创新素质、知行合一、工匠文化……

匠行： 团队协作、沟通交流、职业道德、职业技能

匠心： 道德素养、智力素养、体育素养、心理素养、劳动素养、美术素养

图 4-9　专业群课程体系示意图

3. 贯通全周期职业能力发展路径，学生发展空间广阔

专业群内贯通"基础岗位胜任力-升级岗位适应力-迁移岗位发展力"的全周期职业能力发展路径，学生通过"固基础-强综合-拓发展"的能力进阶训练，既能在纵向维度成长为精通专业领域并具备数字化操作技能的专精人才，又能在横向维度发展为具备专业群内跨领域协同优化能力的复合型高技能人才，还可以向碳管理、安全管理、智能化运维等相关领域迁移发展，满足学生个性化成长、全面成长需求。

二、专业群建设条件基础的支撑度

1. 核心优势突出，办学关键要素成果丰硕

专业核心优势突出。办学67年以来，为湖南省化工行业输送了60%以上的中高级管理人才和技术骨干。金平果2024高职专业群及专业排行榜发布数据显示，群内两个专业竞争力排名全国第一，在第一轮双高建设中获评优秀等级，获评国家级骨干专业、省级高水平专业。

办学关键要素成果丰硕。教学团队德技双馨，团队所在学院是全国高校党建工作标杆院系，专业教师生师比为20∶1，硕士以上比例为56.78%，博士学位比例为15.25%，双师素质比例为86%，获评国家级职业教育教师教学创新团队，省级楚怡教学创新团队等。实训基地全国示范，投入1.2亿元建成了国内一流的"产教融合 数智融合 虚实融合 校企融合"的专业群实践教学基地，工位数能充分满足"教、培、研、赛、创"的实践教学需求，先后获评国家级虚拟仿真实训中心、国家级生产性实训基地、行业示范生产性实习实训基地、区域产教融合实践中心等。创新"现场工程师""中国特色学徒制"等人才培养模式，获行业教学成果特等奖、国家精品在线课程、国家级规划教材、国家级资源库等成果16项，打造了化工职业教育"五金"建设新标杆。

专业群质量保证体系运行有力有效。学校成立了专业群建设指导委员会；建立了"两对准两调整"专业群动态调整机制和"纵横协同 网格管理 绩效导向"专业群建设管理机制，激发团队动力，持续推进"1+N"信息化教学方法应用模式常态化，不断提升人才培养质量。近五年，专业群学生平均就业率为96%，对口率为81%，就业企业中世界500强企业占比为28.12%。

2. 牵头"两体"建设，打造了产教科融合新生态

牵头"两体"建设，行业、企业资源全要素贯通。发挥全国首批示范职教集

团（联盟）优势，牵头组建了全国化工新材料产教融合共同体和省级市域先进高分子材料产教联合体。聚焦无机纳米粉体等高端化学品"卡脖子"技术，校企建设无机高纯粉体应用省级工程技术中心等4个产教科协同创新平台，共建产业学院3个，企业设备捐赠、资金投入累计达1245万元，实现了从集团化办学共同体向协同发展联合体再向产教融合命运共同体的质变升华。

双向赋能，产教融合生态深度交织。坚持校企合作协同育人，积极探索现场工程师、中国特色学徒制人才培养，近五年，立项省级校企合作典型生产实践项目1个，校企联合开发/修订生产检测领域国家标准2项，专业/课程标准137门（省级国际化专业标准2个），牵头制定2个"深圳共识"国际互认标准；获科技进步奖4项，授权专利149项（发明专利23项），承担国家级、省部级科研课题109项，企业横向课题78项，到账经费600万元/年。

数智驱动下现代化工高技能人才培养的
探索与实践

第五章

"五数一体"：数智驱动的现代化工人才培养顶层设计

随着数智技术的飞速发展，化工行业正加速迈向智能化、数字化的新时代。传统化工人才培养模式已难以满足行业对高素质、创新型复合人才的需求。在此背景下，"五数一体"人才培养体系应运而生，成为化工教育与产业转型升级的关键创新路径。本章将系统剖析"五数一体"人才培养体系的丰富内涵与显著优势，深入探讨其实施路径，并通过实践案例揭示其在推动化工行业高质量发展中的重要作用，为化工教育改革与产业创新发展提供理论指引与实践借鉴。

第一节
"五数一体"人才培养体系的深度解读

一、"五数一体"人才培养体系的丰富内涵

（一）"五数一体"人才培养体系的产生背景

首先，在全球视野下，数字化浪潮的兴起正深刻地改变着社会结构与经济格局，数字化已成为推动经济增长、产业升级和社会进步的关键动力。这一趋势促使社会对人才的需求发生显著变化，无论是新兴的数字产业还是传统行业的数字化转型，市场迫切需要具备数字思维、数字素养与数字技术的复合型人才，以适应数智时代的发展变革。

其次，作为国民经济的重要支柱产业，我国化工行业在规模和技术上已跻身全球前列。然而，随着我国经济向高质量发展阶段转变，产业结构持续优化升级，化工行业也面临着环保压力、安全生产风险以及可持续发展等严峻挑战，亟需向绿色化、智能化和高端化转型。这一发展趋势对人才的专业素养和综合能力提出了更高要求，尤其是对数字技术与专业知识深度融合的人才需求更为迫切。

再者，当前教育已被提升至国家发展的重要战略位置。党的二十大报告明确提出将教育、科技、人才"三位一体"统筹安排，并特别强调了"推进教育数字化"的重要性，为教育赋予了新的使命任务。高校作为人才培养的主阵地，需要紧跟时代步伐，调整人才培养模式，以满足数智时代的新需求。同时，高校自身也需积极探索数字化转型，以提升教学质量和管理水平。职业教育同样面临产业升级和技术变革的压力，亟需构建一种全新的人才培养体系，以培养学生的数字素养和创新能力。

基于此背景，"五数一体"人才培养体系应运而生。它的产生是时代发展的必然结果，也是国家、社会、行业对高素质复合型人才需求的回应。

（二）"五数一体"人才培养体系的定义

"五数一体"人才培养体系是基于化工行业快速发展的需求，尤其是在数字

化与智能化技术深度交融的新时代背景下，顺势而生的一种全面、创新的教育模式。该体系打破传统人才培养模式的局限，通过五个"数智"维度的有机结合，培养具有深厚化工专业知识、创新能力、数字化素养和实践经验的高素质复合型人才。具体来说，"五数一体"是指以数智思维为引领、数智课程为基础、数智师资为保障、数智平台为支撑、数智素养为目标的一体化人才培养模式。在这一体系中，"数智"不仅代表了数字化和智能化技术的应用，更强调对数据、信息和技术的综合运用，以应对化工行业发展中日益复杂的机遇和挑战。五个维度既各自独立，各展所长，又相互依存，协同发力，在教育实践过程中互为支撑，最终形成强大合力，共同推动学生综合素养的全面提升。这一创新模式精准对接了化工行业对跨学科、创新型人才的迫切需求，为行业的可持续发展注入了强劲的动力与活力。

（三）"五数一体"人才培养体系的内涵

1. 数智思维

数智思维是"五数一体"体系的核心和灵魂，代表着学生在数字化、智能化背景下的思维方式。它强调不仅要具备扎实的化学专业知识，还要能够运用数字技术、人工智能、大数据等工具对问题进行解决和创新。例如，学生在分析化工反应过程中的数据时，不仅需要懂得如何进行理论分析，还要能够运用数据分析工具优化生产过程和提高效率。数智思维的培养使学生能够适应智能化工厂、自动化生产线以及绿色化学等未来化工行业的发展需求。

2. 数智课程

数智课程是支撑数智思维形成的具体教学内容和载体。数智课程在化工教育中不仅包含传统的化学理论、工程技术等基础知识，还引入了数据科学、人工智能、智能化制造等前沿学科内容。通过这些课程，学生不仅能够掌握化工专业的核心知识，还能学会如何将这些知识应用于现实的数字化环境中。数智课程强调实践性、交叉性和前瞻性，注重将理论与实际相结合，使学生在理论学习的同时，掌握数字化技术的基本操作和应用，提升其在复杂化工生产过程中解决问题的能力。

3. 数智师资

数智师资是"五数一体"模式实施的保障。数智化教育要求教师不仅具备化工专业的深厚理论基础，还应当有一定的数字技术和智能化应用能力，因为教师的数字化素养和技术应用能力直接影响到教学质量和学生能力的培养。为了适应数智教育的需求，学校需要加强教师在现代技术、信息化教学平台等方面的培训，帮助教师将传统教学方法与数字化、智能化教学手段结合起来，推动教学内容的革新和教学方法的转型。

4. 数智平台

数智平台是实现数智课程与数智思维之间相互作用的重要载体，它为学生提供了虚拟实验、仿真训练、在线学习和跨学科协作等多样化的学习和实践场所。数智平台利用信息技术和数字化工具，打破传统教学场所和学习时间的限制，使学生能够在多种环境下进行自主学习、深度探索和创新实践。通过这种平台，学生能够模拟化工生产过程中的各种操作和情景，进行实验操作和工艺优化，同时还能与全球的学者和行业专家进行合作与交流，拓宽视野，增强解决实际问题的能力。

5. 数智素养

数智素养是"五数一体"体系的最终目标，代表了学生综合能力的体现。它不仅要求学生具备良好的专业知识、技术能力和创新思维，还要求他们具备在数字化、智能化时代快速学习、解决问题和适应变革的能力。数智素养的培养注重学生跨学科的整合能力、全球视野和终身学习的意识，强调学生在面对复杂问题和不确定环境时能够采取合理决策、灵活应变并创新解决方案。通过数智素养的培养，学生能够成为未来化工行业中的领导者、创新者和变革推动者。

（四）"五数一体"人才培养体系的创新意义

"五数一体"现代化工人才培养体系在化工教育领域乃至整个化工产业发展进程中展现出多维度的创新意义，为应对当下数智时代的挑战与机遇提供了全新的思路与强大动力。

（1）理念革新，数字思维引领教育新方向 "五数一体"体系创新化工人才培养模式，将数字思维前置，突破传统理论教学局限。该体系从入学起全方位融入数字思维，引导学生以数字化视角审视化工流程、分析数据规律、优化实验设计，培养学生运用数字工具解决实际问题的能力。相比传统模式，它不仅夯实了学生的化学专业知识，还强化了其创新能力、数字化素养和实践经验，使其成为具备跨学科整合与复杂问题解决能力的复合型人才。

（2）课程重构，数智融合拓宽知识新视野 "五数一体"体系通过优化和重构数智课程，实现跨学科融合，带来化工教育的革命性变化。新体系将大数据分析、人工智能、工业物联网等前沿数智课程深度融入化工专业课程，拓宽了学生视野，使其毕业后能快速适应化工企业数智化转型需求，无缝对接就业岗位。

（3）平台赋能，资源整合搭建实践新环境　"五数一体"体系通过打造数智平台，整合多方资源，为化工人才提供创新实践环境。校内建设虚拟仿真实验室，运用VR、AR技术模拟真实化工场景，降低操作风险和实训成本。同时，校企共建教学资源平台，引入真实案例，提升学生实战能力，企业借此锁定优质人才，实现互利共赢。

（4）产业升级，数智赋能助力转型新高度　"五数一体"人才培养体系培养的数字素养人才能够灵活运用大数据、人工智能和工业物联网技术，助力企业实现可持续发展，推动化工产业向高端化、智能化、绿色化发展。

（5）个性发展，因材施教激发人才新潜力　"五数一体"体系更适应学生个性化发展。该体系借助平台大数据分析，精准把握学生个人画像，为其量身定制学习计划，推送针对性课程和实践项目，最大化挖掘学生潜力。

（6）协同创新，产学研融合缩短理论与实践距离　"五数一体"模式通过产学研深度融合，让学生在真实生产环境中学习实践，接触行业前沿技术，提前适应行业和市场变化，也为企业技术创新提供智力支持，实现教育与产业双赢。

二、"五数一体"人才培养体系的关键核心要素

"五数一体"人才培养体系的核心要素包括数智思维、数智课程、数智师资、数智平台和数智素养，不仅涵盖了化工教育的各个重要环节，而且通过数字化和智能化技术的应用，推动了化工教育的创新和进步。每一个核心要素都是"五数一体"模式中不可或缺的组成部分，它们相互协作、互为支撑，共同促进现代化工人才的全面发展。随着科技的不断进步，"五数一体"模式将继续为化工行业培养更多具备创新思维、实践能力和国际视野的高素质专业人才，为行业的可持续发展和技术进步贡献力量。

（一）数智思维：引领教育的智能化和创新发展

数智思维是"五数一体"模式的基础，旨在培养学生的创新思维、批判性思维以及数字化和智能化技术的应用能力。它强调在教学过程中，结合现代数字化工具和智能化技术，帮助学生转变传统思维方式，培养解决复杂问题的能力。随着化工行业快速发展的同时，技术变革也带来了新的挑战，因此，数智思维的培

养尤其重要。通过数智思维的培养，学生不仅能掌握传统的化工理论知识，还能够灵活应用大数据、人工智能、物联网等现代科技工具，提升对问题的深度理解与创新解决能力。具体来说，数智思维培养包括数据分析能力、跨学科思维方式和创新性问题解决能力。通过这些能力的塑造，学生能够更好地应对未来工作中的技术挑战，并为整个行业的技术创新和进步提供人才保障。

（二）数智课程：理论基础与实践能力的深度融合

数智课程是"五数一体"模式的核心组成部分，通过创新课程体系，将化工专业知识与数字化、智能化的教育内容结合起来，帮助学生掌握从基础到高级的知识结构，具备应对新时代技术挑战的能力。数智课程不仅包括化学反应原理、化工设备、过程控制等传统的化工基础课程，还融合了现代信息技术、人工智能、大数据分析等相关内容。数智课程的设计注重将理论学习与实践应用深度融合。例如，课程通过引入大数据分析、机器学习等现代工具，帮助学生在化工工程中结合数据进行分析和决策。此外，通过仿真实训、虚拟现实技术等手段，课程能够提供真实的工作场景模拟，让学生提前适应复杂工程问题的解决，提高其实操能力。这种理论与实践相结合的课程体系，使学生能够全面提升综合素质，为其未来的职业生涯奠定坚实基础。

（三）数智师资：跨学科融合与实践经验的积累

数智师资是"五数一体"模式成功实施的关键要素之一。教师不仅需要具备扎实的化工专业知识和教学经验，还应具备跨学科背景，能够结合数字化技术与化工教育的需求进行教学。高质量的数智师资团队能够有效引导学生，在基础理论的学习和实际操作中取得全面进展。数智师资的培养要求教师不仅具备传统的化工知识教学能力，还要能熟练运用数字化教学工具，带领学生进行智能化操作和创新性实验。此外，数智师资还应具备丰富的实践经验，能够通过行业合作、企业项目等方式，将实际工程经验传授给学生，提升学生的实践能力。教师的跨学科知识储备与实际操作能力是实现"五数一体"模式的根本保障。

（四）数智平台：教育资源的整合与共享

数智平台是"五数一体"模式的技术支撑，是数字化技术与教育相结合的产物。数智平台包括在线教学平台、虚拟仿真平台、教学资源平台等，它们通过数字化手段整合教学资源，提供一个共享、互动的学习环境。数智平台的建设不仅仅是为学生提供学习内容和实践机会，更重要的是促进产学研的深度融合，为化工教育与行业需求对接提供平台。数智平台的建设能够有效弥补传统教育中实践环节的不足，尤其是在一些危险性较大的化工实验和复杂的生产过程方面，虚拟仿真平台可以为学生提供安全的模拟操作环境，帮助学生更好地理解化工生产过程。同时，数智平台也为教师提供了更为便捷的教学工具和资源，能够快速调动教育资源，实施差异化教学，提升教学效率和质量。

（五）数智素养：全面提升学生的综合素质

数智素养是"五数一体"模式的最终目标，它强调培养学生的全面素质，尤其是数字化思维和智能化操作能力。数智素养不仅仅指学生对数字工具的掌握程度，还包括其在跨学科问题解决、团队合作、创新创业等方面的能力。在化工教育中，数智素养的培养能够确保学生具备面对新时代挑战的综合能力，特别是在复杂的化工工程和快速变化的技术环境中，具备灵活应对和创新的能力。数智素养的提升通过多方面的培养措施实现。首先是通过项目式学习、团队合作等方式，培养学生的协作能力和沟通能力；其次，通过跨学科的课程设置，提升学生的综合分析能力；最后，数智素养的培养还应注重国际视野和行业前瞻性的拓展，使学生能够在全球化背景下展开工作，为其未来的职业生涯打下坚实的基础。

三、"五数一体"人才培养体系相较传统模式的显著优势

随着科技的迅猛发展，尤其是数字化和智能化技术的不断进步，传统的教育模式逐渐显露出其局限性，已经难以满足现代化工行业对具备高素质与复合能力的专业人才的迫切需求。在这种背景下，构建一个紧跟时代步伐、契合新时代发展需求的人才培养体系显得尤为重要。"五数一体"人才培养体系正是在这种行业变革与教育创新交织的大环境下应运而生的，它不仅能应对化工行业的快速变化，还能够为学生提供全方位的知识与技能训练，从而帮助学生更好地适应未来的工作环境和挑战。"五数一体"体系的优势和特点主要体现在以下几个方面。

（一）创新性：推动学生思维模式的转变

"五数一体"体系的首要优势在于其对数智思维的重视。随着信息化和智能

化的迅速发展，化工行业的生产、管理和运营方式正发生深刻变革。为了适应这些变革，学生不仅要掌握传统的化工知识，还要具备运用现代数字化和智能化工具解决实际问题的能力。因此，"五数一体"体系特别强调培养学生的数智思维，帮助学生树立创新思维、批判性思维和跨学科融合思维。这种思维方式的培养不仅使学生能够有效应对化工行业中的复杂问题，还能够为行业的持续创新与发展注入不竭的人才活力与智慧源泉。

（二）适应性：紧密结合行业需求与技术变革

"五数一体"体系能够很好地适应化工行业快速发展的需求。化工行业正面临着新的发展机遇与挑战，尤其是在数字化、智能化、绿色化等方面的需求日益增大。传统的化工教育模式往往忽视了技术发展的前瞻性，导致毕业生在进入职场时缺乏与行业发展相匹配的技能。而"五数一体"模式通过数智课程的设置，紧密结合行业前沿技术，确保学生在学术层面与行业需求保持同步。无论是大数据分析、人工智能，还是物联网技术，"五数一体"体系都将这些新兴技术融入课程体系，培养学生适应未来技术发展和行业需求的能力。

（三）综合性：跨学科融合与理论实践结合

"五数一体"体系的第三大优势是其综合性。该体系不仅注重化工基础课程的教学，还强调跨学科融合，培养学生的综合分析与解决问题的能力。通过数智课程的设计，学生能够掌握化工学科的基本理论，同时学习与化学工程相关的现代信息技术和智能化工具，培养学生在复杂、多变的工作环境中综合运用多学科知识的能力。此外，该体系还特别强调"工学结合"，通过校内外紧密合作，提供大量实习实训机会，让学生在实践中深化对理论知识的理解和应用。这样的综合性培养模式能够全面提升学生的职业技能、创新能力和实践能力。

（四）强大的师资力量：多元化背景与实践经验的结合

数智师资的建设是"五数一体"体系的又一突出优势。在该体系中，师资队伍不仅要求具备扎实的化工专业知识，还需具备一定的工程实践经验，能够将数字化技术与化工教育深度结合。这种要求使得教师团队通常由既具有深厚理论功底，又具备丰富行业经验的学者与工程师组成。这样一支多元化背景的师资队伍，能够为学生提供更为丰富、实用的教学资源，同时也能为学生的实践活动提供专业的指导。师资力量的雄厚和实践经验的积累是"五数一体"模式成功实施的关键。

（五）完善的平台建设：资源整合与共享

"五数一体"体系在平台建设方面也具有明显优势。该体系注重现代化的教学和实验平台建设，包括虚拟仿真平台、在线教学平台、智能化实验教学平台等。这些平台通过数字化手段整合教学资源，打破了传统教学方式的局限，为学生提供了更加丰富的学习资源和互动机会。学生可以通过这些平台进行虚拟实验、在线课程学习、仿真操作等，不仅能够提升理论知识，还能在真实工作场景中锻炼实践能力。此外，数智平台还为教师提供了便捷的教学工具，帮助教师更加高效地开展教学工作，实施个性化、差异化教学，提高教学质量。

（六）明确的培养目标：面向未来的职业能力与创新精神

"五数一体"体系明确了培养学生的职业能力和创新精神的目标。体系设计紧密结合化工行业的未来发展需求，旨在培养能够应对技术变革、具备创新能力和实践经验的复合型人才。通过数智思维启迪、数智课程构建与数智师资引领等要素的紧密结合，学生在学习过程中能够充分深刻洞察化工行业未来的技术趋势和职业发展方向。这一清晰的培养目标，不仅帮助学生在学业中找到发展方向，还为其未来的职业生涯打下坚实的基础。

第二节
化工行业"五数一体"人才培养的实施路径

一、制定契合数智时代需求的人才培养战略规划

随着化工行业的快速发展和社会经济的不断变化，人才的培养和供给面临前所未有的挑战。为了适应化工行业对高素质、复合型人才的需求，制定长远且具有前瞻性的人才培养战略显得尤为重要。化工教育不仅要紧密对接行业发展趋

势，还需要从教育改革的角度出发，构建出适应时代需求的培养模式和路径。

（一）行业需求与教育发展趋势分析

化工行业正处于从传统生产方式向智能化、绿色化转型的关键时期，这一转型对化工人才的素质提出了新的要求。首先，随着新材料、智能制造、绿色化学等领域的兴起，化工行业需要大量具备创新精神与技术实力的人才，他们需要熟练掌握大数据、人工智能等新兴技术，以推动化工过程的进一步优化和创新。其次，环保与可持续发展已成为全球化工行业的核心主题，企业不仅要追求生产效率的卓越，更要严格遵守环境保护法规，致力于提升产品的绿色制造水平。在此背景下，兼具绿色技术与环保意识、能够引领行业绿色转型的复合型人才，成为行业发展的迫切需求。同时，跨学科能力也日益成为化工行业发展的关键，人才不仅要掌握化学工程领域的专业知识，还要能够与信息技术、管理学、工程学等其他学科交叉融合，推动行业的技术突破和生产创新。

随着科技进步和教育理念的不断更新，现代教育的发展趋势逐渐显现出数字化、个性化与实践化等特征。在化工教育领域，数字化教育手段的应用逐步提升了教育的效率和质量，例如在线学习平台、虚拟仿真实验等逐步成为教学的重要辅助工具。个性化教育的兴起，意味着教育模式不再是单一的知识传授，而是培养学生自主学习、批判性思维和解决问题的能力，以帮助学生更好地应对未来社会的复杂挑战。此外，产学研深度融合已成为教育发展的必然趋势。随着企业与高校之间的合作越来越紧密，通过实践教学、企业实习和工程项目的参与，学生将理论知识与实际问题紧密结合，培养出自己的实际操作能力和创新能力。

（二）人才培养战略规划的制定过程

制定人才培养战略规划是一个系统性、前瞻性和逐步实施的过程。根据行业发展需求、教育趋势及院校自身条件，制定出科学合理的人才培养战略，能够为化工教育提供清晰的发展方向。其制定过程主要包括以下几个步骤。

（1）确定战略目标　人才培养战略的第一步是明确其目标。战略目标应根据化工行业发展方向、教育需求和院校特色来确立。①人才类型：明确培养的学生类型，包括是否以专科生为主、是否涉及职教本科或继续教育等，结合行业对不同层次人才的需求设定培养目标。②人才能力要求：根据行业的实际需求，设定培养学生的核心能力。例如，培养学生的创新思维、问题解决能力、团队协作能力、跨学科的综合能力、国际视野等。③发展方向：人才培养战略要紧密对接行业的技术变革与发展趋势，例如大数据、人工智能、绿色化学、先进制造技术等，明确人才培养的方向。

（2）分析现有资源与条件 在制定战略规划时，必须对院校现有的教育资源进行全面分析。①师资力量：分析现有师资队伍的专业水平、教学经验、工程实践能力等，找出目前师资团队的优势与不足，明确未来师资建设的重点。②教学平台和资源：评估现有的教学设施、实验平台、数字化教学工具等，分析其在现代化工教育中的适用性和更新需求，进一步明确需要投入的资源。③校企合作与社会需求对接：了解行业对化工人才的实际需求，以及企业、科研机构的合作意向，明确如何通过校企合作与产学研结合，增强教育内容的实用性和前瞻性。

（3）制定人才培养模式 根据战略目标与资源条件，明确具体的人才培养模式。①课程体系的设计与优化：根据化工行业需求，制定包含基础理论、核心课程与前沿技术的综合性课程体系。将大数据、人工智能、绿色化学等新兴技术融入课程设计中，培养学生的跨学科能力。②实践教学环节的强化：加大与企业、科研机构的合作，提供更多的实践机会，包括校内实验、仿真实训、企业实习等，帮助学生将理论知识与实际操作结合起来，提高其实际问题解决能力。③导师与师资队伍的建设：通过引进高水平师资、加强教师的跨学科培训与企业实践经验的积累，确保教学质量与学生能力的提升。④终身学习和创新精神的培养：通过鼓励学生参与课外科研项目、创新竞赛等活动，培养学生的自主学习能力与创新精神。此外，学校还可以设立终身学习支持机制，为校友提供持续的学习资源和发展机会。

（4）制定实施步骤与评估机制 战略规划不仅要有清晰的目标和培养模式，还要有详细的实施步骤和评估机制。①实施步骤：制定具体的时间表和任务分配，明确各阶段的工作目标。例如，在第一阶段完善课程体系，第二阶段提升师资力量，第三阶段与企业合作开展实践教学等。②评估与调整机制：人才培养战略的实施过程中需要不断评估和调整，以确保战略目标的实现。可以通过采用定期的教学质量评估、学生反馈、行业企业的需求调查等方式，了解战略执行的效果，并根据实际情况进行必要的调整。

二、打造具备数智教学能力的高素质师资队伍

在"五数一体"人才培养体系中，教师不仅是知识的传递者，更是学生创新

思维和实践能力的引导者。因此，学校应当加大对教师的多元化培养和实践经验的积累，系统地打造一支具备数智思维，掌握数智技术，能够运用数智平台进行教学的高素质师资队伍。

1. 开展数智技术专项培训

针对化工专业教师，应当建立系统化、常态化的数智技术培训体系，定期开展数智技术专项培训和学术研讨活动，邀请行业专家和企业技术骨干，围绕大数据、人工智能、物联网等前沿技术在化工领域的应用进行系统性的讲解与深入的探讨。此外，可借助校企合作契机，安排教师实地参观企业，了解数智技术在化工生产中的实际应用。培训方式要注重理论与实践的紧密结合，使教师深入理解数智技术的核心概念，熟悉其应用场景，从而迅速掌握新的化工技术和数智化教学理念，提升自身的专业水平和实践能力，为教学注入新的活力。

2. 推动校企师资双向交流

建立深度的校企合作机制是提升教师实践能力的重要途径。首先，要完善教师企业实践制度，鼓励教师到化工企业挂职锻炼。可以采取"1+1"模式，即每位教师每年在企业累计实践时间不少于1个月，参与实际项目不少于1个。在实践过程中，教师要深入企业数智化生产一线，参与智能工厂建设、数字化改造等项目，积累实践经验。其次，要建立企业工程师到校任教机制。可以聘请具有丰富实践经验的企业技术骨干担任兼职教师，参与课程教学和实践指导。这些企业专家可以将最新的技术发展和实际案例引入课堂，使教学内容更加贴近行业实际。同时，通过校企双向交流，教师能够及时了解行业动态，将企业的实际需求转化为教学内容，提升教学的针对性和实用性。此外，还可以建立校企联合研发中心，为教师提供参与企业技术创新的平台。通过共同开展科研项目，教师可以深入了解行业技术发展趋势，将科研成果转化为教学内容，实现产学研的深度融合。

3. 提升教师现代教育技术应用能力

在数智化时代，教师必须掌握现代教育技术的应用能力。首先，要鼓励教师采用多样化的教学手段和工具，例如利用虚拟实验室开展化工生产过程的模拟实验，学生可以在虚拟环境中进行操作练习。这种教学方式不仅可以降低实验成本，还能提高学生的实践技能和安全意识。虚拟实验室可以模拟各种化工单元操作，如精馏、萃取等，学生可以在虚拟环境中反复练习，直到掌握操作要领。其次, 要充分利用在线互动平台开展教学。教师可以利用平台进行线上教学、答疑和讨论, 增强教学的互动性和灵活性。例如, 教师可以开发化工专业在线课程, 将理论讲解、案例分析、虚拟实验等内容整合在一起, 形成完整的在线学习体系。学生可以根据自己的学习进度进行自主学习, 教师则可以通过平台实时了解学生的学习情况, 进行个性化指导。此外, 还要注重教学资源的数字化建设。可以建立化工专业教学资源库, 包括教学视频、案例分析、习题库等内容。这些资源可以供教师备课使用, 也可以供学生自主学习。通过现代教育技术的应用, 教师能够更好地适应数智化教学的需求, 提升教学质量, 激发学生的学习兴趣和创新思维。

4. 实施校内外"双导师"制

"双导师"制度是一种有效的校企合作模式, 通过在校期间为学生配备企业导师和学校导师, 能够帮助学生更好地掌握理论知识, 同时在实践中积累经验, 规划职业发展。企业导师通过与学生共同参与项目实践、解决实际问题, 帮助学生更好地理解所学知识与实际工作的结合, 提供职业发展的指导和建议; 学校导师则为学生提供学术支持, 帮助学生更好地理解专业课程, 确保理论与实践的双重提升。

三、培养学生适应数智化工环境的思维能力创新意识

在化工行业"五数一体"人才培养体系中, 培养学生适应数智化工环境的思维能力与创新意识是核心目标之一。这一培养过程需要以数智思维为引领, 通过系统化的培养路径, 帮助学生构建适应智能化工发展的认知框架和实践能力。

(一)构建数智化认知架构

构建扎实的数智化认知框架, 不仅为学生快速适应数智化工环境奠定坚实基础, 更为其后续的实践技能提升和创新思维培养提供了关键支撑。

在理论认知层面, 重点在于培育学生的数智化思维模式, 协助学生构建对数字技术、智能技术、网络技术等基础理论的系统性认知, 明晰这些技术在化工领域的应用原理与价值。例如, 开设诸如"化工数字孪生技术导论""工业大数据分析基础"等通识课程, 助力学生搭建数字化认知架构。这些课程不仅涵盖数智

技术的基本理论，还结合化工行业的实际应用，使学生能够从宏观层面洞悉数智技术在化工领域的重要作用。

在技术实践层面，着重培养学生对大数据、人工智能、物联网等新兴技术的理解与应用能力，借助案例分析，帮助学生建立数智技术与化工生产深度融合的认知，使其能够紧跟技术发展的前沿动态。同时，依托虚拟仿真平台，设计诸如"智能工厂认知实习""化工过程数字建模"等实训项目，让学生在虚拟环境中体验智能化工生产的全流程，增强其实践体验，进一步理解数据驱动决策的重要性。

（二）增强实践技能

在学生实践技能培养方面，应遵循能力培养的渐进性和完整性规律，采用项目化学习方式，实现学生实践能力的阶梯式提升。

基础阶段，着重培养学生的基本数智技能与操作能力，目标是帮助学生建立对数智化工基础技术的认知框架，掌握必要的操作技能。通过基础性实践项目的训练，学生能够理解数智技术在化工生产中的基本应用原理，培养初步的工程实践能力。此阶段的培养重点在于夯实基础，为后续能力提升筑牢根基。

提升阶段，重点强化学生的工程实践能力和问题解决能力，通过设计综合性实践项目，引导学生整合多学科知识，培养其分析与解决问题的能力。此阶段强调理论与实践的结合，注重培养学生的工程思维与系统思维，使其能够运用数智技术解决化工生产中的实际问题，通过这一阶段的训练，学生的实践能力将显著提升，能够胜任更复杂的工程任务。

创新阶段，着力激发学生的创新潜能与创造能力，通过开放性创新项目的实施，鼓励学生开展创新性思考与探索，培养其解决复杂工程问题的能力。此阶段注重培养学生的创新思维与批判性思维，提升其在新兴技术应用和工艺优化等方面的创新能力，通过创新实践，学生能够将理论知识转化为创新成果，为未来的职业发展奠定坚实基础。

（三）培育创新意识

创新意识的培育是数智化工人才培养的最高目标，实现这一目标需构建跨学科创新实践平台，为学生提供多元化的创新实践机会。创新平台的构建应注重三个维度的有机统一，首先是学科交叉的知识整合维度，打破传统学科壁垒，促进化工专业与新兴技术领域的深度融合，构建跨学科的知识网络；其次是创新实践的深度体验维度，通过真实项目驱动，创设接近工程实际的问题情境，培养学生的创新思维与实践能力；最后是产教融合的协同创新维度，实现教育链与产业链的有机衔接，优化创新资源配置，深度融合创新要素。

在学生创新意识培育过程中，需特别关注创新思维、创新方法和创新实践三个关键要素。首先，创新思维的培养是基础。打破传统学科壁垒，将化工专业与人工智能、大数据、物联网等新兴技术深度融合，构建跨学科知识网络。例如，通过开设"化工过程与人工智能""大数据在化工中的应用"等跨学科课程，培养学生的跨学科思维。同时，利用头脑风暴、六顶思考帽、TRIZ理论等工具开展设计思维训练，激发学生的发散思维和批判性思维。此外，以"化工报国"为核心，弘扬科学家精神和创新文化，营造鼓励创新的校园文化氛围。其次，创新方法的掌握是关键。结合化工专业特点，系统讲授问题识别、方案设计、成果转化等创新方法论，并通过案例分析和模拟训练深化学生的理解和应用。例如，通过"科研实践＋教育教学＋双创竞赛"的模式，完善创新创业教育课程体系，创建高水平的双创竞赛培训制度。同时，利用生成式人工智能（AIGC）技术构建智慧教学平台，将AI技术应用于课堂教学、课外实践和线上学习，形成"AI＋化工"的创新教学模式。此外，通过产教融合，将企业数智化领域的真实问题引入课程和实践项目，培养学生的实战能力。最后，创新实践的体验是核心。依托虚拟仿真平台和校内创新实验室，开展从模拟到真实的渐进式创新实践。例如，通过数智化实验课程，学生可以在虚拟环境中进行化工原理实验的预习和操作，提升实践技能。同时，通过校企合作，为学生提供真实项目实践机会，参与企业的数智化项目建设。此外，建立化工学科科研创新实践基地，配备充足的科研指导教师，为学生提供创新创业的实践平台。

四、建设融合数智技术的化工专业课程体系

随着化工行业的快速发展，特别是数字化、智能化转型的加速，传统的教育体系和人才培养模式面临着巨大的挑战。为了培养出既具备扎实化工基础知识，又掌握现代数字技术的复合型人才，高职院校必须对人才培养课程体系进行全面优化。这一优化不仅仅是对传统课程内容的更新，更是对教育理念、教学方法、课程设置、实践环节等多个方面的整体创新。特别是在化工专业的课程设计中，"五数一体"的人才培养体系——即大数据、物联网（IoT）、人工

智能（AI）、云计算及数据分析的融合显得尤为重要。这一体系要求学生具备跨学科的综合能力，既要懂得化学工程的核心知识，又能利用现代数字化工具和技术进行流程优化和创新，最终为化工行业的技术进步和智能化发展提供有力的人才支持。

（一）课程设置

在"数字化转型"背景下，课程设置必须充分考虑数字技术的普及和化工行业的需求，做到内容与时俱进。传统的化工课程以工艺学、化学反应工程、设备设计与操作等为主，但随着科技的发展，传统的课程体系显然无法满足行业对于高素质复合型人才的需求。因此，课程设置应当向数字化、智能化方向拓展，增设与现代科技密切相关的课程。

具体而言，要增加与"数字化技术"紧密相关的课程模块，例如"大数据分析与应用""人工智能基础与应用""智能制造技术""工业互联网与物联网技术"以及"云计算在化工中的应用"等。这些课程不仅帮助学生理解现代数字技术的基本原理，还能让他们学习如何将这些新兴技术应用于化工流程的优化、化工设备的智能化升级，以及新材料的研发等方面。这种结合使学生不仅能在传统化工领域内发光发热，也能够在未来的数字化转型过程中，担当起更加重要的角色。其次，课程内容的设计要注重理论与实践相结合。虽然基础理论课程是化工教育的核心，但学生仅仅依赖课堂上的理论学习是远远不够的。要通过案例分析、项目驱动学习等形式，让学生能够将在课堂上学到的知识与实际工作中的问题结合起来，从而提高学生的实际问题解决能力。例如，在"化学工艺流程"课程中，可以引入实际的企业案例，学生通过模拟与分析，运用数字技术优化生产流程，提升解决实际问题的能力。除了传统的教学方式，还可以通过与企业的合作，引入实际项目，进一步增强学生的实践能力。通过校企合作与行业联动，学生不仅能够从中学习到最新的行业技术和应用案例，还能在实际操作中锻炼自己的技术能力和解决问题的思维方式。比如，学校可以与化工企业共同开发"智能化反应堆的控制与优化"课程，通过企业提供的实际数据，指导学生进行技术分析和优化设计。

（二）课程结构

在优化课程体系时，课程结构的设计至关重要。随着新兴技术的不断发展和化工行业对复合型人才的需求增加，课程结构需要具备模块化、递进性以及灵活性的特点。

具体而言，课程结构应当实现"基础—进阶—高级"的递进模式。基础阶段注重学生对化工专业基础知识的掌握，以及对数字技术的基本概念和应用技能的理解。例如，在该阶段，学生将学习传统化工学科，如"化工原理""化学反应工程"等，同时还要学习一定量的数字化技术课程，如"Python编程基础""数据分析导论"等，为后续的学习打下坚实的基础。进入进阶阶段后，学生的学习内容将更加深入，逐步引入项目驱动的教学方式。进阶阶段的课程应当更加侧重于学生在解决实际问题时的创新能力和应用能力。例如，学校设置"智能化工艺控制""大数据与智能优化""云平台与工业数据分析"等课程，让学生在课程学习中逐步应用数字化工具，解决更加复杂的工程问题。在这一阶段，课程不仅传授学生知识，更重要的是培养他们利用数字技术、通过数据分析与建模来优化化工工艺的能力。在高级阶段，课程应当更多地聚焦于跨学科的综合性项目设计和系统工程能力的培养。学生将参与跨学科的工程项目，结合化工知识与数字技术，通过团队合作、项目管理等方式，培养自己的领导能力和创新精神。课程内容应当关注行业前沿的技术发展，如"智能制造与自动化技术""工业互联网与物联网技术在化工中的应用"等，并通过具体的项目合作，引导学生解决实际的技术难题，培养其成为能够从全局角度思考和解决问题的高端人才。同时，为了适应不同学生的兴趣和职业规划，课程体系还应当提供个性化的选择空间。例如，除了基础课程和核心课程，可以设计一定数量的选修课程，允许学生根据自己未来职业发展方向选择合适的课程模块，如"绿色化学与环保技术""智能化生产管理""化工过程建模与仿真"等，增强学生的专业深度和灵活应变的能力。

五、健全资源丰富、便捷高效的数智化教学资源平台

在化工行业的快速发展和转型升级背景下，高职院校作为培养应用型、技术型人才的重要阵地，必须适应行业对人才的多样化需求，特别是对高素质、复合型技术人才的需求。高职教育肩负着为行业输送具备扎实基础知识、良好实践能力以及创新精神的化工行业人才的责任。因此，如何在高职院校层面建立一个适应行业发展的多元化教育资源体系，搭建教育、科研和实践的多维平台，显得尤为重要。为了顺应化工行业的迅速发展及未来趋势，结合"五数一体"人才培养体系的理念，建立一个多元化的教育资源体系不仅需要整合校内外资源，还需强调理论与实践、线上与线下、课堂与实习的融合，从而更好地提升学生的综合素质和应用能力。

（一）整合线上与线下教育资源

在数字化教育和信息技术迅速发展的背景下，线上教育已成为提升高职院校教育资源的有效途径。建立一个线上课程平台，不仅可以为学生提供灵活的学习方式，还能为教育资源的共享提供便捷渠道。通过线上平台，学生可以自主选择课程，按照自己的节奏进行学习，特别是在化工专业这类理论知识较为密集的学科中，线上课程能够帮助学生在课外获得更多的知识补充。线上平台的优势在于它能够提供多样化的学习方式和丰富的互动环节。例如，化工专业的课程可以通过在线视频、虚拟实验室、在线测试等方式呈现，让学生能够更加灵活地掌握化工领域的基本理论与实际操作。同时，线上平台可以通过互动讨论区和在线答疑环节，增强学生的学习体验，帮助他们理解复杂的化学原理和化工工艺。在线学习与传统课堂教学相结合，可以形成互补关系。在课堂上，教师可以将更多时间用于引导学生思考、讨论实际问题，解决学生在学习过程中遇到的难点问题。而学生可以在课后通过线上平台自主复习、拓展知识和进行自我检测，这种线上线下结合的方式，有助于学生自主学习能力和问题解决能力的培养。

（二）强化实践平台建设与校企合作

在化工行业快速发展的背景下，单纯的校企合作已难以满足高职院校人才培养的需求。为了进一步推动校企合作，学校应构建产学研一体化的实践教学体系，通过多方合作，整合教育、科研和企业资源，形成一个多维的实践平台。该平台不仅能够提升学生的实践技能，还能促进其创新思维的培养。

（1）共同开发课程与教材，提升实践教学质量　学校与企业合作开发课程与教材，不仅能够使学生掌握行业前沿知识，还能够提升课程的实际应用价值。企业专家和技术人员可以参与课程的设计、教学方法的优化、实训项目的开发等，确保课程内容的实践性和时效性。学校与企业共同编写教材，可以将企业的先进技术和案例引入课堂，让学生在学习过程中接触到最新的行业动态与技术应用。

（2）提供多样化实践平台，推动产学研深度融合　高职教育的核心特征就是强调学生的实践能力，因此，可借助校企合作契机搭建多样化的实践平台，强化学生的实践训练。这些实践平台既包括与化工企业共建的实践基地、工作坊等，也包括校内自主建设的各类实验室、实训室和创新孵化平台等。通过校企合作，学校可以引导学生参与到企业的真实项目中，解决实际生产过程中的技术问题。例如，在化工企业的生产基地中，学生能够跟随企业工程师参与工艺流程的改进、设备调试和问题解决，深刻理解理论知识与实际工作的结合。通过"产学研"深度融合，学生不仅能够在实践中提高操作技能，还能在实践中培养团队协作、问题分析与解决等综合素质。此外，学校与企业的紧密合作还能够帮助学生接触到行业前沿技术和最新发展动态。企业专家和工程师作为行业导师，可以为学生提供一对一的指导，分享行业经验，帮助学生理解企业需求，提升职业素养和工程实践能力。

（三）搭建专业讲座、研讨会与创新平台

为了拓宽学生的学术视野，提升其创新思维，学校应组织定期的学术讲座、行业研讨会和技术创新大赛等活动。邀请行业专家、学者和企业高层参与讲座和座谈会，让学生能够了解行业发展趋势和前沿技术。通过这些活动，学生不仅能够获得行业内的最新资讯，还能借此机会与专家学者进行互动，激发自己的创新思维。特别是在高职院校中，如何将这些学术活动与项目驱动学习相结合，进行创新教育和培养具有实践性和操作能力的学生至关重要。例如，可以通过组织行业技术创新竞赛或科研项目，将学生分成团队，围绕化工行业中的技术难题进行研究和解决方案的设计。通过这种方式，学生能够在团队合作中积累经验，发展自己的项目管理能力、创新能力以及跨学科的综合素养。

（四）丰富教学方法与教学手段

随着教育模式的不断发展，多样化的教学方法逐渐成为提高学生综合素质的有效途径。传统的讲授式教学虽然可以传授基本的理论知识，但往往忽视了对学生实际应用能力的培养。因此，在高职院校的化工专业中，需要采取案例教学、翻转课堂、项目驱动学习等多种教学方法来激发学生的兴趣，提升其实际操作能力。案例教学是通过典型的化学工程案例来帮助学生将理论知识与实际操作紧密结合，学生可以通过分析行业中常见的技术难题，提升解决问题的能力。翻转课堂则通过将传统的课堂教学模式反转，学生在课前通过线上平台自主学习基础知识，课堂上的更多时间用于讨论、解决实际问题和进行实验操作。这种方法能够培养学生的自主学习能力和建立批判性思维。项目驱动学习是通过实际项目任务来推动学生的学习，学生在完成项目的过程中不仅能够学到知识，还能锻炼团队协作能力和创新思维。通过这些创新的教学方法，学生的学习不仅仅局限于课堂知识的掌握，还能提高他们的批判性思维、问题解决

能力和实际操作能力，从而为化工行业培养更多具有创新能力和实践经验的人才。

六、完善科学合理、全面精准的数智化人才评价机制

在化工行业的未来发展中，随着数字化、智能化的不断深入，传统的人才评价和激励机制已经难以满足行业的需求。因此，构建一个科学、全面的人才评价与激励体系，不仅有助于确保人才培养的质量，还能激发学生和教师的创新潜力。尤其在"五数一体"人才培养体系下，评价和激励机制的优化至关重要，能够帮助学生和教师更好地适应化工行业的转型与发展。本书将从建立科学的人才评价标准和激励机制的角度，探讨如何构建这一优化策略。

（一）科学的人才评价标准

建立完善的人才评价标准是评价和激励机制的基础。一个科学、全面的评价标准不仅能够反映学生在化工学科中的专业水平，还需要兼顾行业需求和数字技术发展。随着化工行业对数字化、智能化技术的需求日益增加，评价标准必须充分考虑学生的综合素质，尤其是在创新能力、数字技术掌握能力、实践能力等方面的表现。

（1）专业知识的掌握仍然是核心评价内容之一　化工专业的基础理论和应用技术是评价的基础，但随着时代的变迁，传统的化工课程也需要与新兴技术紧密结合。例如，学生在化工原理、工艺设计以及数据分析、机器学习等技术课程的掌握情况，都是衡量其专业水平的重要标准。

（2）实践能力和创新能力是评价学生综合素质的重要维度　随着行业的不断进步，学生的动手能力、创新设计能力以及在实际工作中解决问题的能力，成为行业对人才的重要需求。因此，评估学生在实验、项目实习等实践活动中的表现，能够更好地了解其综合素质。

（3）团队协作和沟通能力也是非常重要的评价标准　化工项目往往涉及跨学科的协作，因此，学生能否与他人有效沟通、协作完成项目任务，也是评价其综合能力的重要方面。一个良好的团队合作能力不仅有助于提升项目的执行效率，还能在解决复杂问题时发挥更大的作用。

（4）行业需求的匹配度是评价标准中的新兴维度　随着行业对数字化、智能化技术的要求不断提升，学生能否掌握与化工行业发展趋势相关的技术，例如大

数据分析、AI应用等，成为衡量学生适应行业需求的关键因素。综合来看，评价标准应确保既能够全面评估学生的传统化工专业能力，又能凸显学生在数字技术和创新实践中的突出表现。

（二）多元化和科学的评价方法

为了更加全面、公正地评估学生的能力，传统的单一考试评价方法已经不再适用。因此，采用多元化的评价方法，结合定性与定量的评价方式，能够确保评价结果的准确性和客观性。多维度的评价方法能够从不同角度全面了解学生的综合素质，帮助教师和教育管理者发现学生的潜力与不足。

（1）过程性评价与结果性评价相结合 过程性评价强调学生在学习过程中各项能力的逐步提升，而结果性评价则注重学生最终的成绩和成果。在化工领域，项目实践、实验操作等环节中，学生的持续表现往往比单一的考试成绩更加能够反映其实际能力。因此，结合课堂表现、课题研究、实验报告、项目进展等内容进行评价，能够全面反映学生的学习成效。

（2）同行评审与自我评估能够有效提升评价的全面性与公正性 同行评审能够促进学生之间的互动与学习，增强团队合作能力，而自我评估则帮助学生更好地认识自身的优点和不足。自我反思的过程有助于学生意识到自己在学习过程中的成长与挑战，并为未来的发展制定更加清晰的目标。在数字化教育时代，大数据分析与智能评估可以为学生提供更加精准的评价。例如，通过学习平台收集学生在在线课程中的参与数据、作业成绩、讨论参与度等信息，结合大数据分析方法，能够帮助教师深入了解学生的学习过程，发现其在不同学习阶段的优劣势。此外，云计算和数据可视化技术可以让学生获得更加清晰、及时的反馈，促进学生的自我提升。

（3）成果展示与综合项目评价是对学生实践能力的一种重要评估方式 通过组织学生展示个人或团队的创新成果、研究项目或者技术方案，教师和外部专家可以从多个角度评价学生的创新能力和实际操作能力。项目成果展示不仅考核学生的技术水平，还能评估其解决实际问题的综合能力，是对学生综合素质的全方位评估。

（三）激励机制的设计

除了科学的评价标准，激励机制的设计也对人才培养的效果至关重要。一个完善的激励机制应当能够激发学生和教师的学习兴趣和创新潜力，推动他们不断提升自己的综合素质。激励机制不仅仅是对成绩的奖励，更应当注重激发学生的主动性、创新性以及实践能力。多层次、多维度的激励体系可以激励学生和教师更好地在自己的专业领域内实现创新突破。

（1）多层次的激励体系可以满足不同学生和教师的需求　对于学术能力强的学生，可以提供科研资助、研究项目和学术竞赛等机会；对于具有创新能力的学生，可以提供创新创业平台、企业实习等机会。这样，能够帮助学生将理论与实践结合，通过实际操作来锻炼和提升其创新能力。对于教师而言，可以通过课题经费、晋升机会以及学术交流等方式，激励其在教学和科研上不断追求卓越。

（2）荣誉激励与物质奖励相结合的激励方式能够激发学生的内在动力　荣誉激励能够增加学生的成就感和归属感，例如通过设立"优秀学生奖""创新奖"等奖项来鼓励学生的努力与付出；而物质奖励则能够为学生提供实际的支持，例如奖学金、科研资助等。通过物质与精神双重激励，可以有效增强学生的学习动力和创新热情。

（3）社会实践与能力拓展激励也应当纳入激励体系　社会实践活动不仅能够提升学生的综合素质，还能够帮助其深入了解行业需求与挑战。因此，通过鼓励学生参与暑期社会实践、学术交流、国际合作等活动，激励学生在更广阔的视野中提升自己。对于教师而言，支持其参与企业合作、社会服务等活动，也有助于教师提升教学和科研的实践性。

（四）激励机制优化策略

激励机制并非一成不变，随着教育环境和行业需求的变化，需要不断优化和调整。为了确保激励机制的有效性，必须采取动态评估和持续改进的策略。通过定期评估和反馈，根据学生和教师的不同需求及时调整激励措施，确保其针对性和实效性。

（1）定期评估与反馈机制是优化激励体系的必要条件　每年或每学期通过问卷调查、访谈等方式，了解学生和教师对于激励措施的反馈，及时发现问题并进行调整。例如，如果发现某一项奖励措施未能得到学生的积极响应，可以适时改变激励方式，增加更多符合学生需求的激励措施。

（2）多元化的激励手段可以帮助学生和教师在不同领域得到充分的认可与奖励　除了物质奖励和荣誉奖励，还可以通过提供更多实践机会、跨学科合作的机会等激励措施，让学生和教师能够获得更广泛的成长空间。

（3）关注个性化发展的激励方式能够更好地契合学生和教师的个人需求　个性化的激励机制不仅能够帮助学生发掘自己的兴趣和潜力，还能激励教师在自己的研究领域或教学方式上不断创新。

第三节
化工行业"五数一体"人才培养实践案例

一、化工企业通过校企合作建立产学研一体化的实践教学体系的成功案例分析

某知名化工企业，在国家化工产业转型升级的大背景下，意识到传统的教育培养模式难以满足行业的新需求。为了提升化工行业"五数一体"人才的实践能力，该企业联合高校和研究机构，构建了一套产学研一体化的实践教学体系。

在这一体系中，企业不仅提供资金和技术支持，还与学校共同制订了课程体系和教学计划。通过这种方式，企业能够直接参与教学大纲的制定、课程内容的更新与优化，确保教学内容紧密对接实际应用。同时，企业为学生提供了更加贴近行业的学习和实践机会，促进学生的技能提升。体系的核心特点是"互利共赢、共同规划、共建共管、资源共享、共同发展"的合作原则。具体实施方面，企业与学校共同成立了教育合作委员会，定期进行沟通与协调，研究和制定人才培养方案，并根据行业发展动态及时调整课程设置。企业还提供包括实验室、实习岗位等实训资源，并通过技术骨干与学校专业教师共同授课，推动双师型教师培养机制。在教学方法上，企业利用自身研发平台和生产设施，为学生提供包括基础实验、仿真实训、实际操作训练和岗位实习在内的全方位实践教学。学生在学习理论的同时，通过实验和仿真软件加深对知识点的理解，再通过实际操作和岗位实习提升实践能力，实现了理论与实践的有机结合。此外，企业与学校还共同实施教学质量监控机制，建立定期的教学检查、评估与反馈系统，确保教学活动的有效性和质量提升。学生在实习期间的表现与学分挂钩，实习报告作为毕业的重要依据。这一机制激励学生积极参与实践学习，同时为企业选拔和培养了符合要求的优秀人才。

通过上述举措，该化工企业不仅在培养符合现代化工行业要求的"五数一体"人才上取得显著成效，还为其他企业和教育机构提供了可借鉴的经验。这种校企合作的成功实践，不仅促进了教育资源的共享和优化配置，也为化工行业的

可持续发展注入了新的活力。

二、高校运用数智化手段培养化工行业高技能人才的典型案例剖析

　　某高校在化工行业的人才培养模式上进行了积极探索，特别是在数智化的大背景下，如何培养适应快速发展的化工行业的高素质人才成为重中之重。为此，该高校构建了一个"五数一体"的人才培养体系，利用数字智能化手段，打造包含数智课程、数智师资、数智平台建设在内的综合人才培养模式。

　　在数智课程建设方面，该高校针对化工专业的特点，设计并实施了一系列包括大数据分析、人工智能、机器学习等内容的课程，旨在将前沿的技术知识融入传统化工技术教育之中。这些课程不仅涵盖理论知识的传授，还包括大量的实践操作，通过模拟实验、项目研究等形式，让学生能够将抽象的理论知识转化为具体的实践能力。在数智师资团队建设方面，该高校积极引进具有数字智能化背景的教师，并通过系统的培训提升其教学能力，使其能够熟练运用现代信息技术进行教学和研究。同时，学校也鼓励教师参与国内外的学术交流与技术研讨，不断拓宽其国际视野和科研视角。数智平台建设则是该高校培养高素质化工行业人才的另一重要举措。该平台整合了线上课程资源、在线实验模拟和远程教育管理等功能，为学生的在线学习、讨论和实践提供了有效的支持。通过这一平台，学生可以随时随地进行学习与交流，极大地提高了学习的灵活性和互动性。

　　通过数智课程、数智师资团队、数智平台"三智"建设，该高校培养出了一批既掌握传统化工技术，又具备数智化思维的高素质人才。这些人才不仅能够理解传统化工过程，还能利用大数据、人工智能等现代技术进行优化管理和流程控制，为化工行业的智能化、数字化发展提供了坚实的支持，也为学生的未来职业发展奠定了良好的基础。此外，这种教育模式的成功实践，也为其他高校的化工人才培养提供了宝贵的经验与借鉴。

三、地方政府政策支持化工企业数字化转型，促进"五数一体"人才培养的实例研究

　　随着化工行业的快速发展和数字化转型，传统的教育和人才培养模式已不能

满足新时代的需求。为了培养能够适应化工行业未来发展的应用型人才，一些地方政府已出台相关政策，支持化工企业建立数字化管理体系，从而提升整个行业的竞争力。这些政策为化工行业的"五数一体"人才培养体系提供了有力的政策支持。

以某地方政府的实践为例，该地方政府深刻认识到数字化是推动化工产业升级、提升国际竞争力的关键因素。因此，政府出台了一系列鼓励和支持的政策措施，旨在激励化工企业加速数字化转型。首先，政府提供财政补贴和税收优惠，以降低企业进行数字化改造的经济负担。这些补贴和税收减免政策提高了企业进行技术改造的积极性，为企业更新生产设备和建设智能化生产线创造了有利条件。其次，政府还设立了专项基金，用于支持企业的数字化升级项目。这些基金的设立，为那些在数字化转型过程中遇到资金瓶颈的企业，提供了及时的支持，加速了项目的实施。此外，政府还推动了一系列与数字化相关的政策，如加强数据资源管理的法规制定，鼓励数据资源的共享与开放，为企业提供良好的数字生态环境。

这些措施的实施，不仅为化工企业的数字化转型提供了动力，也为"五数一体"人才培养体系的构建创造了有利外部条件。随着越来越多的化工企业加速向数智化管理体系转型，对相关人才的需求将大幅增加，这也要求教育机构及时调整教育计划，通过校企合作、产学研结合等方式，培养出既具备扎实理论基础，又有丰富实践经验的"五数一体"化工人才。

数智驱动下现代化工高技能人才培养的
探索与实践

第六章

"六新行动"：现代化工人才培养模式的创新与实践

党的二十届三中全会对推进教育数字化、赋能学习型社会建设以及加强终身教育保障作出重要部署。作为国家创新体系的重要支点，高校不仅是教育、科技、人才三大战略要素的集中承载地，更是基础研究攻坚和关键技术突破的战略高地。在数字化浪潮席卷全球的背景下，高等教育机构如何以教育数字化为突破口，重构教育生态、重塑育人模式，已成为实现教育高质量发展的重要课题。2024年10月，人民网财经研究院、移动内容部召开"教育数字化赋能高校高质量发展"金台圆桌研讨会，邀请政产学研用代表共同围绕数字化引领推动高校教育转型升级开展讨论。会议指出数字技术的不断演进，正全面推进学习环境、教育资源、师生素养、教学模式、教育评价等核心要素变革，为高等教育高质量发展创造新可能。特别是对于化工行业这类技术密集型和创新驱动型行业，培养具高素质、创新型专业人才已成为当务之急。教育数字化不仅是技术迭代，更是从理念到实践的系统性革新，高校需积极拥抱数字技术，将数智化元素融入化工类人才教育全过程。

在此背景下，"六新行动"应运而生，它不仅体现了教育数字化的具体要求，而且为高校提供了实施数字化转型的明确路径。通过这些行动的协同推进，高校能够构建起一个全方位、多层次的数智化教育生态系统，从而为化工专业人才的成长提供坚实的基础。

本章将深入剖析数智技术在现代化工人才培养中的应用，详细阐述其如何助力于智慧校园的建设、现代化工实训的创新、教学资源的数字化开发、数字双师团队的构建、数智教学模式的推广以及学生数字素养和技能的培养。并通过案例研究和实践探索，揭示"六新行动"实施过程中可能遇到的问题与挑战，进而提出相应的解决策略。

第一节

"六新行动" 人才培养模式的深度解读

一、"六新行动" 提出的时代背景与战略目的

随着数字科技的快速发展，数字技术在教育领域的应用日益深入，国家教育政策多次强调教育数字化的重要性。2022年6月29日，教育部部长怀进鹏指出要坚持适变应变与共同发展的教育观，推动教育变革，提高数字化与绿色转型能力，大力推动教育数字化转型，改变教育生态、学校形态、教学方式，帮助人们适应数字化时代。2024年2月22日，中央网信办、教育部、工业和信息化部、人力资源社会保障部等四部门联合印发《2024年提升全民数字素养与技能工作要点》，明确到2024年底，我国全民数字素养与技能发展水平迈上新台阶，数字素养与技能培育体系更加健全，数字无障碍环境建设全面推进，群体间数字鸿沟进一步缩小，智慧便捷的数字生活更有质量，网络空间更加规范有序，并部署了6个方面17项重点任务，即培育高水平复合型数字人才，包括全面提升师生数字素养与技能、提高领导干部和公务员数字化履职能力、培育高水平数字工匠、培育乡村数字人才、壮大行业数字人才队伍；加快弥合数字鸿沟，包括建设数字无障碍环境、提供普惠包容的公益服务；支撑做强做优做大数字经济，包括加快企业数字化转型升级、扩展数字消费需求空间；拓展智慧便捷的数字生活场景，包括推动数字公共服务普惠高效、提升重点生活领域数字化水平；打造积极健康有序的网络空间，包括营造共建共享社会氛围、构建数字法治道德规范、维护安全有序数字环境；强化支撑保障和协调联动，包括完善协同支撑体系、加大优质数字资源供给、积极参与国际交流合作。

在这样的大背景下，教育领域正经历着深刻的变革，数字化转型成为教育发展的必然趋势。现代化工教育作为专业教育的重要组成部分，也面临着前所未有的机遇和挑战。为了适应新时代的需求，培养具有创新精神、实践能力和数字素养的高素质化工人才，湖南化工职业技术学院提出了"六新行动"。这一行动计划旨在通过一系列创新措施，全面提升化工教育的质量和效率，为化工产业的数字化转型和企业的数字化升级提供强有力的人才支持，助力产业的创新发展和升级换代，同时也为其他职业院校的相关专业教育改革提供有益的借鉴和参考，推

动整个职业教育领域的数字化进程。

二、"六新行动"的丰富内涵和创新理念

"六新行动"包含构建智慧校园新基座、创设现代化工新实训、开发核心课程新资源、组建数字双师新团队、推进数智教学新范式、锻造数字素养+真岗技能新人才等六个方面，涵盖了化工教育的多个关键环节，体现了教育数字化的具体要求，为高校提供了实施数字化转型的明确路径。

构建智慧校园新基座，通过引入先进的信息技术，打造智能化的校园基础设施和管理平台，实现校园的智能化管理和服务，提高校园的运行效率和管理水平，为师生提供更加便捷、高效的学习和生活环境。创设现代化工新实训，利用虚拟现实、增强现实等技术，建设虚拟仿真实训平台，模拟化工生产过程中的各种场景和操作，让学生在虚拟环境中进行实践操作，提高实践能力和安全意识，同时降低实训成本和风险。开发核心课程新资源，结合化工行业的最新发展和企业需求，开发数字化的核心课程资源，包括在线课程、电子教材、教学视频等，丰富教学内容和形式，满足学生个性化学习的需求。组建数字双师新团队，培养和引进一批既懂化工专业知识又具备数字技术应用能力的教师，同时邀请企业专家参与教学，形成"双师型"教学团队，提高教学质量和实践指导能力。推进数智教学新范式，采用线上线下混合式、项目式、探究式等教学方法，利用大数据、人工智能等技术，实现教学过程的智能化监测和评估，及时调整教学策略，提高教学效果。锻造数字素养+真岗技能新人才，注重培养学生的信息技术应用能力、数据分析能力、创新思维能力和解决实际问题能力，使学生具备数字素养和真岗技能，能够适应化工行业的数字化转型和创新发展需求。

三、"六新行动"的主要内容与实施策略

（一）智慧校园新基座的构建

智慧校园的构建作为"六新行动"的基础，涵盖了多个关键领域。首先，基础设施升级是重中之重，这包括实现高速稳定的网络覆盖，确保校园内各个角落都能流畅地进行网络教学和学习活动；同时，智能教室和实验室的建设也不可或

缺，通过配备先进的智能设备，为师生提供更加便捷、高效的教学和科研环境。其次，在线学习平台和数据管理系统的开发至关重要，这些系统不仅要能够支持大规模的在线学习活动，满足众多学生同时在线学习的需求，还要具备强大的数据收集和分析功能，能够精准地收集学生的学习数据，并通过智能分析为教师提供详细的学生学习情况报告，辅助教师进行个性化教学设计，从而提高教学效果和学习质量。此外，智慧校园还包括校园安全监控、能源管理等智能化应用，通过安装智能监控设备，实现对校园安全的实时监控和预警，保障师生的人身安全和校园财产安全；同时，利用智能能源管理系统，对校园内的能源使用情况进行实时监测和调控，实现节能减排，降低运营成本，全面提升校园管理的效率和质量，为师生创造一个安全、舒适、便捷的学习和生活环境。

（二）现代化工新实训的创设

在"六新行动"中，现代化工新实训的创设占据着举足轻重的核心地位。通过与化工企业开展深度且紧密的合作，积极建立校外实训基地，将真实的企业生产场景以及具体的技术要求融入教学过程，让学生提前感受职场氛围，熟悉行业标准。这既需要精心设计贴合实际、循序渐进的实训项目，让学生在实践中逐步提升技能；又需要配备经验丰富的实训指导教师，他们凭借自身扎实的专业知识和娴熟的操作技能，为学生提供专业指导，确保学生能够安全、有效地进行实践操作，避免因操作不当而引发安全事故。同时，还应紧跟行业发展步伐，通过实训项目的持续优化和更新，保持实训内容与行业前沿技术、最新工艺的同步，使学生所学即所用，切实提升学生的实践能力，增强其在就业市场中的竞争力，为学生顺利步入化工行业、开启职业发展之路奠定坚实基础。

（三）核心课程新资源的开发

核心课程新资源的开发作为"六新行动"的关键环节至关重要。教师需依据明确的教学目标以及学生多样化的学习特点，精心开发丰富多样的教学资源，如案例分析、实验视频、虚拟仿真等。这些资源应具有高度的互动性和实用性，能够引导学生主动参与，紧密贴合化工专业实际应用场景，激发学生的学习兴趣，助力他们深入理解和灵活应用专业知识。而且，教师应积极与行业专家携手合作开发教学资源，借助专家的行业洞察力和实践经验，确保教学内容既能紧跟行业前沿动态，保持前沿性，又贴合实际工作需求，实用性十足，为学生日后投身化工行业筑牢知识根基。

（四）数字双师新团队的组建

在"六新行动"中，数字双师新团队的组建扮演着极为重要的角色。这一过程需充分融合线上教学资源丰富、灵活便捷以及线下教学互动性强、氛围浓厚的双重优势，构建起一支由经验丰富的教师和行业专家共同组成的教学团队。团队成员既要具备扎实的教学能力，能够将理论知识深入浅出地传授给学生，又要拥有丰富的实践经验，可以凭借自身在行业内的实战经历，为学生实践操作提供专业、精准的指导，助力学生实现理论与实践的无缝对接。此外，为确保教师队伍能够紧跟时代步伐，适应不断变化的教学需求，还应通过定期组织培训和开展交流活动，为教师搭建学习与成长的平台，促进教师不断更新教学理念、优化教学方法、提升技术水平，从而为学生提供更优质、更前沿的教学服务，推动教学质量持续提升。

（五）数智教学新范式的推进

数智教学新范式的推进是"六新行动"的创新点。借助大数据、人工智能等前沿技术，能够实现对学生学习行为的实时跟踪与深度分析，精准把握每个学生的学习进度、知识掌握情况以及学习偏好等，进而提供个性化、精准化的教学服务，满足学生多样化的学习需求。这既需要开发出功能强大、操作便捷的技术工具，如智能学习平台、数据分析系统等，为教学提供有力的技术支撑；又要求教师具备相应的数据分析和应用能力，能够熟练运用这些工具解读学生数据，制定针对性的教学策略。同时，还应鼓励教师大胆探索新的教学方法和模式，例如翻转课堂、项目式学习等，打破传统教学的局限，充分调动学生的学习积极性和主动性，提高教学效果和学生的学习成绩，推动教学质量迈向新高度。

（六）数字素养与真岗技能新人才的锻造

数字素养与真岗技能新人才的锻造是"六新行动"的终极目标。这要求学校高度重视学生数字素养与真实岗位技能的培养，通过项目式学习和实习经历，切实提升学生的就业竞争力与职业发展能力。具体而言，应从课程设置、教学方法和评价体系等方面入手进行改革，强化学生的数字技能与创新能力。例如，在课程设置上，增加数字技术相关课程的比重，融入前沿的数字知识与技能训练；在教学方法上，采用项目驱动、案例分析等方法，让学生在实践中掌握数字工具的应用与问题解决能力；在评价体系上，注重对学生数字素养和岗位技能的考核，引导学生全面发展。同时，加强与企业的合作，为学生创造更多接触实际工作环境的机会，如安排企业实习、参观交流等，让学生在真实的工作场景中更好地理解和应用所学知识，实现从理论到实践的顺利过渡，为未来的职业生涯奠定坚实基础。

通过上述策略的实施，"六新行动"不仅能够提升化工教育的质量和效率，还能够为社会培养出更多具备创新精神和实践能力的高素质化工人才。

四、"六新行动"对现代化工人才培养的深远意义和价值

提升"六新行动"是一套根据新时代教育发展要求而设计的行动方案，对于提高现代化工人才培养质量、增强毕业生的就业竞争力、推动化工行业的创新发展具有重要意义，是新时代背景下化工人才培养不可或缺的重要举措。

（一）提升教学质量

"六新行动"着重强调智慧校园的建设和数智教学的应用，通过集成物联网、云计算、大数据分析等先进信息技术，实现了教学资源的优化配置和高效利用。这一系统举措不仅极大地丰富了教学方法和手段，打破传统教学的单一模式，还助力教师能够精准把握学生的学习状态，依据每个学生的特点进行因材施教，从而显著提高教学质量和效率，推动教育教学向高质量发展迈进。

（二）增强实践能力

随着"六新行动"的持续推进，现代化工新实训基地和项目应运而生，为学生们搭建了理论与实践深度融合的桥梁。在实训基地，学生们亲身体验化工生产的实际流程，将课堂所学的理论知识运用到具体操作中，这种实践导向的教学模式，有效强化了学生们的动手实操能力，全方位锤炼他们解决复杂工程问题的综合素养。经过系统实训，学生们面对未来工作环境时更加游刃有余，能够迅速适应化工行业的各个岗位要求。

（三）促进产教融合

"六新行动"积极鼓励学校与企业建立深度合作关系，通过校企共建实训基

地、共同开展科研项目等多种形式，为学生创造丰富的实践机会。一方面，学生能够在真实的工作环境中锻炼实操能力，将所学理论知识与实际操作紧密结合，提升解决实际问题的能力；另一方面，学校得以更加贴近行业动态，精准把握产业需求，及时调整专业设置和课程体系，使教育内容与产业需求紧密对接，从而实现教育与产业的深度融合，为学生未来的职业发展奠定坚实基础，同时也为行业输送更多符合需求的高素质人才，推动产业的持续发展。

（四）培养创新人才

"六新行动"通过构建数字双师新团队和推动数智教学新范式，致力于打造一支既懂教育又精通技术的师资队伍。这样的师资队伍能够运用先进的数字技术，结合丰富的教学经验，为学生提供高质量的教学服务。在这些优秀教师的指导下，学生不仅能够掌握扎实的专业知识，还能培养出创新思维和实践能力。这些具备创新精神和实践能力的化工人才，将成为化工行业的新生力量，为行业的创新发展注入新的活力，推动化工行业不断向前发展。

（五）提高就业竞争力

"六新行动"聚焦于培养学生的数字素养与真实岗位技能，借助实战化的教学模式与训练体系，全方位提升学生在就业市场中的竞争力。学生经过系统学习与实践锻炼，不仅掌握了扎实的专业知识，还具备了较强的实践操作能力和创新思维，能够迅速适应职场环境，满足企业对高素质化工人才的需求。开展"六新行动"使得学生在激烈的就业市场竞争中脱颖而出，为他们未来的职业生涯发展奠定了坚实基础，也有助于他们在化工行业中实现长远发展，成为行业的中坚力量。

第二节
数智技术在现代化工人才培养中的创新应用

随着信息技术的迅猛发展，数智技术正在深刻改变着教育形态和人才培养模式。本节将详细探讨数智技术在现代化工人才培养中的具体应用及其深远影响。

一、智慧校园新基座的构建与实践

智慧校园新基座的构建是推动教育现代化的关键一步，也是数智技术在教育领域深度融合与应用的核心环节。这一构建过程涉及多个维度的技术创新和资源整合，目标是打造一个全方位、多层次、高效率的智慧化校园环境，为教育教学的改革创新提供强有力的支撑。

在基础设施层面，智慧校园新基座的构建包括校园网络的升级、智能终端设备的普及以及各类传感器和执行器的部署。这些设施的升级与完善，为智慧校园的运行提供了强大的硬件支持，确保了数据的高速传输和智能设备的高效运转，从而为师生创造一个更加便捷、高效的学习与工作环境。

在数据平台层面，构建智慧校园新基座需要搭建一个统一的数据管理和分析平台，实现对校园内各类数据的集中存储、处理和分析。通过这一平台，学校能够对学生的学习行为、教师的教学效果以及校园的运行状态进行全面的监测和评估，平台为教育教学的改革创新提供有力的数据支撑，助力学校做出更加科学、合理的决策。

在应用服务层面，智慧校园新基座的构建还包括各类智能应用系统的开发与集成，如智能排课系统、个性化学习平台、远程监控系统等。这些应用系统不仅能够提高校园管理的效率与精度，还能为师生提供更加便捷、个性化的服务，从而提升整个校园的智慧化水平，使校园生活更加丰富多彩。

在安全保障层面，构建智慧校园新基座需要加强网络安全防护措施，确保校园网络的安全稳定运行。同时，还需制定完善的数据隐私保护政策，防止学生和教师的个人信息被泄露或滥用，保障师生的合法权益。

智慧校园新基座的构建是一个系统性工程，需要从基础设施、数据平台、应用服务、安全保障等多个方面进行综合考虑与统筹规划。只有这样，才能真正实现校园环境的数字化与智能化管理，为教育教学的改革创新提供强有力的支撑，进而推动现代化工人才培养模式的创新与发展，为化工行业的未来培养更多高素质的专业人才。

二、现代化工新实训的创设与成效

在当前教育领域，尤其是工程教育领域，现代化工新实训的创设已成为备受关注的重要议题，它代表着实践教学模式的一次重大革新。这一创设过程充分利用了虚拟仿真、增强现实、人工智能等前沿技术，致力于通过高度仿真的虚拟环境和互动体验，全面提升学生的实践操作能力和复杂问题解决能力，为化工行业培养更多高素质的专业人才。

首先，虚拟仿真技术的应用使得化工生产的各种复杂场景得以在计算机中生动再现。学生可以通过这些虚拟场景，身临其境地参与到化工设备的操作、工艺流程的设计以及生产过程的优化控制等各个环节中。这种沉浸式的学习体验不仅能够加深学生对化工原理的理解，还能有效培养他们的实际操作技能和应急处理能力，使他们在面对真实生产环境时能够更加从容应对。

其次，增强现实技术的引入为现代化工实训带来了全新的教学模式。通过AR技术，学生可以在现实场景中叠加虚拟信息，实现对复杂设备的可视化操作和对生产工艺的动态解析。这种虚实结合的实训方式不仅能够提高学生的学习兴趣和参与度，还能帮助他们更好地理解和掌握化工生产的精髓和要领，从而提高学习效果。

此外，现代化工新实训的创设还注重与实际生产需求的有效对接。通过与企业的深度合作，学校可以及时获取行业发展的最新动态和技术需求，并将其融入实训项目中。这样，学生在实训过程中就能接触到最前沿的化工技术和工艺流程，从而提高解决实际问题的能力，增强就业竞争力，为未来的职业发展奠定坚实基础。

综上所述，现代化工新实训的创设通过运用前沿技术，不仅提升了学生的实践操作能力和复杂问题解决能力，还通过与企业合作，确保了教学内容与实际生产需求的紧密对接，为化工行业培养了更多高素质的专业人才，具有显著的成效。

三、核心课程新资源的开发与数字化呈现

在当前教育领域，尤其是高等工程教育中，核心课程新资源的开发是一项关键任务，它代表着教学内容和形式的深刻变革。这一开发过程充分利用了数字化、网络化和智能化技术，旨在创造丰富、多元的教学资源，以提升教学效果，满足学生个性化、多样化的学习需求。

首先，数字化技术的应用为教学资源的开发提供了新的可能性。通过数字化手段，传统的教学内容可以转化为在线课程、电子教材、虚拟实验等多种形式，使教学更加生动、直观。例如，虚拟实验室的建立让学生在模拟环境中进行各种实验操作，既避免了实际操作中的风险，又能反复练习，加深他们对知识的理解和掌握。

其次，网络化技术的发展为教学资源的共享提供了便利条件。借助互联网平台，优质的教学资源可以实现跨区域、跨学校的共享，打破时间和空间的限制，促进教育公平。学生可以根据自己的学习进度和兴趣爱好，灵活选择学习内容和学习路径，实现个性化学习。

此外，智能化技术的进步为教学资源的开发提供了新的思路和方法。人工智能、大数据分析等技术可以实现教学内容的智能推荐、学习进度的自动跟踪，以及学习效果的实时评估等功能，进一步提高教学的针对性和有效性。例如，基于大数据分析的学习分析系统可以根据学生的学习行为和成绩表现，为其提供个性化的学习建议和资源推荐，帮助其更好地完成学习任务。

总之，核心课程新资源的开发是数智技术在教学内容改革中的重要体现。它不仅丰富了教学形式和内容，还为学生提供了更加灵活、个性化的学习体验。随着技术的不断发展和应用的不断深入，未来的核心课程新资源将更加贴合学生需求，更加注重能力培养，为现代化工人才培养提供强有力的支撑。

四、数字双师新团队的组建模式与运作方式

数字双师新团队的组建是当前教育领域，特别是工程教育领域中的一项重要创新，代表着师资队伍建设的一种新趋势和新模式。这一组建过程充分利用了数字化、网络化和智能化技术，旨在构建一支既具备深厚教学功底，又掌握先进技术支持的师资队伍，以提升整体教学质量和科研水平。

首先，数字双师新团队的组建采用线上线下相结合的方式，整合校内外乃至全球范围内的优质教师资源。线上教师利用远程教学平台，为学生提供高质量的在线课程、远程实验指导等服务；线下教师则负责组织课堂教学、指导学生实践操作等任务。这种混合式教学模式突破时间和空间限制，实现优质教育资源共享，有效解决师资力量不足问题。

其次，数字双师新团队的组建有助于提高教师的教学水平和科研能力。参与线上教学和科研项目使教师不断拓宽知识视野，更新教学方法和科研手段，提高专业素养和教学能力。线上教师和线下教师之间的交流与合作，促进教师间的相互学习和知识共享，形成良好的学术氛围和合作机制。

此外，数字双师新团队的组建注重教师的数字素养和技术创新能力培养。参与数字化教学资源开发、虚拟仿真实验设计、在线课程制作等任务，使教师逐步提高数字素养和技术创新能力，更好地适应新时代教育发展需求。

数字双师新团队的组建是数智技术在师资队伍建设中的创新应用，为教师提

供更广阔发展空间，为培养高质量化工人才提供有力保障。随着技术发展和应用深入，未来数字双师新团队将更加注重教师综合素质和创新能力培养，为现代化工人才培养提供更优质教育资源和更高效教学模式。

五、数智教学新范式的推进策略与课堂实践

数智教学新范式的推进是当前教育领域，尤其是工程教育领域中的一项核心任务，代表着教学方法和模式的全面革新。这一推进过程充分利用了数据挖掘、人工智能、机器学习等先进技术，旨在实现教学过程的全面个性化和高度智能化，以更好地满足学生的多样化学习需求，提高教学效果和人才培养质量。

首先，自适应学习系统的推广和应用是数智教学新范式的一大亮点。通过数据挖掘和人工智能技术，自适应学习系统可依据学生的学习行为、成绩表现和兴趣偏好，自动调整教学内容、难度和进度，为每个学生提供定制的学习方案。这种个性化教学方式能提高学生的学习兴趣和积极性，有效促进学业成绩提升。

其次，智能推荐系统的引入为学生提供了精准、高效的学习资源。通过分析学生的学习历史和行为数据，智能推荐系统可自动推荐适合的学习材料、参考文献和实践活动，帮助学生快速找到所需知识和技能。这种智能化资源推荐方式能节省学生的时间和精力，激发其自主学习和探索兴趣。

此外，数智教学新范式的推进关乎教师教学方法和评价方式的创新。通过人工智能技术，教师可实现对学生学习过程的实时监控和评估，及时发现学生学习中的问题和困难，并采取干预措施，促进学习进步。教师还可利用数据分析工具，对教学过程和效果进行全面评估和反馈，不断优化教学设计和策略，提高教学质量和效率。

总之，数智教学新范式的推进是数智技术在教学方法和模式上的深入应用，能满足学生个性化学习需求，提高教学效果和人才培养质量。随着技术发展和应用深化，未来的数智教学新范式将更加注重学生的能力培养和素质提升，为现代化工人才培养提供更优质的教学服务和更高效的模式。

六、数字素养与真岗技能新人才的锻造路径与培养方法

数字素养与真岗技能新人才的锻造是当前教育领域，特别是工程教育领域中的一项紧迫任务，体现了数智技术在人才培养目标上的深度融合与应用。这

一锻造过程着重于培养学生的信息素养、技术创新能力和实践操作能力，旨在打造一支能够适应快速变化技术环境、在实际工作中发挥关键作用的新型化工人才队伍。

首先，数字素养的培养是新人才锻造的基础。通过开设相关课程模块、举办专题讲座与培训活动等方式，帮助学生掌握必备的数字技能与信息素养，如数据处理、编程语言、信息检索等。这些基础技能与素养的培养，既能提高学生的学习效率与创新能力，又为其未来职业发展奠定坚实基础。

其次，技术创新能力的培养是新人才锻造的关键。将数智技术融入专业课程教学，使学生深入理解化工领域的前沿技术与发展趋势，如智能制造、大数据分析、人工智能等。这种教学方式激发学生的学习兴趣与探索欲望，助其构建跨学科知识体系与创新思维，为解决复杂工程问题筑牢根基。

再者，真岗技能的培养是新人才锻造的重要环节。通过校企合作、设立实践基地、实施项目驱动教学等，学生参与真实工程项目，亲身体验化工行业的最新技术与管理方法。实践导向的教学模式提升学生的实践操作能力与解决实际问题能力，使其更好地掌握化工专业核心知识与技能，为顺利步入职场做好准备。

总之，数字素养与真岗技能新人才的锻造是数智技术在人才培养目标上的具体体现。它不仅提高学生的学习效果与创新能力，还为化工行业可持续发展提供有力人才支持。随着技术发展与应用深化，未来新人才将更具数字素养与实践能力，为化工行业创新发展贡献更大力量。

第三节
"六新行动"现代化工人才培养实践案例剖析

一、智慧校园建设典型案例

AI赋能课堂教学 打通教育数字化的"关键一公里"

——湖南化工职业技术学院人工智能教学创新探索

湖南化工职业技术学院积极贯彻教育部《高等学校人工智能创新行动计

划》，全力推进智能教育，驱动学校教育教学的深刻变革。学院从数字校园向智能校园转型升级，着力构建赋能教学的优质环境，积极探索创新教学模式，重构教学流程。借助人工智能技术，开展教学监测、分析与诊断，建智能评价体系，精准评估教学绩效，实现精细化管理与个性化服务，显著提升学校治理水平。同时，学院积极提供丰富的学习资源，创新服务供给方式，致力于实现终身教育的定制化，为学生和社会学习者提供更加灵活、个性化的教育服务。

1. 案例的实施背景和目标设定

《国务院关于印发新一代人工智能发展规划的通知》明确指出，要利用人工智能（AI）技术推动人才培养模式和教学方法的改革，构建新型教育体系。该规划强调开展智能校园建设，推动AI在教育全流程中的应用，开发相关平台及教育助理，建立教育分析系统，营造以学习者为中心的环境，提供精准教育服务，实现教育定制化。

湖南化工职业技术学院深刻认识到教育变革的紧迫性，将加快信息化时代教育变革作为教育现代化的战略任务。学院全面提升治理水平，通过人工智能技术实现管理精准化和决策科学化。利用现代技术推动人才培养模式改革，实现规模化教育与个性化培养的有机结合。同时，积极构建技术赋能的教学环境，探索基于人工智能的新教学模式，重构教学流程，并运用人工智能开展教学过程监测、学情分析和学业水平诊断，建立基于大数据的多维度综合性智能评价，精准评估教与学的绩效。为学生提供丰富的个性化学习资源，创新服务供给模式，实现终身教育定制化，从而推动教育数字化、现代化的进程。

2. 主要措施与创新实践

（1）搭建智慧校园新基座 学校对校内三栋教学楼和两栋实训楼共251间教室及实训室进行升级改造，分为AI型智慧教室（122间）和常态化督导教室（129间）两种类型建设，并配套建设校级智慧教学融合管理平台。

AI型智慧教室配置智慧教室终端、AI分析摄像机、音视频等设备，采集教师考勤、教学工具使用情况等数据，通过录播系统分析教师表情与行为，部署学生AI复眼摄像机采集学生行为和表情数据，在融合平台上产生丰富应用。

常态化督导教室部署督导终端、摄像机等相关设备，连接拾音器与摄像头，沉淀日常教学资源，完成督导巡课等应用，内置AI算法分析学生三率及教师行为，将数据汇聚到校级融合平台。完成督导巡课、教学分析等功能。

建设融合平台，与教务系统对接，通过与教室端设备采集的数据产生教学督导、资源管理、教室管控、数据分析等智慧应用，方便学校领导和督导专家进行巡课、管控、督导等操作。

（2）实现AI智慧督学新常态　智慧督学系统依托教室端AI分析设备，通过数据筛选精准找课。系统依据学生专注度、出勤率、评价等多维度数据筛选课程，并进行综合排序。教室端AI分析设备、语音转写和大语言模型生成的数据，为督导老师决策打分提供有力辅助。这些数据涵盖高频词统计、语言语调分析、学情数据统计、教学模式判断等方面，同时呈现课堂考勤情况，关联分析数据与评价表，生成详尽的督导报告。系统还依托语言转文本主机记录老师授课语音，自动生成课程概要和课堂过程文字记录，并支持时间戳同步播放进度。借助大语言模型主机，系统实现丰富的AI督导评价模型，显著提高督导评价效率。通过语音转文本服务，系统提升校本资源库应用效率，形成智能视频检索，便于学生快速定位学习内容，促进资源共享和利用。此外，教室端设备采集教师授课音视频信号，转成文本信息记录，生成AI大语言模型应用，例如，AI自主问答功能可自动回答学生问题，提供学习指导，增强学生学习的便捷性和自主学习能力。

（3）开发AI智慧全方位管控新功能　学校积极推进智慧设备一体化建设，致力于提高智慧教室的维护管理效率。通过支持可视化远程管控设备，实现对教室设备的便捷管理。具体而言，利用录播摄像头、拾音麦克风和USB信号探测等技术，系统能够精准地进行智慧巡检，准确检查教室设备的运行状态。

3. 成效与经验总结

经过一学期的运行，智慧教学系统取得了显著成效，积累了宝贵经验。在教学过程方面，系统实现了数据的自动化采集与分析，通过对学生学习行为、教学活动等多维度数据的深入挖掘，为教师提供了精准的教学反馈，助力教学质量提升。在个人化教学方面，应用AI技术为学生提供了定制化的教学资源和服务，满足了不同学生的学习需求，促进学生个性化发展。在教育管理方面，AI智慧全方位管理推动了教育管理现代化，通过智能化的数据分析与决策支持，提升了管理精准度与决策科学性。在教学资源管理方面，AI教学资源治理优化了校本资源库，提高了资源利用率，使教学资源管理更加高效。在教学督导方面，AI智慧督导系统实现了教学督导工作的智能化与便捷化，通过自动化的数据采集与分析，提高了督导效率与质量。在教师教学方面，AI助教应用减轻了教师工作负担，通过智能备课、教学建议等功能，帮助教师提升教学方法与技巧。在学生学习方面，通过智能问答与个性化学习指导，提高了学生学习效率与自主学习能力。在教育科研方面，AI大语言模型应用为教育科研提供了新视角与方法，促进了教育科研创新。在教育服务方面，智能教育云平台建设提供了更智能、快速、全面的教育分析系统，优化了教育环境，满足了不同学习者需求，推动了教育服务模式创新。

总之，智慧教学系统的应用取得了多方面的成效，积累了丰富的经验，为教育的数字化、智能化发展提供了有力支持。

二、现代化工实训创新实践案例

虚实结合、书证融通，培养现代化工工匠

湖南化工职业技术学院植根化工产业办学，秉承"岗课证赛训""五位一体"的改革思路，积极适应新时代绿色化工发展需求，主动对接石化产业转型升级。在职业教育实践性教学中，学院不断升级实训基地发展内涵，提升信息化建设水平。近年来，学院累计投入两千多万元，建设了全国一流的化工生产技术专业群虚拟仿真实训基地。该基地先后被认定为国家生产性实训基地、国家虚拟仿真实训中心、国家应用技术协同创新中心、国家"双师型"教师培养培训基地、全国石油和化工行业大学生实习示范基地。在基地的开放共享、产教融合、赛训结合、书证融通等方面，学院进行了积极的探索和实践，为培养现代化工工匠提供了重要支撑，形成了独具特色的品牌和优势。

1. 案例的实施背景和目标设定

根据教育部教职成司函〔2020〕26号《关于开展职业教育示范性虚拟仿真实训基地建设工作的通知》要求，湖南化工职业技术学院针对学校化工类专业数字化升级改造实际，为了解决化工类专业教学中"看不见、摸不着、难再现、风险高、成本高"等现场实训教学难题，按照"以实带虚、以虚助实、虚实结合"理念，建成了建设面积达3000平方米的化工生产技术专业群虚拟仿真实训基地，基于虚实结合的建设原则，由虚拟仿真实训中心（模拟信号+模拟设备）、煤制甲醇半实物仿真实训中心（模拟信号+真实设备）、化工单元操作实训中心（模拟工艺+真实设备）、产品合成中心（真实环境+真实设备）组成。同时建设了化工仿真教学平台，在全国率先探索了仿真软件的在线应用，实现了人人、时时、处处的仿真训练新生态。

2. 主要措施与创新实践

（1）共建平台，虚实结合，打造化工高素质技能人才实训基地　面对化工类企业装置不断大型化复杂化，以及化工实训危险性大、成本高等现实问题，学院积极应对，整合应用化工技术国家级高水平专业群现有实践教学条件。通过课程对接岗位、专业对接产业，采用线上教学资源整合开发与线下实训设备硬件智能化升级相融合的模式（图6-1），与巴陵石化、北京东方仿真等企业开展深度合作。校企双方共建专业群综合教学资源共享平台（图6-2）、课证融通示范平台及智慧实训管理平台（图6-3）。此外，还打造了以高端化工技能人才培养中心、化工安全生产演练中心、煤制甲醇仿真演练中心、化工单元生产演练中心为主体的"2融合·3平台·4中心"的化工生产技术专业群虚拟仿真实训基地（图6-4）。该基地兼具"岗课证赛训""五位一体"功能，能够满足化工类学生实习实训与技能竞赛、职工技能等级证书培训与技能竞赛、教师教学能力比赛等多元需求，成功打造了现代化工高素质技能人才培养的高地。

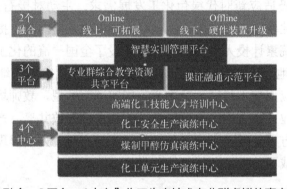

图6-1　"2融合·3平台·4中心"化工生产技术专业群虚拟仿真实训基地框架

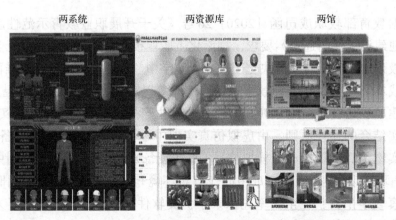

图6-2　"2+2+2"专业群综合教学资源共享平台

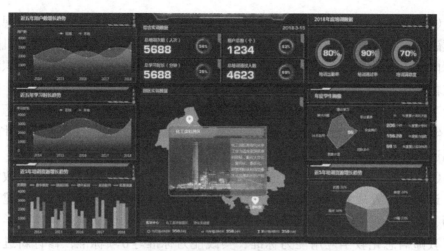

图6-3 智慧实训云端大数据中心

化工单元生产演练中心

煤制甲醇仿真演练中心

化工安全生产演练中心

高端化工技能人才培训中心

图6-4 化工生产技术专业群虚拟真实训基地四个实训中心

（2）产教融合、以虚助实，开发"1+X"课证融通培训资源　为了实现产教深度融合，学院积极建立学分银行，将"1+X"职业技能等级证书制度有机融入课程内容。学院建成涵盖群内专业对应职业岗位所需的职业素养、专业知识和职业技能的6个课程资源包，包括化工总控工、HAZOP分析师、水处理工、化学检验工、涂料装涂工、化妆品复配工技能培训软件及资源包。这些课程资源包满足了学生和社会学习者获得职业技能等级证书的需求，畅通了技术技能人才的成长通道，有效拓展了他们的就业创业本领。

（3）弘扬工匠精神，打造德艺双馨、信息化素养一流的"五双型"教学团队　遵循"统筹规划、梯队建设、分类培养、多维发展"的原则，学院建立了双师、双能、双创、双语、双栖"五双型"高水平教师团队建设机制。学院制定了教师信息化教学应用能力标准、实践能力标准等6项标准，修订新进教师准入标准、双师素质教师认定等4个标准，全面激励教师弘扬精益求精的工匠精神，致力于打造一支德艺双馨、信息化素养一流的"五双型"教学团队。

3. 成效与经验总结

（1）赛训融合、全程全员，提升了师生竞争力　学院依托化工生产技术专业群虚拟仿真实训基地，大力推行信息化实践教学改革。学院将学生技能竞赛与教师教学能力比赛融入常规教学活动，实现竞赛评价与教学质量评价的结合，以及校园文化与企业文化的融合。具体而言，竞赛内容被纳入人才培养方案、课堂教学和课程（毕业）设计中，使技能训练与竞赛贯穿整个学习过程，覆盖全体学生。这种全程化、全员化的赛训融合模式，有效提升了人才培养质量。

近年来，专业群学生在各类技能大赛中屡获佳绩。在全国职业院校技能大赛中，化工生产技术赛项荣获一等奖4项、二等奖2项、三等奖1项；工业分析技术赛项获得一等奖4项、二等奖3项；水处理技术赛项获得三等奖1项。应用化工技术专业每年为石化产业培养700余名高端技能型化工类专业人才，有力地支持了产业结构的优化升级。麦可思调查显示，近五年，专业群毕业生的就业率平均达到96%，用人单位满意率保持在95%以上。这些数据充分证明了学院赛训融合模式在提升学生就业竞争力和用人单位认可度方面的显著成效。

专业群教师的教育教学研究成果获国家教学成果二等奖2项，省级教学成果一等奖2项、二等奖1项；参加全国职业院校技能大赛教学能力比赛获一等奖1项、二等奖5项、三等奖2项。

（2）三个转变、开放办学，拓展了基地功能　在开放办学理念的引领下，虚拟仿真实训基地的共享度、产教融合度以及实践教学资源开放度持续提升。该基地已发展成为服务区域内化工技术类专业学生和企业员工技能培训提升的共享平台。基地建设实现了三个重要转变：从单一专业向专业群转变，从单纯教学向产教融合转变，从仅服务本院向服务兄弟院校、企业和社会转变，成功打造了成果共享、示范引领的开放式实践教学模式。

近五年来，基地在多个方面发挥了重要作用：承担了学院4000余名化工类相关专业学生的实习实训任务，为70余名教师提供了实践锻炼机会；每年承接巴陵石化、兴隆化工、郴州氟化工等企业员工培训1000余人；每年承接中南大学、湖南大学、泉州师范学院等省内外重点本科院校500余名学生的毕业实习；接收巴基斯坦、泰国等留学生和访学生20余人的学习与培训。中国教育报头版以《名校实训课堂搬进高职》为题，对学院"模拟工艺+真实设备"的虚拟仿真实训基地资源共享服务进行了专门报道，充分展现了基地的影响力和示范作用。

此外，学校在赛事承/协办方面也取得了显著成效。先后承/协办了2019—2021年全国职业院校技能大赛教学能力比赛、2019年全国职业院校技能大赛化工生产技术赛项（中职）、2021年全国行业职业技能竞赛——全国石油和化工行业职业技能竞赛（化工总控工、工业废水处理工赛项）等国家级比赛，以及湖南省职业院校技能竞赛、湖南省参加全国职业院校技能大赛省级集训等省级比赛/集训（图6-5）。赛事承/协办工作得到了上级单位、参赛单位与社会各界的广泛好评，进一步提升了学校在化工教育领域的知名度和影响力。

图6-5

图6-5　基地承办国赛、承接企业员工培训及重点本科院校学生实习

三、数字化教学资源开发案例

化妆品技术专业教学资源库服务新时代教育发展

在新时代，教育发展成为重要议题。为此，学院牵头，联合广东轻工职业技术学院、广东食品药品职业学院共同主持，集结潍坊职业学院等来自国内13个省市的20家职业院校，以及广东爱研科技有限公司等多家优势企业机构，共同建设了化妆品技术专业教学资源库。该资源库拥有丰富的课程资源，包括化妆品配方与制备等7门专业核心课程，以及化妆品化学、香精香料应用技术等10门专业基础和拓展课程。此外，资源库还涵盖了技能训练、创业创新教育、职业技能培训、企业案例等多个模块，为学生提供了全面的学习支持。

目前，资源库已取得显著成果。现有注册用户94357名，优质数字化资源10168条，题库12834道，SPOC208个。这些数据充分展示了资源库的规模和影响力，为化妆品技术专业的教学提供了有力支持。

1. 案例的实施背景和目标设定

在线上学习期间，化妆品技术专业教学资源库通过三维联动建设资源，整合各方力量，确保教学资源的丰富性和多样性。此外，多措并举开放资源库资源，为师生提供便捷的在线学习渠道。资源库还总结凝练了资源库个性化应用新形态，满足不同学生的学习需求。

通过这些努力，化妆品技术专业教学资源库为学生提供了稳定、高效的学习环境。

2. 主要措施与创新实践

在2020年，资源库新增用户36342人，新增各类个性化课程227门，用户访问日志超过833万次，资源更新率为65.1%。为线上教学发挥了巨大的作用，至2020年12月，资源库内有用户61497人、资源（含题库）8000余条。

（1）两端联动，建设资源 一是依托智慧职教平台端，建设标准化课程资源。2020年在智慧职教新建资源（含题库）4253条，其中视频资源3544个、图片文档类资源3434个、音频资源109个、题库资源3500道。二是依托云课堂智慧职教平台端，建设个性化教学资源。为发挥全体专业教师建设资源的合力，鼓励大家在智慧职教云平台建立个性化教学资源，以满足SPOC线上教学的急需。线上教学期间，通过云课堂智慧职教发布资源总数达600余条。

（2）多措并举，开放资源 一是免费开放资源库资源，确保优质资源共享。在开展线上教学期间，第一时间面向全社会开放化妆品技术专业教学资源库资源，包括化妆品化学、化妆品配方技术等10门标准课程、化妆品虚拟展厅和虚拟化妆交互软件、化妆品化学和水乳膏霜化妆品制备等10个重点技能训练模块资源。二是安排专人负责线上学习期间资源库建设与应用。依据教育部相关要求，制定《线上学习期间化妆品技术专业教学资源库在线教学组织与管理工作方案》，明确各课程团队及时提供在线授课、在线学习、作业点评、在线测试等教学组织及支持服务，同时提供网上答疑和培训服务，在线解决资源库应用中的各种问题，为广大师生线上教学和自主学习提供周到细致的服务。三是多渠道做好资源库推介和宣传。积极主动对接资源库参建和使用院校，提供支持保障。同时，利用网络、线上线下会议等多种形式推介宣传资源建设动态。

（3）总结凝练，构建资源库个性化应用新形态 依据教学资源库平台功能支撑，结合专业人才培养方案、课程标准和整体教学设计，资源库设计了应用地图，以满足学生、教师、企业员工、社会学习者等各类用户的个性化需求。同时，各门课程还探索形成了各具特点的资源库个性化应用新模式。

一是构建"问题导向"的线上课程教学应用模式。教师提前在云班课上发布学习任务，学生课前学习职教云平台资源，完成专题测验，并按要求完成相应课前任务，包括视频观看、学情自测、讨论答疑、提出疑问等。学生在职教云中互助答疑，教师通过学生课前学习情况，归纳总结学生的自学疑问，有针对性地备课。随后通过网络直播方式精讲重难点，答疑解惑，起到良好的教学互补效果。最后，教师再通过职教云平台将共性问题集中解答公布，形成"问题导向"教学链的完整闭环，如图6-6所示。

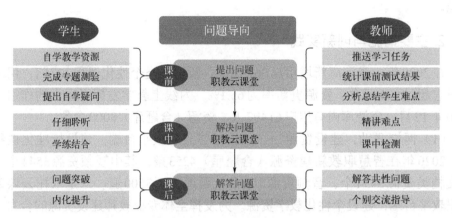

图6-6 "问题导向"的线上课程教学应用示意图

二是构建"学训评测一体"的云端实训应用模式。在化工安全技术课程的生产车间事故应急仿真演练教学中，教学按照情境设定、流程制定、桌面推演、应急演练、检查评估等教学程序，同时针对仿真训练线上个性化指导的难题，开发了操作教学视频并上传至资源平台；利用二维码精准推送操作演示、技巧讲解；学生通过远程扫码查看攻略，突破操作难点，使学习更易进行，教学更易开展，从而实现安全应急技能仿真训练教学目标，如图6-7所示。

图6-7 云端学训评测一体的实训教学组织模式示意图

3. 成效与经验总结

（1）丰富了资源数量，扩大了学习覆盖面 资源库建设有效激发了教师资源建设与应用的动力，显著提升了化妆品技术专业优质教学资源的供给量和覆盖面。经过线上教学实践，化妆品技术专业教学资源库在2021年新增素材6591条，教师用户达到201人，学生用户达到17849人，切实扩大了学习覆盖面。

（2）推进教学改革，催生系列成果　资源库建设有力促进了化妆品技术专业信息技术与教育教学的深度融合，搭建了教师交流和展示的平台，有力促进了教师专业发展和教学能力提升，进而提高了人才培养质量。2021年，专业教师依托资源库参加教师教学能力比赛，荣获国赛一等奖1项、二等奖1项，省赛一等奖2项，取得了丰硕成果。

四、数字双师团队运作模式案例

"严格准入、内培外引、改革考评"打造化工职业教育"双师型"教学团队。湖南化工职业技术学院为打造化工职业教育"双师型"教学团队，实施了"严格准入、内培外引、改革考评"等关键举措。在严格准入方面，学院制定了明确的教师准入标准，确保新进教师具备扎实的专业知识和实践经验。在内培外引方面，学院注重内部培养与外部引进相结合，通过专业培训、企业实践和科研项目等方式提升教师素质，同时积极引进具有丰富企业经验和教学能力的"双师型"教师。在改革考评方面，学院建立了科学合理的教师考评机制，涵盖教学效果、科研成果、企业实践等多个方面，实行定期考核和激励机制，激发教师的工作积极性和创造力。通过这些措施，学院成功构建了一支高素质的"双师型"教学团队，为化工职业教育的发展提供了坚实的人才支撑。

1. 案例的实施背景和目标设定

2019年3月，在全国两会《政府工作报告》中提出"今年大规模扩招100万人"。聚集院校、企业优质资源开展精准培养，为社会人员提供多样化成长成才路径，可缓解当前就业压力，解决技术技能人才短缺的供需矛盾。学院是中国特色高水平专业群（应用化工技术）建设单位（B类），作为化工职业教育的领跑者，学院积极响应国家号召，在面向全省石油和化工类企业在岗人员的第三批单独招生中，录取企业职工675名，分布在应用化工技术、精细化工技术、机电一体化等7个品牌优势专业和市场紧缺人才专业，其中，中国特色高水平专业群核心专业应用化工技术专业录取409人。

2019年8月，教育部等四部门印发《深化新时代职业教育"双师型"教师队伍建设改革实施方案》的通知，建设高素质"双师型"教师队伍是加快推进职业教育现代化的基础性工作。同时，湖南省石油与化学行业面临结构转型升级、建设绿色化工、促进和谐发展的时代机遇，建设高素质"双师型"教师队伍同样是赋能行业创新发展的有效途径。

2. 主要措施与创新实践

（1）以双师素质为导向，健全双师资格准入和遴选机制 为贯彻落实《深化新时代职业教育"双师型"教师队伍建设改革实施方案》（教师〔2019〕6号）等相关文件精神，优化以双师素质为导向的教师资格准入制度，学院根据扩招专业类及专业关于强化专业教学和实践教学的要求，对接化工技术类等相关专业的国家专业教学标准、岗位和职业标准，开展聚焦专业教师双师素质构成的笔试或结构化面试。为解决双师型教师数量不足、来源单一、结构性矛盾突出等问题，学院以学校牵头组建的化工职业教育集团为平台，以化工教育协会组织的化工职业教育年会为契机，构建政府与行业统筹管理、企业和院校深度融合的教师队伍遴选机制。

根据湖南省教育厅第三次单独招生工作要求，学院组织由专业教师、招生专干组成的8个调查组，赴岳阳巴陵石化、宁乡松井新材料等20余家规模以上企业和具有典型特色的中小型化工类企业（园区）开展调研。按照扩招企业规模、学生数量和专业分布情况，分别从湖南岳阳巴陵石化公司、湖南海利集团常德分公司等8家企业，覆盖石油化工、精细化工等4个典型化工分支领域，遴选聘请22位企业实践导师，畅通高层次技术技能人才兼职从教渠道，规范兼职教师管理。实施现代产业导师特聘岗位计划，建设标准统一、序列完整、专兼结合、数量充足、结构优化的实践导师队伍，实现"双师型"教师占专业教师的比例超过80%的目标。

（2）以双师素质为导向，构建双师培养和培训格局 为提升教师的双师素质，学院联合园区企业，建设了8家校企合作的"双师型"教师培养培训基地和12个企业实践基地，健全了地方政府、职业院校、行业企业联合培养教师的机制，充分发挥院校和行业企业在培养"双师型"教师中的重要作用。学院实施"访问工程师"制度，每年遴选10名企业导师，到"双师型"教师培养培训基地担任半年以上的"访问工程师"，通过挂职锻炼等方式进行重点培养，增强其专业教学能力。同时，邀请企业优秀工程技术人员和经营管理人员到学校举办专业讲座或技能示范，聘请高校、企业、事业单位的学者、专家担任学校兼职教授，从企业选拔和引进实践应用能力强、专业建设紧缺的各种实用型人才，充实学校师资队伍。

学院聚焦专业教师双师素质的构成，强化教师入职教育。结合新教师的实际情况，探索建立新教师为期1年的教育见习与为期3年的企业实践制度，严格见习期考核与选留环节。鼓励教师通过自学、进修等手段，考取学校专业所需或与自身职责相关的专业技术职务或资格证。原则上，年龄在45岁以下的青年教师均应取得与本专业或工作职责相关或相近的专业技术职务或资格证。

此外，学院制定教师定期到企事业单位挂职锻炼的计划，选派教师到企业进行培训或选送教师到专业一线单位进行顶岗实践锻炼。教师个人利用寒暑假、节假日，积极创造条件到企事业单位进行调查研究、实习或参与工作，以提升自身的实践能力和教学水平。

（3）以双师素质为导向，改革双师考核与评价格局　为适应新时代职业教育的发展需求，学院修订了《教师职称评聘办法》，按照教师专业水平，将教师分为新教师、合格教师、骨干教师、专业带头人和教学名师四个级别。对接"五双型"教师要求，按照教师职称任职年限的十一个层级等级，制定了五维度十一层级定性和定量相结合的"双师型"教师发展质量标准。同时，学院完善了"双师型"教师考核评价标准，充分体现技能水平和专业教学能力，将教学效果、企业实践作为考核的重要内容，奖优罚劣，加强绩效导向，调动教师的主观能动性，形成良性竞争氛围。同时，建立了兼职教师分层考核评价机制，调动其工作积极性，延长兼职教师在校职业生命周期。

学院按照"一流人才、一流业绩、一流收入"原则，构建了多元化的动态薪酬体系，促进人岗相适，人尽其才。提高了"双师型"教师的待遇，包括考核评价、利益分配、企业实践补助等，鼓励专业教师向"双师型"教师转型。此外，学院还建立了职业院校、行业企业、培训评价组织多元参与的"双师型"教师评价考核体系，确保评价的全面性和科学性。

3. 成效与经验总结

（1）构建"数量充足、结构合理"的"双师型"教学团队，教学成果丰硕　应用化工技术专业现有专任教师53人，其中高级职称31人，占比58.49%；研究生学历38人，占比71.70%；博士学位8人，占比15.09%；"双师型"教师43人，占比81.13%。此外，本专业聘请了22名行业企业兼职教师，指导学生认识实习、生产实习和跟岗实习等实践环节，授课学时占专业课总学时的比例为29.12%。

应用化工技术专业坚持校企双主体育人模式，组建了产教融合专业建设指导委员会，积极探索订单式培养、现代学徒制人才培养等校企双主体人才培养模式改革。专业聘请了湖南海利集团公司董事长刘卫东教授级高级工程师担任企业专业带头人，实施双专业带头人制。校企联合制定人才培养方案和课程体系，共建校内生产性实训室4个、校外实习实训基地8个，合作开发了10门核心课程标准，公开出版教材6部。

（2）构建"一主两翼、校企融合"的社会服务体系，服务能力提升　学院以服务长江经济带和珠江流域沿线省份中小微石化企业创新发展为引领，建立了以高素质技术技能人才培养为主体，送教入企、送技入企为侧翼的"一主两翼"社会服务体系。牵头组建了湖南化工职教集团，打造了湖南省高职院校唯一归口省科技厅的中小微石化企业技术创新服务平台，与兴隆新材料有限公司共建了国家级企业技术中心，建设了株洲化工企业创新联盟和应用化工技术协同创新中心。

近年来，学院面向行业企业员工和化工类本科学生累计开展各类技能培训与鉴定126063人·天，面向下岗职工、农民工和偏远地区学院教师精准扶贫专项培训8583人·天，开展境外人员培训325人·天；承担省级以上科研项目48项（其中省自然科学基金项目10项），获得国家专利26项，公开发表论文203篇；完成纳米碳酸钙等工艺改造、脱硫灰处理再利用等工艺技术改造和新产品研发项目55项，横向技术服务到账经费600余万元，为中小微企业提出技术诊断报告26个，累计为企业创造直接经济效益5000多万元。

（3）构建"双主体、六对接"的校企合作育人机制，育人成效显著　以企业和学院为主体，构建了"双主体、六对接"的校企合作育人机制。人才培养目标对接化工产业升级，专业群课程体系对接化工技术岗位标准，共享性实训基地对接化工生产现场，专业群教学团队对接高端技术团队，人才质量评价对接员工考评标准，专业文化对接企业文化。

在这一机制下，学生在各类技能大赛中屡获佳绩。获全国职业院校技能大赛化工生产技术赛项一等奖4项、二等奖2项；获第45届世界技能大赛水处理技术项目行业选拔赛一等奖1项、二等奖1项；获全国职业院校创新创效创业大赛二等奖1项；中华职业教育创新创业大赛银奖1项；省级创新创业类赛项一等奖1项、二等奖3项、三等奖1项；获全国数学建模竞赛高职组一等奖1项，在化工同类院校产生了广泛影响。此外，学生就业率达到94%以上，就业满意率达到98%，双证书获取率达到100%。

五、数字素养与技能人才培养案例

1. 案例的实施背景和目标设定

（1）实施背景　随着信息技术的快速发展，数字化和智能化已成为各行各业的重要发展方向，尤其在化工行业，数字化转型正在成为推动行业发展的关键力量。传统的化工生产模式面临着自动化、数字化转型的巨大挑战，尤其是在智能化生产、大数据分析和绿色发展方面，急需具备新兴数字技术和专业技能的人才。然而，传统的教育模式在培养这些高技能人才方面存在显著的不足，特别是在数字素养和实践能力的培养上，学生进入工作岗位后往往面临较大的适应挑战。

为响应这一趋势，学校结合现代化工行业发展需求，依托数字化技术，建设了"化工数字体验中心"。通过创新的教育模式，推动化工专业教育的转型升级，培养具备扎实的专业理论基础、高水平数字素养和实践能力的高技能化工人才。

（2）目标设定

提升学生的数字素养：数字素养是未来工人必须具备的核心素养之一。随着数字技术在化工生产中的广泛应用，培养学生的数字素养已成为当务之急。通过化工数字体验中心，学生将能够深入理解并掌握大数据、人工智能、虚拟现实、数字孪生等前沿数字技术，提高自己的数据分析、智能控制和数字化沟通能力。此外，学生还能够在虚拟工厂中模拟化工生产流程，学习如何运用数字工具进行生产优化与故障诊断，从而在未来的工作中游刃有余。

加强实践能力培养：传统教育模式下，学生更多地接触理论知识和基础实验，而缺乏与实际工作环境的紧密结合，导致他们在进入工作岗位后面临较大的适应挑战。化工数字体验中心通过构建虚拟仿真工厂和智能化生产线，为学生提供了一个与现代化工生产高度契合的实践平台。在这里，学生不仅可以进行常规的操作训练，还可以进行问题解决和决策模拟，增强实际操作和应急处置能力。这种基于数字技术的实践教学，能够为学生提供一个"零风险"高效能的学习体验，确保他们毕业时具备足够的实践能力，能够快速融入现代化工企业。

促进产教深度融合：随着化工行业技术的不断发展，行业对人才的需求日益多样化，尤其是在智能化和数字化领域的技术人才。化工数字体验中心不仅作为学校内部的教学平台，还将与企业进行深度合作，为学生提供实际项目的实践机会。通过与企业合作，学生能接触到最前沿的技术和项目，了解行业最新的需求和发展趋势，获取与企业需求对接的能力。校企联合培养模式能够有效弥合教育与产业之间的差距，为化工行业输送既具备专业素养，又具备数字化技能的人才。

推动化工教育的全面升级：通过化工数字体验中心的建设与运营，学校的化工教育模式将进入一个全新的阶段。中心将集成传统的化工教育元素与现代化的数字技术，使得教育内容更加丰富，教育方式更加灵活。通过模块化教学体系，学生能够根据自身需求选择不同的学习路径，进行个性化的学习和实践。未来，化工数字体验中心将继续推动教育与科普的深度融合，扩展更多的学科和课程内容，进一步提升教学质量和社会影响力。

2. 主要措施与创新实践

化工数字体验中心作为学校在推进化工高技能人才培养中的核心平台，采取了多项创新性措施，推动了教育模式的转型升级，结合数字化技术，为化工类专业学生提供了一个集知识传授、技能培养、创新实践于一体的综合性学习平台。这一中心的建立和运行，不仅依托现代信息技术提升了教学质量，还实现了教育与行业的深度融合，为化工行业输送了一批具备数字素养和现代化工技能的人才。

（1）数字化教学平台的建设与应用　化工数字体验中心的数字化教学平台建设是其最具创新性的部分。通过引入数字孪生、虚拟仿真、大数据分析等先进技术，该平台为学生提供了一个高度互动、沉浸式的学习环境。学生可以在数字化平台中模拟化工生产的各个环节，操作虚拟设备，参与复杂的生产过程，有效掌握现代化工生产中的核心技能。

为了最大程度地还原化工生产流程，化工数字体验中心采用数字孪生技术，构建了一个乙烯裂解工艺的虚拟仿真工厂（图6-8）。该虚拟工厂完整模拟了从原料输入到成品输出的整个生产流程，学生可以在系统中扮演中控操作员、外操员等角色，进行实时操作和管理，体验在实际生产环境中可能遇到的各类操作情境。通过这种方式，学生不仅了解化工生产的基本流程，还能在虚拟环境中迅速学会应对生产中遇到的各种问题。

图6-8　乙烯裂解工艺的虚拟仿真工厂

在数字体验中心，学生不仅进行操作，还能利用大数据分析和AI智能预警功能，进一步提升操作能力。平台集成了大数据分析功能（图6-9），能够实时采集学生操作过程中的各类数据，如控制参数、操作步骤和响应时间等。通过分析这些数据，平台生成个性化学习报告，帮助教师和学生及时发现学习中的短板，进行针对性改进。同时，系统还会根据学生操作数据提供实时反馈和纠错建议，优化学习过程，提高学习效率。

图6-9　大数据分析功能

（2）模块化教学体系的构建与实施　化工数字体验中心引入了模块化教学体系，使得教学内容更加灵活和丰富，能够更好地适应不同学生的需求。在传统的课堂教学中，学生的学习方式较为单一，主要以教师讲授为主，缺乏足够的互动和实践机会。而模块化教学将课程内容分为多个独立模块，学生可以根据自身兴趣和需求，选择不同的模块进行学习，提升了学生的自主学习能力和创新思维。

化工数字体验中心的模块化教学体系，尤其注重化工文化与实际应用的有机结合。通过结合化工行业的历史、现状与未来趋势，中心推出了多个包含文化传承和技术应用的教学模块，帮助学生在了解化工行业发展史的同时，也能掌握最新的技术应用。在"化工文化"模块中，学生不仅能够通过互动展览，了解中国化工行业的百年发展历程，还能够参与数字化的教学活动，如虚拟化工工厂的操作和智能化生产技术的学习（图6-10）。这种教学模式帮助学生在理解行业文化的同时，也培养了他们的行业认同感与责任感，增强了他们的专业自信心。

模块化教学不仅仅是对课程内容的划分，它还强调理论知识与实践操作的有机融合。在"化工智能工厂体验"模块中，学生可以通过虚拟仿真系统，在数字化工厂中模拟化工生产过程，深入理解现代化工生产中的智能化和自动化技术。这个模块结合了真实生产工艺和虚拟仿真技术，学生在模拟环境中通过操作虚拟设备进行学习，同时与现实中的生产工艺紧密对接，以此更好地理解理论知识与实践应用之间的联系。

图6-10　学生参观互动展览

（3）安全与环保素养的提升　化工行业一直以来都面临着严峻的安全挑战，特别是在危险品的生产和运输过程中，任何疏忽都可能导致严重后果。为此，化工数字体验中心特设了多个安全教育和应急响应模块，帮助学生在虚拟环境中进行化工安全的学习和模拟应急处理。

安全互动区通过VR技术和仿真模拟，创建了多个化工事故的模拟场景（图6-11），如化学品泄漏、火灾爆炸等事故。学生在这些虚拟环境中，通过模拟应

图6-11　化工事故模拟场景

急响应和救援操作，进行决策和处理。这不仅使学生学会了如何使用化工个体防护装备，了解应急处置流程，还提高了他们的快速反应能力和安全意识。例如，学生在模拟火灾发生时，需要在规定时间内启动应急预案并进行灭火处理，系统会根据学生的应急响应情况提供实时反馈，帮助学生了解在实际工作中如何正确评估风险并作出反应。这种虚拟安全演练为学生提供了一个无风险的练习环境，极大地提高了学生的安全素养。

（4）产教融合与校企合作的深度推进　化工数字体验中心通过与企业的紧密合作，推动产教融合，提升学生的实际操作能力和就业竞争力。中心与多家化工企业合作，创建了多个联合培养项目和企业实训基地，为学生提供了真实的行业应用场景。

中心通过校企联合开发课程与实训项目，让学生直接参与到企业的生产项目中。在与乙烯裂解厂的合作中，学生在企业技术人员的指导下，参与到生产线的监控与优化项目中，亲身体验智能化控制系统的使用（图6-12）。学生通过与企业工程师共同解决生产中的问题，不仅学到了前沿技术，还了解了企业的实际需求，增强了与行业接轨的能力。

图6-12　学生深度参与生产线的监控与优化项目

除为在校学生提供实践机会外，化工数字体验中心还为社会人员和企业员工提供培训。通过模拟工厂和虚拟安全体验，企业员工可以在无风险的环境下进行操作训练和应急响应演练（图6-13）。这种培训模式不仅提高了员工的操作技能和安全意识，还帮助企业提升了整体生产效率和安全水平。

图6-13　参与操作训练和应急响应演练

3.成效与经验总结

（1）学生数字素养的显著提升　随着数字化时代的到来，学生的数字素养成为其能否适应现代化工行业的关键因素。化工数字体验中心通过引入大数据分析、人工智能、虚拟现实、数字孪生等先进技术，构建了一个全面的数字化学习平台，让学生在虚拟环境中进行实时操作，从而有效提升了他们在数字化工厂环境中的操作能力和问题解决能力。通过虚拟仿真技术，学生可以在模拟的化工生产环境中实际操作控制系统、设备巡检等关键任务，深入了解化工生产过程中的每个环节。系统根据学生的操作行为提供智能提示和纠错反馈，帮助学生及时发现问题并进行调整。这种技术应用不仅帮助学生理解现代化工生产中的技术，也极大增强了他们的数字素养。

（2）学生实践能力和创新能力的提升　化工数字体验中心极大地促进了学生实践能力和创新能力的发展。传统的化工教育模式较为重视理论知识的传授，而在实际工作中，学生需要通过丰富的实践经验来应对复杂的生产环境。通过数字体验中心的虚拟仿真、智能控制等训练平台，学生能够在无风险的环境中进行大量的实践操作，极大地增强了动手能力。通过数字化仿真平台，学生可以在虚拟环境中模拟化工生产操作，从反应釜的温度调控到生产流程的优化，每一个细节都能在模拟环境中得到训练。这种虚拟仿真让学生在无风险的情况下进行大量操作练习，进一步提升了他们的反应速度和操作精度。同时，数字体验中心通过虚拟环境和智能工具培养学生的创新思维和问题解决能力。例如，系统会模拟设备故障或生产线中断等问题，学生需要快速诊断并修复，这种训练锻炼了学生的创新思维和应急处理能力。

（3）校企合作的深化与产教融合的成效 化工数字体验中心深化了校企合作，推动了产教融合的进程。通过与化工企业的合作，学生不仅接触到最新的行业技术，还能了解企业需求，从而提升就业竞争力。化工数字体验中心与多家化工企业建立了深度合作关系，联合开发课程与实训项目，为学生提供真实的行业应用场景。通过与企业技术人员共同工作，学生不仅学习到最前沿的技术，还能理解行业需求与发展趋势。例如，与乙烯裂解厂的合作中，学生参与了生产线监控和智能化控制项目，使用智能化设备进行数据采集、分析与优化。这种实践让学生不仅掌握了智能化技术，还能在实际环境中应用和解决技术问题，显著提高了就业适应能力。通过这种产教融合模式，学生的就业竞争力得到了显著提升。

（4）思政教育与专业教育的有机融合 化工数字体验中心通过将思政教育融入专业教育，进一步加强了学生的社会责任感和行业使命感。通过展示中国化工行业的历史成就与社会贡献，中心帮助学生理解化工行业对社会、经济、环保等方面的重要作用，同时将红色基因融入思政教育中，增强了学生的国家认同感和社会责任感。在"中国化学工业百年发展史"模块中，学生通过学习化工行业的历史，了解其从初期的简单化学工艺到现代化工产业的发展。通过了解化工行业的历史，学生不仅增强了行业认同感，也意识到作为化工从业者应承担的社会责任。通过将思政教育与专业课程结合，化工数字体验中心不仅传授专业知识，还培养学生的社会责任感和家国情怀。通过这种教育方式，学生在掌握化工技术的同时，思想上也得到了升华，这种教育方式增强了其在未来工作中的社会责任感和使命感。

数智驱动下现代化工高技能人才培养的
探索与实践

第七章

"四方联动"：现代化工人才培养质量动态监测机制

在当今快速发展的现代化工行业中，技术创新和产业升级对高技能人才的需求日益迫切。传统的教育和人才培养模式逐渐暴露出与行业需求脱节的问题，尤其是在技术迅速迭代、全球化竞争加剧以及智能化转型的背景下，如何培养具备创新能力、实践能力和综合素质的高技能人才，成为教育界和产业界共同关注的焦点。

为应对这一挑战，政行校企"四方联动"动态评测机制应运而生。这一机制通过政府、行业协会、高校（职业院校）与企业之间的深度合作，构建了一个协同育人的闭环体系，旨在高效、精准地培养符合现代化工行业需求的高技能人才。通过动态评测机制，学校不仅能够实时跟踪学生的成长轨迹，还能根据行业需求的变化及时调整培养方案，确保人才培养与产业发展保持同步。

本章将深入探讨"四方联动"动态评测机制的构建与实践，分析其时代背景、战略意义、核心要素及运行模式，并结合湖南化工职业技术学院的实践案例，展示该机制在提升学生综合能力、促进校企合作、增强毕业生就业竞争力等方面的显著成效。通过这一机制的创新实践，学校不仅能够为现代化工行业输送更多高素质人才，还能为职业教育改革和产业升级提供有力支撑。

第一节
"四方联动"动态评测机制的深度解读

一、"四方联动"动态评测机制的时代背景与战略意义

随着现代化工产业的迅速发展和技术创新，传统的教育和人才培养模式逐渐暴露出其与行业需求之间的脱节问题。现代化工行业对高技能人才的需求呈现出多样化、复合型、创新型的特点，这不仅要求教育体系进行深度改革，同时也对人才培养的评测机制提出了更高的要求。为适应这一变化，政行校企"四方联动"动态评测机制应运而生，并成为推动现代化工高技能人才培养的重要工具。

（一）时代背景

1. 行业技术飞速发展

现代化工行业正处于转型升级的关键时期，新材料、新能源、生物化工等领域的快速发展对高技能人才的综合素质提出了前所未有的挑战。行业需求不仅集中在传统的化工操作技能上，还需要具备跨学科的创新能力和复杂问题解决能力。因此，传统的培养和评测模式已无法满足这些多维度的需求。

2. 全球化与产业链重构

随着全球化的加速，国内外化工产业的技术标准、人才标准逐渐趋同。全球化带来了跨国合作与竞争，要求人才不仅要具备国内市场的专业技能，还要能够理解和适应国际市场的动态。这使得人才培养不再仅仅依赖于本国的教育资源，而是需要通过多方联动与跨行业合作来实现。

3. 智能化和数字化的迅猛发展

随着人工智能、大数据、云计算等数智技术的广泛应用，化工行业的生产方式、管理模式、研发流程都在发生深刻变革。如何利用这些技术推动人才培养与

评测方式的创新，成为当前教育与行业发展中的一大课题。数智驱动下的"四方联动"动态评测机制应运而生，能够有效打破传统评测模式的局限，建立起更加灵活、精准的评测体系。

（二）战略意义

1. 促进产学研用深度融合

"四方联动"动态评测机制通过政府、行业协会、高校和企业四方的深度合作，打破了传统单一教育模式的壁垒，使教育、行业与市场需求紧密对接。政府通过政策引导和资金支持，行业协会提供标准和人才需求预测，高校负责课程设计和知识传授，企业则为教育提供实践平台。这种多方协同育人的机制，不仅能解决人才培养中的实际问题，还能促进产业技术和教育质量的同步提升。

2. 推动人才培养精准化与个性化

传统的评测机制多偏向于定期的知识考核，忽视了学生在实际工作中所需的综合能力。通过引入动态评测机制，学校能够实时跟踪学生的成长轨迹，针对不同的培养阶段，提供量体裁衣式的评测方案。这种精准化和个性化的评测方式能够更好地评估学生的实际操作能力、创新能力以及综合素质，进而指导教育内容和模式的及时调整。

3. 提升企业创新能力和竞争力

在"四方联动"机制中，企业不仅是人才的需求方，同时也是评测的重要参与者。通过与高校、行业协会的合作，企业能够对人才培养的方向和内容提供有效的反馈。这种反馈机制不仅有助于培养更符合企业需求的高技能人才，还能够促进企业的技术创新和生产模式的升级。通过这种协同，企业能够更好地适应快速变化的市场环境，提升自身的创新能力和市场竞争力。

4. 支撑国家战略发展目标

国家在多个领域推动的创新驱动发展战略、人才强国战略，都要求高技能人才的培养与产业发展紧密结合。"四方联动"机制有助于国家产业战略目标的实现，尤其是在化工行业对高级技术人才的迫切需求方面。借助这一机制，国家能够通过优化人才结构，推动高技能人才向战略性新兴产业集聚，为经济发展注入新的活力。

综上所述，"四方联动"动态评测机制不仅是对当前教育与行业发展趋势的响应，也是新时代下高技能人才培养战略的创新实践。通过政策引导、教育改革、企业参与和行业协作等多方努力，机制能够有效推动产学研用深度融合，提升人才培养的质量与精准度，最终促进社会经济的高质量发展。

二、"四方联动"动态评测机制的内涵

"四方联动"机制通过建立全面、精准、灵活的评测模型，实现高技能人才的多维度评估，确保人才培养与行业发展保持紧密对接。

（一）"四方联动"的核心要素

1. 政府的引领作用

政府在"四方联动"机制中扮演着宏观调控者的角色，承担着统筹规划、政策支持和监管保障等重要职能。首先，政府通过制定促进高技能人才培养的政策，为产业发展提供有力的政策保障。例如，通过设立专项资金、提供税收优惠以及制定人才激励政策，鼓励企业和高校加强合作，共同推动高技能人才的培养。

其次，政府通过制定行业法规和人才培养标准，确保各方在人才培养过程中的协调性和规范性。政府通过建立全国性或区域性的人才评价体系，对高技能人才的培养质量进行动态监管，促进人才培养的标准化和规范化。

此外，政府还可以搭建信息共享平台，促进政府、行业协会、高校和企业之间的信息互通。通过大数据分析和人工智能技术，政府可以实时监测行业需求变化，指导高校和企业调整人才培养方向，使人才供需更加精准匹配。

2. 行业协会的中介作用

行业协会作为政府与企业之间的重要纽带，在"四方联动"机制中发挥着沟通和协调的关键作用。首先，行业协会可以通过制定行业标准、发布行业发展报告等方式，为高校的人才培养方案提供科学依据，确保培养方向符合市场需求。

其次，行业协会可以组织企业和高校开展多种形式的交流与合作，如行业研

讨会、产学研对接会等，为双方搭建沟通平台，促进信息共享和资源整合。此外，行业协会还可以基于市场需求和技术发展动态，及时向政府和高校反馈信息，调整人才培养方向，提高人才培养的前瞻性和精准度。

与此同时，行业协会还可以在人才认证和评价方面发挥重要作用。通过制定统一的职业资格认证标准和技能等级评估体系，行业协会可以有效提升高技能人才的市场认可度，为企业和高校提供更加科学的人才评测依据。

3. 高校（职业院校）的主导作用

高校（职业院校）是"四方联动"机制中的核心主体，承担着人才培养的主要任务。首先，高校需要根据行业发展趋势和市场需求，创新课程体系和教学模式，构建符合产业需求的人才培养体系。例如，可以加强校企合作，结合企业的实际需求设置专业课程，确保学生在校期间能够获得行业所需的技能。

其次，高校应加强实训基地建设，打造高水平的实践教学环境。通过建立校企联合实验室、技能实训基地和创新创业孵化平台，为学生提供实践机会，提升其实践能力和创新能力。

此外，高校还可以通过科研合作、联合研发等方式，与企业共同攻关技术难题，实现科研成果的产业化应用。这不仅有助于推动技术创新，也能够让高校在教学过程中更好地结合行业前沿动态，培养更具竞争力的人才。

在评测机制方面，高校应引入多元化的人才评估模式，不仅关注学生的学业成绩，还应关注其实践能力、创新能力以及职业素养。高校可以通过行业认证、企业评价、校内考核等多种方式，全面评估学生的综合素质，确保培养的人才能够真正满足行业需求。

4. 企业的参与和反馈作用

企业作为人才培养的最终需求方，在"四方联动"机制中发挥着至关重要的作用。首先，企业可以为高校提供实习、实训等实践平台，让学生在真实的工作环境中接受锻炼，提升其实践能力。例如，可以通过校企合作模式，安排学生到企业进行岗位实习，让他们提前熟悉企业文化、工作流程和行业规范。

其次，企业可以深度参与人才培养方案的制定，与高校共同开发课程内容，确保课程设置贴合行业需求。例如，在一些新兴技术领域，如智能制造、人工智能、大数据等，企业可以直接提供最新的行业案例和技术资料，帮助高校优化教学内容，使学生在毕业后能够迅速适应岗位需求。

此外，企业还可以通过产学研合作，推动技术创新和人才培养的深度融合。例如，企业可以与高校共同承担科研项目，联合开发新技术、新产品，让学生在科研过程中积累经验，提高其实践能力和创新能力。

在评测机制方面，企业的反馈至关重要。企业可以通过对毕业生的工作表现进行评估，并向高校反馈用人需求和人才培养的改进建议。这有助于高校不断优化课程设置和教学方法，提高人才培养的精准度。

（二）评测机制的核心功能

1. 全方位的人才评估

"四方联动"动态评测机制的核心功能之一是实现对人才的全方位评估。传统的评测体系多局限于单一的知识或技能测试，而"四方联动"动态评测机制则通过多维度的评估方法，覆盖了知识、技能、综合素质、创新能力等多个方面。评测不仅关注学生在课堂学习中的表现，还涉及其实习实训、项目研究、团队合作等多方面的能力，确保评估结果全面反映学生的综合素质和岗位适应能力。

2. 动态反馈与持续改进

动态评测机制的另一个重要特点是其"动态性"。通过实时收集学生在不同阶段的表现数据，评测系统能够实时反馈学生的成长轨迹。这一过程能够在学生还在培养阶段时，及时发现其优点和不足，提供个性化的提升建议，确保教育和培训的过程能够及时根据评测结果进行调整。这种持续的改进机制，不仅有利于学生的成长，也能使得高校和企业的合作模式更加灵活和高效。

3. 协同育人的评测平台

评测平台是"四方联动"机制的基础设施，它提供了一个集成化、智能化的评测工具，能够支持实时数据采集、分析、反馈等功能。平台的核心作用是实现各方的信息共享与资源协同，促进政府、行业协会、高校与企业之间的高效互动。通过评测平台，各方能够随时了解人才培养的进展情况，优化资源配置，调整评测标准和内容。

4. 评测数据的多维度应用

评测数据不仅限于学生个人成长的反馈，还可以为各参与方提供决策依据。

政府可以根据评测数据调整政策导向和资源配置；行业协会可以根据数据分析行业人才需求，为教育系统提供改革建议；企业可以通过分析评测数据，对未来的用人需求进行规划，帮助企业制定更符合市场需求的人力资源策略。

（三）评测机制的智能化支持

1. 大数据与人工智能的应用

随着大数据和人工智能技术的发展，"四方联动"动态评测机制逐步引入这些先进技术，提升评测的精度与效率。通过大数据分析，评测系统可以识别行业趋势、人才需求变化等关键信息，为人才培养方案提供科学支持。人工智能则能够帮助系统自动化分析学生的成长数据，给出个性化的改进建议，甚至实现评测结果的预测。

2. 云平台的技术架构

云计算技术的应用，使得评测平台能够高效处理海量数据，并实现不同地点、不同参与方的实时互动。云平台能够保证数据的安全性与可扩展性，且通过灵活的功能模块，使自身能够根据需求变化进行功能升级和扩展。同时，云平台为各方提供了一个便捷的操作界面，方便各参与方随时获取评测数据与结果。

综上所述，"四方联动"动态评测机制的内涵不仅仅体现在多方合作和资源共享的基础上，更在于其灵活、精准的评测体系和智能化支持。通过政府、行业协会、高校和企业四方的深度协作，建立起的一个全方位、持续优化的动态评测体系，不仅可以全面评估人才的成长过程，还能根据行业需求的变化进行及时调整，为现代化工行业培养出更多符合未来发展趋势的高技能人才。

三、"四方联动"动态评测机制的目标定位与基本原则

"四方联动"动态评测机制不仅是为了更好地促进高技能人才的培养，还承担着推动教育与行业深度融合的战略使命。要确保这一机制的有效性和可持续发展，首先需要明确其目标定位，同时制定出符合现代化工行业要求的基本原则。通过明确的目标和基本原则，机制能够实现精准的人才评测，推动高技能人才培养的质量提升。

（一）目标定位

1. 提升人才培养的质量和效率

"四方联动"动态评测机制的首要目标是提升高技能人才的培养质量和效率。通过动态评测，能够实时监控人才培养的各个环节，及时发现并解决存在的问题，确保人才培养的各个阶段都能达到预定的质量标准。此外，动态评测能够有效提高培养过程的效率，避免资源浪费，减少培养周期，提高培养质量。

2. 促进教育体系与产业需求的深度对接

现代化工行业对人才的需求日新月异，传统的人才培养体系往往滞后于行业发展和技术革新。"四方联动"机制的目标之一是通过多方合作，促进教育体系与产业需求的深度对接。通过政府、行业协会、高校和企业之间的紧密协作，及时调整人才培养方案，确保人才培养与行业发展的同步性和前瞻性。这不仅能够提高人才的就业率，还能帮助行业培养出符合未来发展需求的高端技能人才。

3. 推动高技能人才的个性化培养

现代化工行业对高技能人才的需求不仅是数量上的需求，更多的是对人才个性化、复合型、创新型能力的要求。"四方联动"动态评测机制能够实现对学生的个性化评估，精准识别其强项和短板。依据评测结果，培养过程可以进行相应调整，为每一位学生量身定制培养方案，帮助他们在不同的学习阶段取得最佳的成长效果。

4. 促进企业的技术创新和产业升级

企业在动态评测机制中的深度参与，不仅能够帮助高校培养出符合企业需求的技术型人才，还能够通过与高校和行业协会的合作，推动自己的技术创新和产业升级。企业可以通过与高校共同设计培养方案，确保人才不仅具备基础技能，还能掌握前沿技术和创新思维，为企业的技术进步和产业升级提供有力支持。

（二）基本原则

1. 平等互利原则

"四方联动"动态评测机制的基本原则之一是平等互利。政府、行业协会、高校和企业各方在机制中享有平等的地位和权利，所有参与方应当遵循公平、公正的合作原则，明确各方的责任和义务。在此基础上，通过共享资源、互相支持，推动各方在合作中获得共同的利益，最终实现社会、经济和教育的多赢局面。

2. 优势互补原则

每一个参与方在"四方联动"机制中的作用和优势不同，政府能够提供政策和资金支持，行业协会能够提供行业信息和标准，高校能够提供人才培养和科研支持，企业能够提供实践和就业机会。优势互补原则要求各方应当根据自身的资源优势进行分工合作，充分发挥各自的强项，通过多方合作形成合力，推动高技能人才培养工作的顺利开展。

3. 灵活开放原则

随着科技的发展和行业需求的不断变化，传统的人才培养模式和评测机制已经无法满足现代化工行业的要求。因此，"四方联动"动态评测机制必须保持灵活性和开放性。灵活性体现在机制能够根据行业发展趋势、技术变革、市场需求等外部因素及时调整评测标准和培养方案，确保培养目标和评测结果能够适应新的变化。开放性则意味着机制能够接纳新参与方，扩大合作的范围和深度，使其更加符合时代发展的需求。

4. 持续改进原则

动态评测机制的一个核心特征就是其持续改进性。评测机制不是一成不变的，而是需要随着人才培养的实践过程、技术进步以及行业需求的变化不断优化和调整。因此，持续改进原则要求机制各方应定期对评测结果进行反馈和总结，识别不足之处，并在此基础上进行系统性的改进和优化。持续改进不仅能够提高评测的精准性和效果，也有助于增强机制的适应性和可持续性。

5. 数据驱动原则

随着大数据和人工智能技术的不断发展，数据在"四方联动"动态评测机制中的作用愈加重要。数据驱动原则强调机制在评测过程中应依靠数据收集、分析和反馈来指导决策，确保评测过程的科学性和客观性。各方应共同建立数据平台，利用云计算和大数据分析技术对学生的成长轨迹、行业需求变化、教育质量等进行实时监控，从而实现精准的人才培养和动态评测。

总的来说，"四方联动"动态评测机制的目标定位和基本原则为其有效实施提供了明确的方向。在这一机制中，通过明确的目标导向，推动人才培养的质量和效率，促进教育与产业需求的对接，进而提升人才的个性化培养。而在基本原则的指导下，机制能够保持灵活性与开放性，确保其不断优化与改进，适应社会、经济和行业的变化，最终实现产学研用的深度融合，为现代化工行业培养出更多具有创新精神、专业能力和跨学科视野的高技能人才。

第二节
"四方联动"动态评测的构建

一、"四方联动"动态评测机制的主要内容和指标体系

"四方联动"动态评测机制的主要内容旨在多维度、多层次地评估现代化工高技能人才的培养成果，涵盖知识、技能、创新能力和职业素养等各个方面。为了确保评测的准确性和科学性，必须制定一套全面且灵活的评测指标体系，能够真实反映学生在不同领域的表现，并帮助教育体系和企业制定相应的改进方案。

（一）评测内容的全面性

"四方联动"动态评测机制的评测内容不仅包括传统的知识和技能评估，还扩展至学生的创新能力、职业素养和团队协作等多个维度。为了应对现代化工行业对人才需求的变化，评测内容需要紧跟行业发展和技术创新的步伐，确保评测能够真实反映学生在实际工作中的适应能力和竞争力。

1. 知识评测

知识评测作为"四方联动"动态评测机制的基础环节，承担着对学生专业理论知识掌握情况的全面评估任务。其核心目标是衡量学生对现代化工行业的基本原理、标准法规及技术应用的理解程度，确保他们具备扎实的学科基础，为未来的技能训练、创新研究及职业发展奠定理论基础。

传统的知识评测往往依赖于期中考试、期末考试等形式，但在现代人才培养模式下，单一的考试方式已难以全面反映学生的学习情况。因此，知识评测需采取更加灵活多元的方法，如课堂作业、案例分析、小组讨论、课程报告、在线测试等，以更科学、公正的方式评估学生的知识体系与应用能力。

具体来说，知识评测可从以下三个方面展开。

（1）基础学科知识评测　基础学科知识评测主要关注学生对化工相关专业基础课程的掌握情况，包括化学工程、材料科学、机械设备等多个学科领域的理论与应用知识。其核心目标是确保学生具备扎实的理论基础，为后续的专业课程学习、技能培养和实际应用奠定坚实基础。

第一，化学工程知识。化学工程是化工类专业的核心学科，评测内容主要包括：物理化学、无机化学、有机化学等基本理论知识的掌握情况；化工单元操作（如蒸馏、吸收、萃取、干燥等）的基本原理和实际应用能力；反应工程、传递现象（传热、传质、动量传递）等核心知识模块的理解程度；化学反应动力学、催化作用、工艺优化等领域的专业知识。

第二，材料科学知识。化工行业的许多工艺涉及新材料的研究与应用，评测内容主要包括：材料分类及其物理、化学特性（如金属材料、高分子材料、复合材料等）；结构材料在化工装置中的应用，如耐腐蚀材料、高温材料等；材料的力学性能、热性能、耐化学性能等方面的理论知识；现代材料技术的发展趋势及新型材料的研究进展。

第三，机械设备知识。化工生产需要大量设备支持，因此掌握相关机械设备的知识至关重要，评测内容包括：主要化工设备（如换热器、泵、压缩机、塔器等）的结构、原理及操作；设备的维护与故障分析，确保学生具备基本的设备维修与管理知识；机械制图、工程力学、流体力学等相关知识的掌握情况；自动化控制系统在化工设备中的应用，如PLC控制、DCS系统等。

评测方式可采用课程考试、实验报告、小组作业、仿真实验等方式进行，以确保学生不仅具备理论知识，还能将所学知识应用于实际工程问题的解决。

（2）行业标准与法规评测　化工行业是国家重点监管的高危行业之一，对相关法律法规及行业标准的遵循至关重要。行业标准与法规评测主要关注学生对化工行业的政策、法规、标准及安全生产管理制度的理解和掌握情况，以培养其合规意识和行业规范意识。

第一，安全法规与环境保护标准。化工行业的安全管理是重中之重，评测内容包括：《中华人民共和国安全生产法》《中华人民共和国环境保护法》《中华人民共和国职业病防治法》等法律法规的理解；化工企业安全管理制度，包括事故应急预案、消防安全措施等；重大危险源识别、危险化学品管理、泄漏事故应急处理等相关知识；清洁生产、三废（废水、废气、固废）治理技术及环保法规的应用。

第二，行业技术标准与规范。化工行业的技术标准决定了生产工艺、设备操作、产品质量等方面的规范性，评测内容包括：国际标准（ISO）、国家标准（GB）、行业标准（HG、SH等）的基本内容；典型化工产品（如化肥、塑料、涂料、精细化学品等）的技术标准；生产工艺及质量控制标准，如HSE管理体系（健康、安全、环境）标准的应用。

第三，职业道德与法规合规性。化工行业从业人员需要具备良好的职业道德和法律意识，评测内容包括：企业知识产权保护，如专利、商标、技术机密的相关法律知识；化工企业合规管理制度，如产品质量监管、商业道德准则等；劳动法及职业健康管理，包括工人权益保障、工作环境安全等。

评测方式可采用法规测试、案例分析、合规培训考试等形式，确保学生能将法规知识融入实际工作中，提高安全意识和责任感。

（3）技术原理与方法评测　现代化工行业高度依赖技术创新和工艺优化，因此学生不仅需要掌握基础理论，还需要理解现代化工技术原理，并具备实际应用能力。技术原理与方法评测旨在考查学生在化工生产、工艺优化、新技术应用等方面的知识积累与实践能力。

第一，化工过程原理。反应工程，化学反应的热力学与动力学分析，反应器设计与优化；传递现象，流体流动、热传递、质量传递等物理过程的基本理论；单元操作，蒸馏、吸收、萃取、过滤等典型化工过程的机理与应用。

第二，现代工艺与新技术。绿色化工技术，催化反应技术、清洁生产技术、资源循环利用等；智能制造，化工过程自动化控制、数字孪生技术、大数据在化工生产中的应用；生物化工技术，酶催化反应、生物合成、生物炼制等技术的基本原理。

第三，工程应用与仿真技术。计算机辅助设计（CAD）、计算流体力学（CFD）、过程模拟软件（Aspen Plus、HYSYS等）的应用；设备选型、流程优化、节能降耗策略的分析与应用。

评测方式可采用实验报告、工艺设计作业、计算机模拟仿真、小组项目等，确保学生能够理解和运用现代化工技术，提高实际操作能力。

2. 技能评测

技能评测是"四方联动"动态评测机制的核心组成部分，主要衡量学生在实际操作、设备运维及流程优化方面的能力。在现代化工行业，单纯依靠理论知识已无法满足企业的需求，高技能人才必须具备扎实的实践经验，能够独立完成实验操作，熟练掌握设备使用，并具备优化生产流程的能力。因此，技能评测不仅是对学生实践能力的检验，更是提升其综合素质、增强行业竞争力的重要环节。

评测方式包括实验室操作、模拟实训、企业实习、生产现场考核等多种形式，以确保学生在真实工作环境中能够胜任岗位要求。技能评测主要涉及以下三个方面。

（1）实验操作技能评测　实验操作技能评测的重点在于考查学生的实验设计能力、数据采集与分析能力以及实验报告撰写能力。化工行业的许多工艺研究都依赖实验室操作，因此，培养学生扎实的实验动手能力至关重要。

第一，实验设计能力。评测学生能否根据实验目标合理设计实验方案，包括变量选择、实验设备配置及实验步骤安排；评估学生是否能够进行合理的实验安全评估，确保实验操作符合安全规范；测试学生在实验设计过程中能否充分考虑实验误差、重复性及数据准确性等问题。

第二，数据采集与处理能力。评测学生对实验仪器的操作熟练度，包括温度、压力、流速、浓度等关键参数的测量与控制；测试学生能否使用合适的方法记录实验数据，并对数据进行初步处理；评估学生能否利用专业软件（如Origin、MATLAB、Excel等）进行数据分析，并得出合理结论。

第三，结果分析与报告撰写能力。评测学生能否正确分析实验结果，找出数据趋势及实验现象的合理解释；测试学生是否能够撰写完整的实验报告，包括实验背景、方法、数据、讨论及结论等部分；评估学生在实验过程中发现问题、优化实验方案并提出改进建议的能力。

评测方式包括实验考试、实验报告评分、教师现场考核等，以确保学生具备扎实的实验技能和科学思维能力。

（2）设备操作与维护评测　设备操作与维护能力是化工行业高技能人才必须具备的基本素质，主要评测学生在实际生产环境中对化工设备的操作、管理及故障排除能力。现代化工企业高度自动化，设备的稳定运行直接影响到生产效率和安全，因此，熟练掌握设备操作及维护技能，对于提升学生的就业竞争力至关重要。

第一，设备启动与标准化操作。评测学生能否按照操作规程正确启动、运行、停止化工设备，如反应釜、换热器、泵、压缩机等；测试学生能否调整设备参数，以满足不同工艺条件下的生产需求；评估学生是否具备设备紧急停车的应对能力，确保安全生产。

第二，设备维护与检修。评测学生是否掌握设备日常维护要点，如润滑、清洁、紧固等基本保养技能；测试学生能否判断设备运行状态，识别潜在的故障隐患，如振动异常、温度异常、压力波动等；评估学生是否具备简单维修能力，如更换零部件、调整设备参数等，以降低设备故障率和维修成本。

第三，故障诊断与处理能力。评测学生能否根据设备运行数据分析故障原因，如压力异常、泄漏、管道堵塞等常见问题；测试学生是否能够使用现代化故障诊断工具（如红外热成像仪、超声波检测仪等）进行问题排查；评估学生能否制定合理的维修方案，并在最短时间内使设备恢复正常运行。

评测方式包括企业实训、设备操作考试、现场问答考核等，确保学生在实际工作环境中能够正确操作、维护和管理设备，提高生产安全性和稳定性。

（3）流程控制与优化评测　流程控制与优化能力是化工生产过程中至关重要的环节，主要考查学生在生产流程控制、工艺优化、生产效率提升等方面的能力。现代化工行业的生产流程涉及多个环节，包括原料处理、反应控制、分离提纯、废弃物处理等，要求高技能人才能够对生产流程进行精准控制，并不断优化工艺，提高生产效率，降低成本和能耗。

第一，生产流程监测与控制。评测学生是否能够理解化工生产流程的关键控制点，并能准确监测生产参数；测试学生能否操作DCS（分布式控制系统）等自动化控制系统，进行远程监测和调节；评估学生是否具备应对突发生产异常的能力，如反应异常、设备故障等。

第二，工艺优化与节能降耗。评测学生是否能够分析生产流程中的关键影响因素，提出工艺优化方案；测试学生能否通过调整温度、压力、催化剂配比等手段，提高产品收率或质量；评估学生在节能降耗方面的能力，如减少能量损耗、提高物料利用率等。

第三，生产效率与成本控制。评测学生是否能结合企业生产目标，提出提升生产效率的方法；测试学生能否在确保产品质量的前提下，合理控制原料和能源成本；评估学生是否能运用精益生产管理理念，减少生产过程中的浪费，提高经济效益。

评测方式包括工厂实习、仿真实训、生产数据分析考核等，确保学生具备实际生产操作能力，并能在企业生产管理中发挥重要作用。

3. 创新能力评测

创新能力的培养是现代化工高技能人才所必需的核心素质，尤其在当前技术革新加速、产业升级迫切的背景下，创新能力已成为推动化工行业可持续发展的关键驱动力。《中国化工行业人才发展白皮书》显示，具备创新能力的复合型人才在化工企业中的需求增长率连续五年保持在15%以上，这充分说明了创新能力在现代化工领域的重要性。

创新能力的评测体系应当建立在对学生综合素质全面考查的基础上，主要包含以下几个核心维度：

第一，问题解决能力。这是创新能力的基础要素，重点考查学生在面对复杂工程问题时的系统思维和创造性解决问题的能力。具体表现为：能否准确识别和定义问题，运用多学科知识进行综合分析，提出具有可行性和创新性的解决方案。

第二，技术创新能力。这是创新能力的核心体现，主要评估学生在技术研发和创新设计方面的能力。包括：新工艺的开发能力，如绿色化工工艺的创新设计；新材料的研发能力，如功能性高分子材料的开发；新设备的应用能力，如智能化设备的创新应用等。

第三，自主学习与探索能力。这是创新能力持续发展的保障，重点考查学生的终身学习能力和技术更新能力。具体包括：文献检索与分析能力、新技术学习能力、跨学科知识整合能力等。

为确保评测的科学性和有效性，建议建立"过程+结果"的双重评估机制。过程评估关注学生在创新活动中的参与度、贡献度和成长性；结果评估则重点关注创新成果的技术含量、实用价值和推广前景。同时，应当建立创新能力的量化评价指标体系，包括创新思维指数、技术创新指数、成果转化指数等，以实现对创新能力的科学评估。

4. 职业素养评测

职业素养评测是现代化工高技能人才培养体系中的重要组成部分，它不仅关系到个人的职业发展，更直接影响企业的运营效率和行业的人才质量。中国化工教育协会的调查数据显示，90%以上的化工企业在招聘高技能人才时，将职业素养作为首要考查指标，其重要性甚至超过专业技能。

职业素养评测体系应当建立在对学生综合素质全面评估的基础上，主要包含以下核心维度：

第一，职业道德与工作态度。这是职业素养的基石，重点考查学生的职业操守和工作价值观。具体包括：责任心，对工作任务的高度负责态度，如严格遵守操作规程、确保实验数据准确性等；诚信度，在实验记录等方面的诚信表现；职业道德，遵守行业规范、保守商业机密、维护职业形象等；工作态度，积极主动性、敬业精神、抗压能力等。

第二，团队合作与沟通能力。这是现代化工人才必备的核心能力，主要评估学生在团队环境中的表现。包括：团队协作能力，在项目团队中的角色定位、贡献度和配合度；沟通表达能力，清晰准确地传达技术方案、实验数据等信息的能力；跨部门协调能力，在涉及多部门协作项目中的沟通协调能力；冲突解决能力，在团队中出现分歧时的处理能力。

第三，时间管理与自我管理能力。这是确保工作效率的重要保障，重点考查学生的自我管理能力。具体包括：时间规划能力，合理安排工作任务和时间节点；工作效率能力，在规定时间内高质量完成任务的能力；自我约束能力，遵守工作纪律、保持工作专注度；压力管理能力，在紧张工作环境下的自我调节能力。

第四，领导力与管理能力。这是高技能人才向管理岗位发展的关键能力，主要评估学生的领导潜质。包括：决策能力，在复杂情况下的判断和决策能力；组织协调能力，统筹安排团队工作的能力；激励能力，调动团队成员积极性的能力；战略思维能力，从全局角度思考问题的能力。

为确保评测的科学性和有效性，需要建立"过程＋结果"的双重评估机制。过程评估关注学生在职业素养培养过程中的成长轨迹；结果评估则重点关注职业素养的最终表现水平。同时，建立职业素养的量化评价指标体系，包括职业道德指数、团队协作指数、管理能力指数等，以实现对职业素养的科学评估。

（二）评测指标的科学性与精准性

为了确保评测机制的有效性和科学性，"四方联动"动态评测机制需要制定严格的评测指标体系。评测指标不仅应当涵盖各个维度，还要根据现代化工行业的实际需求，确保其准确性、可操作性和前瞻性。

知识掌握度是评测体系中的基础指标，主要衡量学生在基础学科和行业知识方面的掌握情况。该指标应根据课程大纲和行业标准进行量化，确保学生具备扎实的理论基础。具体的评测方式可以包括期末考试、在线测试和作业等。

技能应用能力是评测体系中的核心指标，直接影响学生能否在实际工作中独立操作。评测指标应涵盖学生在不同工作场景中的操作能力，包括设备操作、流程控制、生产管理等。评测形式可包括实验操作、生产实习、技能竞赛等，确保学生具备实际操作和问题解决的能力。

创新能力指标应侧重于评估学生在应对技术难题时的创新思维和实践能力。评测方式可以通过创新设计、技术研发等方式进行。评测标准应依据学生在实际项目中提出创新方案的能力，以及解决复杂技术问题的表现来衡量。

职业素养与沟通能力指标应评价学生在团队合作、领导力、时间管理等方面的综合素质。通过日常行为观察、企业反馈、团队项目和沟通技能测试等多种方式进行评估。

（三）评测体系的动态调整

随着行业需求和技术发展不断变化，评测体系应保持灵活性，及时根据实际情况进行动态调整。通过实时数据采集、行业需求分析和技术前瞻性研究，评测体系能够在每个评测周期结束后进行优化，确保学生的培养目标与市场需求高度契合。动态调整不仅涉及评测内容的调整，也包括评测方式和标准的更新，以适应新兴技术的引入和产业变革的推动。

二、"四方联动"动态评测机制的运行模式和协同流程

"四方联动"动态评测机制的运行模式和协同流程是确保机制有效实施的核心。通过合理的分工与合作、规范的流程设计、信息流的高效传递，四方（政府、行业协会、高校、企业）能够形成合力，共同推动高技能人才的培养与评测工作。以下详细阐述了该机制的运行模式和协同流程，以确保各方在评测过程中的高效协作与资源共享。

（一）评测主体的分工与协同

"四方联动"动态评测机制的运行模式依赖于四个主体——政府、行业协会、高校和企业的紧密合作与分工。每一方在评测过程中扮演着不同的角色，承担着相应的责任和任务。四方之间的协作能够保障评测机制的顺利实施，并实现资源的优化配置。

1. 政府的引领与监管

政府在评测机制中的核心作用是引领和监管。通过制定相关政策，政府为整个评测机制提供政策支持和资金保障。政府负责评测标准的制定与实施，确保各方的行为符合政策导向，并通过资金投入和税收优惠等手段促进高校与企业

的合作。具体来说，政府的作用包括：第一，政策引导，提供相关政策法规，明确各方的职责和权利，确保评测机制的合规性与可持续性。第二，资金支持，设立专项基金，支持高校、企业及行业协会等在评测工作中的资金需求。第三，质量监管，通过对评测过程的监督，确保评测的公平、公正性，以及评测结果的可信度。

2. 行业协会的协调与标准制定

行业协会在评测过程中发挥着至关重要的协调作用。它负责根据行业的发展需求和技术前沿，制定行业标准与人才评价体系，确保评测内容与行业需求的契合度。行业协会的任务包括：第一，制定行业标准与人才需求。提供行业最新的技术动态、人才需求和技术发展趋势，帮助高校调整课程设置，确保培养的人才能够满足行业需求。第二，促进产学研合作。搭建平台，促进高校与企业之间的技术交流、合作项目，确保评测机制能够反映真实的行业需求。第三，评测数据的反馈。根据评测结果向政府和高校提供行业需求的反馈，推动人才培养模式和评测标准的不断优化。

3. 高校的实施与教学反馈

高校是评测机制的核心实施方，承担着人才培养和评测实施的重任。高校根据行业协会和政府的要求，制定课程大纲和教学计划，并通过实施动态评测，提供学生的评测数据和反馈。高校的职责包括：第一，课程与教学设计。根据行业需求和技术进展，设计并调整人才培养方案，确保学生能够掌握当前最前沿的技术。第二，评测内容与方式。设计与实施评测内容，包括知识、技能、创新能力等方面的考核，并根据评测结果优化教学策略。第三，评测结果分析。通过分析学生的评测结果，评估教学质量，并将结果反馈给行业协会和企业，推动教育改革和优化人才培养路径。

4. 企业的实践平台与评测反馈

企业在"四方联动"机制中主要负责提供实践平台，并根据评测结果为学生的能力提升提供反馈。企业的作用在于验证学生的技能应用能力，确保评测与实际工作需求相一致。企业的职责包括：第一，提供实习实训平台。通过与高校合作，提供学生实习、实训和就业岗位，帮助学生将所学知识转化为实践能力。第二，提供实践性评测数据。通过参与评测，向高校反馈学生在工作中表现出的实际能力，如问题解决能力、创新能力和团队协作能力等。第三，技能需求反馈。根据行业发展和企业自身的需求，反馈所需的技能类型和标准，帮助高校调整课程设置和教学计划。

（二）评测过程的协同运作

评测过程的协同运作依赖于四方主体之间的紧密配合，通过协同流程确保数据流、信息流和决策流的高效传递与共享。整个评测过程可以分为多个阶段，每一阶段都需要各方共同协作，确保评测的准确性与公正性。

1. 需求分析与评测设计

在评测开始之前，四方主体需要进行需求分析和评测设计，明确评测的目标、内容和方式。政府、行业协会和企业共同为高校提供行业需求、技术标准和人才培养目标，而高校则根据这些需求设计评测指标和考核内容。该阶段的主要任务包括：第一，分析行业需求。行业协会提供当前行业和未来技术的最新发展趋势，明确行业对人才的需求。第二，设计评测标准。根据行业需求和技术发展，政府和行业协会协同制定评测标准和指标体系，确保评测内容具有前瞻性和科学性。第三，课程设置与评测设计。高校根据评测设计和行业需求，制定具体的评测方案，并设计评测方式（例如笔试、实验操作、项目实践等）。

2. 数据采集与分析

评测阶段进入实施阶段后，所有的评测数据将通过智慧平台进行采集和管理。数据采集主要通过学生作业、考试、实验操作、团队项目和企业实习等方式收集，并实时上传至评测平台。数据采集完成后，平台会对数据进行分析，生成初步评测结果。这一阶段的主要任务包括：第一，数据采集。通过在线考试、实验平台、企业实习等多渠道收集学生的表现数据。第二，数据分析。利用大数据技术，实时对学生数据进行分析，评估其在知识掌握、技能应用、创新能力等方面的表现。第三，数据存储与管理。评测数据存储在云端平台，便于后续各方的访问与分析。

3. 评测结果反馈与调整

评测结果的反馈是评测机制中的关键环节，确保各方能够及时根据评测结果进行调整。在评测结果反馈后，高校、行业协会和企业将根据反馈的数据共同分析并决定下一步的行动计划。这一阶段的主要任务包括：第一，反馈与讨论。各方通过评测平台反馈学生的评测结果，分析学生在各项技能和素质上的表现，确保评测结果的有效性。第二，评测结果调整。根据评测结果，学校可以调整课程设置，企业可以优化岗位要求，行业协会可以更新行业人才标准。第三，改进人才培养方案。高校和企业根据评测数据及时调整人才培养方案，优化课程内容和教学方式，确保人才培养与行业需求保持一致。

（三）信息流与数据共享

在评测过程中，信息流和数据共享是关键。通过智慧平台，各方能够实时获取评测数据和反馈，确保信息在各方之间的快速流通。信息流包括学生的评测成绩、进展报告、学习建议等，数据共享则包括行业人才需求、教育资源、技术标准等。确保数据的高效流动，能够提升评测工作的透明度和准确性。

第一，数据透明。所有评测数据都通过平台开放给四方主体，确保数据的透明性和可追溯性。第二，实时数据传输。通过云计算和大数据技术，确保数据在政府、行业协会、高校和企业之间的快速传递和共享。第三，动态调整。各方可根据实时数据做出动态调整，确保人才培养和评测的过程持续优化。

三、"四方联动"动态评测智慧平台架构与功能设计

"四方联动"动态评测机制的实施离不开一个高效、智能的智慧平台支撑。智慧平台不仅是评测数据的集中管理中心，还应当具备实时数据采集、动态分析、评测结果反馈以及多方协同的功能。平台的架构和功能设计直接影响到评测流程的顺利运行和四方主体之间的高效协作。以下详细阐述智慧平台的架构设计和功能模块。

（一）智慧平台的架构设计

智慧平台的架构设计需要确保高效的数据流通、准确的评测功能以及系统的可扩展性。该架构通常采用分层设计，主要包括数据层、应用层和用户层三个基本构成部分。

1. 数据层

数据层是平台架构的基础，主要负责存储、处理和分析从各方采集来的数

据。它涵盖了来自政府、行业协会、高校和企业的数据，并通过大数据技术对海量数据进行处理。数据层的核心任务是确保数据的安全性、完整性和实时性。具体功能包括：第一，数据存储与管理。通过云计算技术，确保评测数据、学生信息、行业动态等各类数据的存储和管理，保障数据的安全和完整。第二，实时数据采集。通过智能终端、在线考试系统、实验平台等手段，实时采集学生的评测数据，包括成绩、操作记录、实习情况等。第三，数据清洗与标准化。对采集到的原始数据进行清洗、规范化处理，消除数据中的噪声和错误，确保数据的准确性。

2. 应用层

应用层是平台的核心层，承担着评测的主要功能。它通过智能算法和大数据分析技术，进行数据的处理、评测指标的计算、评测报告的生成等工作。应用层的功能设计包括：第一，评测指标管理。根据评测方案和行业需求，设计并管理各类评测指标，确保指标体系的科学性和全面性。第二，动态评测与评分系统。通过自动化评测系统，基于学生的表现数据，实时生成评测结果，进行技能、知识、创新能力等多维度的评估。第三，报告生成与反馈。系统自动生成评测报告，分析学生在各项能力方面的表现，并通过智能反馈功能，提供个性化的改进建议和后续学习路径。

3. 用户层

用户层是平台的操作界面部分，面向不同角色的用户提供定制化服务。主要用户包括政府、行业协会、高校和企业等。通过权限管理和个性化功能，确保各方能够高效、便捷地使用平台。用户层的功能包括：第一，角色权限管理。根据不同用户的权限，提供不同的数据访问权限和操作权限，确保信息安全。第二，个性化界面设计。根据用户需求定制界面和功能，确保每个用户都能快速找到所需的数据和功能。第三，多方协作功能。支持政府、行业协会、高校和企业之间的实时沟通和协作，促进各方的互动和信息共享。

（二）智慧平台的核心功能模块

智慧平台的功能设计必须具备高度的灵活性和可扩展性，能够满足多方协同、实时评测和智能反馈的需求。以下是平台的核心功能模块。

1. 数据采集与管理模块

该模块负责从各方采集和整合评测数据，包括学生的成绩、实验记录、企业实习报告等。通过与各类数据源（如在线学习平台、实习系统、企业管理系统等）的对接，实时采集数据并进行集中存储。该模块的主要功能包括：第一，数据采集接口。与各方的数据源进行对接，采集学生在各个阶段的评测数据。第二，数据清洗与整合。对采集的数据进行清洗和整合，确保数据的一致性和准确性。第三，数据存储与备份。将处理后的数据存储在云端数据库，定期进行数据备份，保障数据的安全性和可靠性。

2. 评测分析与评分模块

该模块是平台的核心模块之一，负责根据设定的评测标准和指标，自动地对学生的表现进行分析和评分。该模块使用人工智能、机器学习等技术，分析学生的多维数据，实时生成评测结果，并提供个性化反馈。该模块的主要功能包括：第一，评测标准与指标管理。根据行业要求和学生成长轨迹，设置评测指标和标准，确保评测内容全面且科学。第二，数据分析与评分。通过数据分析模型，对学生的知识掌握、技能应用、创新能力等进行综合评估，得出评分结果。第三，评测结果生成与报告。自动生成详细的评测报告，展示学生在各项指标上的得分，并提供个性化的提升建议。

3. 实时反馈与个性化学习建议模块

该模块具备为学生和各方提供个性化反馈和改进建议的功能。通过智能算法分析评测结果，为学生量身定制后续的学习路径，帮助学生持续提升自己的能力。同时，平台还支持为教师、企业和行业协会提供实时反馈，帮助他们改进教育方案和行业标准。该模块的主要功能包括：第一，个性化学习建议。根据评测结果，自动生成个性化的学习建议和提升路径，指导学生改进学习方法和提升技能。第二，实时反馈与通知。通过邮件、短信等方式，及时向学生和各方发送评测结果、建议和后续任务。第三，持续跟踪与评估。根据学生的学习进展，持续跟踪其能力提升，并进行动态调整，确保评测机制的持续优化。

4. 多方协作与信息共享模块

为了促进政府、行业协会、高校和企业之间的紧密合作，平台需要提供强大的协作功能。该模块支持各方实时共享数据、沟通评测结果和反馈，推动多方在人才培养中的深度合作。主要功能包括：第一，协作平台。为四方提供协作空间，实时沟通和共享数据，确保各方能够根据最新的评测结果进行决策。第二，信息共享与交流。平台支持各方之间的信息交流，包括行业需求、政策更新、学生进展等，促进多方协作和资源共享。第三，报告与反馈共享。学生的评测报告和企业反馈可以通过平台实时共享，帮助各方掌握人才培养和评测的最新动态。

5. 安全性与数据隐私保护模块

随着数据量的增大和平台使用的广泛性，数据安全性和隐私保护成为平台建设中的重要问题。该模块负责保障所有评测数据、学生信息和行业数据的安全，防止数据泄露或被篡改。主要功能包括：第一，数据加密与访问控制。通过加密技术和严格的访问权限控制，确保只有授权用户能够访问和修改敏感数据。第二，数据备份与恢复。定期进行数据备份，以防止数据丢失或系统崩溃导致的数据损失。第三，隐私保护与合规性。遵守国家和行业的隐私保护规定，确保平台的数据处理符合相关法律法规要求。

（三）智慧平台的智能化与可扩展性

智慧平台需要具备强大的智能化能力，利用大数据、人工智能等先进技术，提升评测的准确性和效率。例如，平台可以通过数据挖掘和机器学习算法，分析学生在不同阶段的表现，精准预测其未来的发展方向。此外，平台还需要具备良好的可扩展性，能够随着行业需求的变化、技术发展的进步而进行功能扩展，支持更多的评测维度、更多的参与方以及更广泛的应用场景。

第三节
湖南化工职业技术学院"四方联动"动态评测实践案例

湖南化工职业技术学院自2019年起，开始探索并实施"四方联动"动态评测机制，旨在通过政府、行业协会、高校与企业四方的协同合作，解决行业发展对高技能人才的需求与传统教育培养模式之间的脱节问题。通过这一实践案例，学院不仅成功提升了学生的综合能力，还有效推动了校企深度合作，并为化工行业培养了大批符合实际需求的高技能人才。

一、案例的实施背景和目标设定

（一）实施背景

湖南化工职业技术学院位于中国中部的湖南省，作为一所以化工类专业为主的高等职业院校，长期以来肩负着为化工行业培养技术技能型人才的重任。然而，近年来随着化工行业的快速发展和技术的不断革新，传统的教学与评测模式显现出多方面的不足。

第一，行业技术更新速度快。化工行业的技术日新月异，新材料、新工艺以及智能化生产的兴起对从业人员提出了更高的技能要求。传统的教学模式未能及时跟上技术革新，学生的技术能力与行业实际需求存在较大差距。

第二，理论与实践脱节。许多学生虽然掌握了理论知识，但缺乏足够的实践操作机会，导致他们在进入企业后需进行再培训，企业与学校之间存在着一定的脱节。

第三，评测方式单一。传统的评测方式过于依赖书面考试和理论知识考核，缺乏对学生综合能力、创新能力和实际操作能力的全面评估，无法为企业输送真正适应岗位需求的人才。

为应对这些挑战，湖南化工职业技术学院决定与地方政府、行业协会、企业等多方合作，共同启动"四方联动"动态评测机制。通过这种机制，学院希望能够缩小教育与行业之间的差距，提高人才培养质量，帮助学生提升创新能力与实践能力，增强其在就业市场的竞争力。

（二）目标设定

在实施"四方联动"动态评测机制的过程中，湖南化工职业技术学院设定了以下具体目标。

第一，提升人才培养质量与行业适应性。通过动态评测及时了解学生在各个方面的学习进度与能力发展，确保学生掌握前沿的技术与知识，并能够直接应用于工作中。

第二，建立完善的校企合作与评测机制。通过与企业的深度合作，确保学生能够在学习过程中得到真实的实践指导和反馈，使人才培养与企业需求紧密对接。

第三，实现学生能力的个性化发展。通过动态评测分析学生的优势与短板，制定个性化的学习路径和能力提升方案，使学生能够根据自己的特点快速成长。

第四，推动评测体系的持续改进与创新。通过不断总结评测结果与反馈意见，持续优化评测指标和方法，确保评测体系始终与行业需求保持一致。

二、主要措施与创新实践

（一）四方联动的协同机制建设

湖南化工职业技术学院与地方政府、行业协会、企业等合作方建立了深度协同机制，确保各方在人才培养和动态评测中发挥作用。具体措施包括：

第一，政府的政策支持与资源协调。政府提供政策指导和资金支持，推动校企合作项目的实施。同时，政府还帮助学院与地方行业协会及企业对接，确保评测和人才培养项目能够得到充分的资源保障。

第二，行业协会的标准制定与人才需求反馈。行业协会根据行业发展的需求，为学院提供最新的技术标准、职业认证体系和人才培养需求，确保教育体系能够与行业标准保持一致。

第三，企业参与课程设计与评测。学院与多家化工企业建立了合作关系，企业不仅为学生提供实习岗位和实际项目，还参与课程设置，帮助学院根据最新技术要求调整培养方案。此外，企业还参与到动态评测的过程中，为评测提供实践反馈。

第四，高校的教学实施与评测数据管理。学院负责具体的教学实施，并通过智慧平台进行学生的动态评测。平台实时采集和分析学生的学习数据，并根据评测结果提供个性化学习建议，确保学生的成长符合行业需求。

（二）动态评测体系的创新实践

学院设计了一套多维度的动态评测体系，结合传统的知识评测、技能评测、创新能力评测和职业素养评测，形成了一个立体的评测模型。具体创新实践包括：

第一，知识与技能的双重评测。传统的知识评测以笔试为主，学院通过引入企业实训、项目实践等形式，将技能评测融入课程中。例如，学生不仅要参加课堂测试，还需要在实验室、实训车间等环境中进行操作，并通过操作测试、现场表现等评估其技能水平。

第二，创新能力的专项评测。为培养学生的创新能力，学院联合企业定期举办创新设计大赛和技术创新项目。学生可以在项目中提出新工艺、新材料的应用，并通过评审委员会进行评估，创新能力的分数将计入总评。

第三，职业素养的全方位评估。职业素养的评测不仅通过课堂行为和考试成绩进行，还包括团队合作、沟通能力、领导力等软技能的评估。学生参与到企业实习、社会服务、志愿者活动等项目中，进行多方面的综合评估。

（三）智慧平台支撑评测全过程

为提高评测的效率和准确性，学院开发了一个专门的智慧评测平台，平台能够实时采集学生的表现数据并进行自动分析。该平台的主要功能包括：

第一，实时数据采集与分析。平台通过智能终端、在线测试系统、实验室设备等多渠道采集学生的数据。平台将实时收集的成绩、操作记录、项目成果等进行综合分析，生成动态评测报告。

第二，个性化反馈与学习路径规划。根据学生的评测结果，平台为每个学生生成个性化的学习建议，并规划后续学习路径。平台将学生的不足之处作为反馈，建议学生参加相关补充课程或实践活动，帮助学生在短时间内提高。

第三，多方协作与数据共享。平台允许政府、行业协会、企业与学院之间共享评测数据，促进各方协作。在评测完成后，企业能够立即获得学生的技能和创新能力评估，及时调整招聘计划；行业协会也能根据评测结果反馈行业技能需求，优化人才培养方案。

三、成效与经验总结

（一）成效分析

通过实施"四方联动"动态评测机制，湖南化工职业技术学院在多个领域取得了显著的成效，具体体现如下：

1. 提升了学生的综合能力

在传统的教育模式下，学生的学习主要集中在课堂教学和书本知识的积累上，实践操作和创新能力往往被忽视。通过引入"四方联动"动态评测机制，学生的综合能力得到了全面提升。尤其是在技能应用、创新能力和职业素养方面，评测体系涵盖了学生的多维度成长轨迹，不仅对学生的知识掌握进行了评估，还通过实际操作、企业实习和项目实践等方式，全面检验学生在实际环境中的应变能力和解决问题的能力。例如，在企业实习中，学生能够应用课堂所学的知识和技能解决实际生产中的问题，企业导师对学生的操作表现进行了即时反馈和指导。这种全面评估让学生不仅在知识储备上有所积累，而且在实际工作中也能迅速提高，成为具备创新意识和实际操作能力的复合型人才。

2. 促进了校企深度合作

校企合作一直是职业教育中的难题之一，如何确保企业参与到人才培养的全过程并形成有效反馈，是一个关键点。湖南化工职业技术学院通过"四方联动"模式，推动了企业从课程设计到评测反馈的全方位参与。企业不再仅仅提供实习岗位，而是通过与学院共建课程和合作项目，参与到人才培养的根本环节。这种深度合作模式有助于企业根据实际生产需求对课程内容进行调整，确保培养出来的学生能迅速适应行业标准。举例来说，学院与某化工公司联合开展了"智能化工艺控制项目"，该项目不仅让学生在实践中获得宝贵经验，还帮助企业在智能化工艺方面取得了技术突破。企业领导对该项目给予了高度评价，认为通过这种合作模式，培养的学生更符合企业的技术需求，并能迅速投入工作中。

3. 提升了毕业生就业竞争力

高技能人才的就业市场竞争日益激烈，毕业生的就业质量成为教育的重要考量指标。通过动态评测，学院能够实时反馈学生的能力发展情况，从而为学生提供个性化的学习路径，使其在毕业时能够拥有更强的市场竞争力。尤其是在就业市场对技能、创新和综合能力的要求日益提高的今天，学院的评测机制使毕业生具备了更强的适应性和解决实际问题的能力。通过企业的合作与评测反馈，学院能够提前了解企业的用人标准并对学生进行定向培养，确保毕业生能够满足企业的要求，直接进入岗位工作。据统计，实施"四方联动"评测后，学院的毕业生就业率提高了将近10%，并且在业内的薪资水平和工作岗位的稳定性方面也得到了显著提高。企业对毕业生的评价普遍较高，认为他们不仅具备了扎实的专业能力，还有良好的团队协作和沟通能力，能够迅速融入企业文化中。

（二）经验总结

湖南化工职业技术学院在"四方联动"动态评测机制的实施过程中积累了宝贵的经验，具体总结如下：

1. 多方协作是成功的关键

在"四方联动"机制的实施过程中，政府、行业协会、高校和企业的多方协作是确保机制成功的关键。通过四方的紧密合作，学院能够及时掌握行业动态和技术要求，并根据反馈调整课程设置和评测标准。例如，行业协会提供的行业标准和技术趋势帮助学院准确预测未来的人才需求，并在课程设计中融入前沿技术，提升了教学的科学性和实用性。同时，政府通过政策支持和资金投入，促进了校企合作的顺利进行，确保了各方能在人才培养过程中充分发挥各自优势。此外，企业通过参与课程设计和评测反馈，确保人才培养与市场需求的高度对接，使得学院所培养的人才能够直接投身行业，实现零距离就业。

2. 动态评测促进个性化发展

"四方联动"动态评测的最大优势之一就是能够根据学生的学习情况和发展需求，实时调整学习计划和评测标准。通过动态评测，学院能够及时发现学生的短板，提供个性化的学习路径和技能提升方案。举例来说，某些学生在理论学习方面表现优秀，但在实际操作和创新能力方面有所欠缺，学院通过评测结果及时调整教学策略，加强实验操作和项目实践的比重，确保学生能够在短期内弥补这一差距，全面提高个人能力。这种基于数据和反馈的个性化培养，使得每位学生都能够根据自身特点快速成长，成为行业所需的技术能手和创新型人才。

3. 智慧平台的支撑作用

智慧平台在"四方联动"动态评测机制中的应用，极大提升了评测工作的效率和精准性。平台通过实时数据采集和分析，确保学生的学习进展和能力提升情况得以实时监控与反馈。平台不仅为学生提供个性化学习建议，还为教师、企业和行业协会提供了精准的评测报告，支持他们在人才培养中做出及时的决策。平台的引入使得评测不再局限于传统的定期考核，而是成为一个持续跟踪和优化的过程。通过平台对评测结果的智能分析，学院可以及时调整课程内容和教学方法，确保教学质量的持续提升。此外，平台还促进了各方信息的共享和实时沟通，提升了政府、企业、行业协会和高校之间的协作效率，使得人才培养和就业服务更加精准和高效。

4. 持续反馈与改进是机制长效运行的保障

"四方联动"机制的一个成功之处在于其持续反馈和改进机制。通过与企业和行业协会的定期沟通，学院能够及时获得行业最新的技术需求和人才标准，并在每个学期结束时对评测体系进行优化调整。这一过程使得评测标准始终与行业发展保持一致，确保人才培养与市场需求的高度契合。企业也能够根据评测结果对学生进行进一步指导，帮助学生在实习过程中快速提升技能。这种持续反馈和改进的机制，不仅提高了人才培养的质量，还为学生提供了清晰的发展方向，增强了学院的教育活力和社会影响力。

数智驱动下现代化工高技能人才培养的
探索与实践

第八章

经验传承与生态推广：数智赋能现代化工人才培养的可持续路径

在当今科技飞速发展的时代浪潮下，数智化的东风正以前所未有的磅礴之势席卷现代化工领域。从智能化生产车间里精准运行的自动化设备，到大数据分析助力下优化决策的管理中枢；从虚拟现实技术赋能的沉浸式技能培训，再到工业物联网编织而成的高效供应链体系，数智技术已然深度渗透至化工产业的每一寸肌理，成为驱动行业变革、迈向高质量发展的核心动力。而在这波澜壮阔的产业转型背后，数智赋能下的现代化工高技能人才培养体系宛如一座坚实的灯塔，照亮着前行的道路，其蕴含的宝贵经验、多元推广路径以及对未来的深远展望，共同勾勒出一幅关乎化工行业兴衰荣辱的宏伟蓝图。

回首过往，化工行业在数智化变革的征途中砥砺奋进，积累了诸多熠熠生辉的成功经验。在人才培养模式创新领域，打破传统学科界限，构建跨学科融合的培养体系堪称点睛之笔。不再局限于单一的化学知识与工艺传授，而是将人工智能、大数据、物联网等前沿数智技术有机融入课程架构，催生出诸如"化工智能制造工程""化工大数据分析与应用"等新兴专业方向，让学生们能够站在多学科交叉的前沿阵地，全面提升解决复杂实际问题的能力。校企合作协同方面更是成绩斐然，企业不再是高校人才培养的旁观者，而是深度参与者。企业为高校提供贴近实战的实习实训基地，让学生在真实的生产环境中锤炼技能；同时，企业精英与高校教师携手共研课程内容，依据行业最新需求定制培养方案，确保人才"出厂"即能适配岗位。师资队伍建设同样可圈可点，一方面鼓励在职教师"走出去"，参加数智技术培训、深入企业挂职锻炼，使其知识储备与实践经验与时俱进；另一方面"引进来"，吸纳具有数智专长的高端人才充实教师队伍，带来全新的教学理念与方法，为学生打开一扇扇通往前沿科技的知识之窗。人才评价机制的完善更是为人才培养质量保驾护航，摒弃单一的考试评价模式，引入项目实践成果、企业实习表现、数字素养测评等多元化指标，全方位、立体式衡量学生综合素质，精准筛选出契合数智时代需求的高技能人才。

然而，"独乐乐不如众乐乐"，这些来之不易的经验成果不应被束之高阁，亟需探寻广阔的推广路径，让更多化工院校、企业乃至整个行业受益。面向同类院校，搭建经验交流平台至关重要。定期举办化工数智人才培养研讨会、学术论坛，组织院校之间互访学习，分享在课程设置、实践教学、师资培训等方面的创新做法，携手攻克共性难题，共同提升化工人才培养水平。对于化工企业而言，推动产学研深度合作是关键。鼓励企业加大在人才培养上的投入，与高校联合开展订单式培养项目，根据企业自身技术研发、生产管理需求定制专属人才；同时，企业要积极接纳高校师生参与项目实践，将前沿科研成果快速转化为生产力，实现校企双赢。此外，借助行业协会、产业联盟等组织力量，制定并推广化工数智人才培养标准与规范，引导行业整体向高质量发展迈进。

展望未来，数智技术持续迭代升级的脚步不会停歇，其对化工人才培养的赋能必将迈向更高境界。随着人工智能从弱人工智能向强人工智能跨越，化工专业知识与智能算法将实现更深度融合，学生有望借助智能助手开展复杂化学实验设计、精准预测化学反应结果，极大拓展科研创新边界。虚拟现实与增强现实技术将进一步升级沉浸式学习体验，学生足不出户便能畅游虚拟化工工厂，全方位感知生产流程、设备运维细节，实操技能训练将更加安全、高效。工业物联网的深度拓展，将使化工人才具备更强的供应链协同管理能力，实现从原料采购到产品销售全链条的智能优化。同时，面对全球绿色可持续发展的时代呼声，数智赋能下的化工人才培养将更加注重环保理念与绿色技术的融入，培养出既能推动产业升级，又能守护绿水青山的新一代高技能人才。

站在当下数智化工的潮头，回首过往经验、铺就推广坦途、眺望未来远景，是我们肩负的重任。唯有如此，方能汇聚各方力量，持续为现代化工行业输送源源不断的高素质人才，助力化工产业在全球竞争的星辰大海中乘风破浪、扬帆远航，向着更加辉煌灿烂的明天奋勇前行。

第一节
数智赋能现代化工高技能人才培养的成功经验总结

一、在人才培养体系、模式和教学资源整合等方面的经验提炼

湖南化工职业技术学院在数智赋能现代化工高技能人才培养过程中，成功构建了"五数一体"和"六新行动"等创新性人才培养模式，这些模式不仅优化了教学资源配置，还显著提升了人才培养的质量和效率。

（一）"五数一体"人才培养体系的创新实践

在当今数智时代的浪潮下，教育领域也在不断探索创新，以培养适应新时代需求的高素质人才。湖南化工职业技术学院推出的"五数一体"人才培养模式，无疑是一次极具前瞻性和创新性的探索。这一模式以数智思维、数智课程、数智师资、数智平台和数智素养为核心要素，构建起一个全面且系统的人才培养体系，为化工专业人才的培育开辟了新的道路。

1. 数智课程：打破传统，融合前沿

数智课程体系是"五数一体"人才培养模式的关键一环。学院积极将数智技术深度融入传统的课程体系当中，大胆打破传统课程之间的界限，让大数据、人工智能、虚拟现实等前沿技术知识与化工专业知识紧密融合。例如，在化工工艺课程中，不再仅仅局限于传统的工艺讲解，而是创新性地引入智能化生产流程模拟与优化算法的讲解。学生们通过学习这些内容，能够深入理解如何运用数智技术来提升化工生产的效率，这不仅丰富了学生的知识储备，更为他们未来进入化工行业，应对智能化生产的挑战奠定了坚实的基础。

学院还开发了一系列与前沿技术相关的特色课程，如化工过程大数据分析、虚拟仿真化工生产等。这些课程采用理论与实践相结合的教学方式，让学生在课堂上既能学习到扎实的理论知识，又能通过实际操作将理论知识转化为实际应用能力。在化工过程大数据分析课程中，学生们学习如何收集、整理和分析化工

生产过程中产生的大量数据，从而挖掘数据背后隐藏的信息，为化工生产的优化提供依据。而在虚拟仿真化工生产课程里，学生们仿佛置身于真实的化工生产车间，通过虚拟仿真技术进行各种化工生产操作，极大地提高了他们的实践操作能力和应对实际问题的能力。

2. 数智教学资源：多元丰富，个性定制

在教学资源方面，学院紧跟时代步伐，大力建设数字化教学资源库。这个资源库整合了丰富多样的在线课程、虚拟仿真实训软件以及大量的教学案例。这些资源就像是一个庞大的知识宝库，为学生提供了多元化的学习选择。学生无论是想要深入学习某一专业知识点，还是想要进行实践操作练习，都能在这个资源库中找到合适的学习资料。

更为重要的是，学院借助智能推荐系统，根据每个学生的学习进度和兴趣爱好，为他们量身定制个性化的学习路径。这就好比为每个学生配备了一位专属的学习顾问，能够精准地了解他们的学习需求，提供最适合他们的学习资源和建议。以学院开发的"化工虚拟仿真实训平台"为例，该平台涵盖了从基础化工单元操作到复杂化工工艺的全方位模拟训练。学生们可以在这个平台上进行反复练习，从简单的操作逐步过渡到复杂的工艺处理，不断提高自己的操作技能和问题解决能力。而且，平台还会根据学生的练习情况，实时反馈学习效果，指出学生的不足之处，并提供针对性的改进建议。

3. 数智师资：提升能力，实践育人

数智化师资队伍的建设是"五数一体"人才培养体系成功实施的重要保障。学院深知教师在教学过程中的关键作用，因此通过多种方式大力提升教师的数智教学能力。一方面，学院定期选派教师到化工企业参与数智化项目实践。教师们在企业中亲身参与实际项目的运作，了解行业最新的数智化技术应用和发展趋势，积累了丰富的实践经验。回到学校后，他们将这些实践经验融入日常教学当中，使教学内容更加贴近实际生产，让学生们能够学到真正实用的知识和技能。

另一方面，学院积极组织教师参加各类数智技术培训和学术交流活动。通过这些培训和交流，教师们能够及时掌握最新的数智教学方法和技术，不断更新自己的教学理念。例如，在一次数智技术培训中，教师们学习了如何运用虚拟现实技术进行化工实验教学，这种全新的教学方式能够让学生更加直观地感受实验过程，提高学习效果。教师们将所学应用到实际教学中，受到了学生们的热烈欢迎。

4. 数智评价机制：全面科学，多维考量

数智化评价机制是"五数一体"人才培养模式的重要创新点之一。传统的单一考试评价模式往往只能考查学生对知识的记忆和简单应用能力，无法全面反映学生的综合素质和能力水平。而学院借助大数据技术，对数智化评价机制进行了全新的构建。通过对学生学习过程中的各种数据进行收集和分析，包括课堂表现、作业完成情况、实践操作数据等，从知识掌握、技能应用、创新思维等多个维度对学生进行全面评价。

例如，在评价学生的创新思维能力时，评价系统会分析学生在课堂讨论、项目实践中的表现，看他们是否能够提出新颖的观点和解决方案。在评价学生的技能应用能力时，会结合学生在虚拟仿真实训平台和实际项目中的操作数据，评估他们对技能的掌握程度和应用能力。这种全面科学的评价机制，不仅能够让教师更加准确地了解每个学生的学习情况和发展潜力，还能够为学生提供有针对性的反馈和建议，帮助他们更好地提升自己。

5. 数智实训平台：模拟真实，提升技能

数智化实训平台为学生提供了一个高度仿真的化工生产环境。学院构建的智能化工虚拟仿真实训中心，配备了先进的VR化工安全演练系统和DCS仿真实训装置。学生们在这里可以进行各种复杂化工操作的练习，仿佛置身于真实的化工生产现场。

VR化工安全演练系统通过虚拟现实技术，模拟各种化工生产中的安全事故场景，让学生们在虚拟环境中进行安全演练。学生们可以学习如何正确应对火灾、泄漏等突发事故，掌握安全防护技能和应急处理方法。这种沉浸式的学习方式，能够让学生们更加深刻地认识到化工安全的重要性，提高他们的安全意识和应急处理能力。

DCS仿真实训装置则模拟了现代化工生产中的集散控制系统，学生们可以在这个装置上进行化工生产过程的控制和操作练习。通过对各种参数的设置和调整，学生们可以了解化工生产过程中的动态变化，掌握如何通过DCS系统对生产过程进行优化和控制，提高生产效率和产品质量。

6. 实施路径与显著成效

在实施路径上，学院制定了详细且科学的数智化人才培养战略规划。明确了各个阶段的培养目标和任务，确保人才培养工作有条不紊地进行。同时，学院持续投入大量资金用于打造数智化师资队伍，鼓励教师参加各类数智技术培训和学

术交流活动，不断提升教师的教学水平和专业素养。在教学资源建设方面，学院积极整合优质教学资源，建设数智化教学资源平台，实现了资源的共享和高效利用。

经过多年的努力，"五数一体"人才培养体系取得了显著的成效。近三年来，学院毕业生的就业率始终保持在98%以上，这充分证明了学院培养的人才受到了市场的广泛认可。在全国职业院校技能大赛化工生产技术赛项中，学院的学生表现出色，荣获一等奖3项，这不仅展示了学生们扎实的专业技能和创新能力，也体现了学院在化工人才培养方面的卓越成果。企业满意度经第三方评估达到了94.6%，这表明学院培养的学生能够很好地满足企业的实际需求，为企业的发展做出了积极贡献。

以化工过程大数据分析课程为例，在采用"理论-虚拟仿真-企业真实项目"三模块结构进行课程改革后，学生的专业认知度提升了37%。这一数据直观地反映了课程改革的成功，也证明了"五数一体"人才培养体系在提高学生专业素养和认知水平方面的有效性。

综上所述，湖南化工职业技术学院的"五数一体"人才培养体系是一次成功的创新实践。通过数智课程、数智教学资源、数智师资、数智评价机制和数智实训平台的有机融合，学院为学生提供了一个全面、科学、高效的学习和成长环境，培养出了一批又一批适应数智时代需求的高素质化工专业人才。相信在未来，这一人才培养体系将不断完善和发展，为化工行业的发展做出更大的贡献。

（二）"六新行动"人才培养模式的创新实践

在数智时代的浪潮中，教育领域正经历着深刻变革，为培养适应新时代需求的化工专业人才，一种创新的"六新行动"人才培养模式应运而生。这一模式通过多维度的创新举措，全面深化了数智技术在化工人才培养过程中的应用，为化工教育的高质量发展开辟了新路径。

1. 智慧校园新基座：打造智能化教育生态

智慧校园新基座是"六新行动"的重要基石，其依托5G物联网系统，构建起一个全方位智能化的教育环境。通过该系统，教学设备与学习环境实现了智能化管理与监控，教学数据能够进行实时采集与精准分析。在2023年，这一举措取得了显著成效，教学事故率大幅下降62%，教室利用率提升45%。学院完成了"万兆入室，千兆到桌面"的全光网络升级改造，建设了智慧教室、智慧实训室和教管一体化系统。智慧教室中的AI分析系统可实时监测学生的学习行为，如注意力集中程度、参与课堂互动的积极性等，教师依据这些反馈及时调整教学策略，实现教学效果的最优化。这种数字化管理与个性化服务有机融合的模式，为师生营造了高效、便捷的学习与教学环境，为后续人才培养环节的顺利开展提供了坚实的硬件与数据支撑。

2. 现代化工新实训：提升实践操作能力

现代化工新实训致力于创设全新的实训环境，引入行业内先进的设备与前沿技术。以与中石化联合开发的"乙烯裂解装置虚拟运维"项目为例，该项目具有极高的教学价值。学生参与率达到100%，在参与过程中，学生的操作准确率从68%显著提升至89%。这一实训项目让学生在虚拟环境中模拟真实的乙烯裂解装置运维工作，熟悉装置的操作流程、故障诊断与处理方法，极大地提升了学生的实践操作能力和应对实际问题的能力，使学生毕业后能够迅速适应企业的实际工作需求，缩短从校园到职场的过渡时间。

3. 核心课程新资源：满足自主学习需求

核心课程新资源开发着重于数字化呈现方式，精心制作教学视频、虚拟仿真实验等。这些资源紧密结合实际生产，与企业合作共同打造。例如学院与巴斯夫公司合作开发的化工绿色生产技术课程，不仅引入企业的先进技术和管理经验，还通过实际案例分析，让学生深入了解化工行业的最新发展趋势，掌握绿色生产技术在实际生产中的应用。同时，学院开发的化工安全虚拟仿真课程资源，借助虚拟现实技术模拟化工生产中的危险场景，让学生在虚拟环境中体验危险状况，学习应对方法，从而有效提高学生的安全意识和应急处理能力。这些丰富多样的课程资源，满足了学生自主学习的多样化需求，使学生能够根据自身学习进度和兴趣进行有针对性的学习。

4. 数字双师新团队：融合校企优势师资

数字双师新团队由企业导师与专职教师混编而成，双方发挥各自优势，共同开展教学与课程开发工作。在智能化工仪表课程中，企业导师授课占比达32%。企业导师凭借其丰富的实践经验，将实际工作中的案例和操作技巧融入教学，使教学内容更具实用性；专职教师则利用其扎实的理论基础，为学生系统讲解专业知识。这种双师教学模式打破了传统教学中理论与实践脱节的局面，让学生在学习过程中既能掌握扎实的理论知识，又能了解行业实际应用情况，从而培养出理论与实践兼备的高素质人才。

5. 数智教学新范式: 推进以提高学生数智素养为中心的教学

数智教学新范式大力推进以学生为中心的教学模式, 充分利用信息化手段实现互动式、探究式教学。在课堂教学中, 教师借助多媒体教学工具、在线教学平台等, 引导学生积极参与课堂讨论、小组项目等活动。例如, 在讲解化工原理课程时, 教师通过虚拟仿真软件展示化工过程的动态变化, 学生通过自主操作和探究, 深入理解化工原理的实际应用, 这种方式培养了学生的创新思维和解决问题的能力。该教学范式改变了传统的教师主导的教学模式, 提高了学生数智素养, 激发了学生的学习主动性和积极性, 提高了教学质量。

6. 数字素养与真岗技能新人才: 明确人才锻造路径

数字素养与真岗技能新人才的锻造路径通过实践项目、企业实习等方式展开。学生在实践项目中, 运用所学的理论知识和数字化技能, 解决实际问题, 提升数字素养; 在企业实习过程中, 学生深入企业生产一线, 了解企业的实际生产流程和工作要求, 掌握真岗技能。通过这种方式, 培养出既具备扎实的数字素养, 又拥有实际操作技能的化工专业人才, 满足数智时代化工行业对人才的需求。

"六新行动"通过构建智慧校园新基座、创设现代化工新实训、开发核心课程新资源、组建数字双师新团队、推进数智教学新范式和锻造数字素养与真岗技能新人才这六大行动, 形成了一个有机的整体。各行动之间相互关联、相互促进, 全面提升了化工教育的质量和效率, 为化工行业培养了大量适应数智时代发展需求的高素质人才, 在化工教育领域具有重要的创新意义和实践价值, 也为其他同类院校的人才培养模式改革提供了有益的借鉴。随着数智技术的不断发展, "六新行动"人才培养模式也将不断完善和创新, 持续推动化工教育事业的进步。

（三）教学资源整合与优化

数字化教学资源库建设成果丰硕, 整合大量虚拟仿真教学资源, 如各类化工设备的3D模型展示、复杂化工工艺流程的虚拟操作演示, 以及丰富的在线课程资源, 涵盖基础课程与专业课程, 满足不同层次学生学习需求。教学案例库收集众多企业实际案例, 为学生提供理论联系实际的学习素材。通过数据统计, 学生利用资源库自主学习后, 知识掌握程度明显提升, 学习兴趣显著增强。

校际资源共享与协同育人方面, 湖南化工职业技术学院积极与其他院校合作，开展课程互选、学分互认、师资互聘等活动。与多所院校共同开发跨校选修课程，学生可根据自身兴趣与发展需求选择课程，拓宽知识面。师资互聘促进教师间教学经验交流，提升教学水平。通过协同育人，培养出更适应市场需求、具备综合能力的化工人才。

二、在数智技术应用、校企合作协同等方面的有效做法

（一）数智技术在教学过程中的深度应用

虚拟现实（VR）与增强现实（AR）技术在化工教学中应用广泛。虚拟化工工厂让学生身临其境地感受化工生产环境，熟悉设备布局与工艺流程；虚拟设备操作使学生可在虚拟环境中进行设备安装、调试与故障排除练习，避免实际操作风险；虚拟安全演练通过模拟各类化工安全事故场景，提升学生安全意识与应急处理能力。据统计，采用VR/AR技术教学后，学生实践操作能力提升明显，对化工原理的理解更加深入。

大数据与人工智能技术助力教学决策。通过分析学生学习行为数据，如学习时间、答题准确率、课程参与度等，大数据与人工智能技术为教师提供教学效果反馈，教师可据此调整教学策略。大数据与人工智能技术还可为学生制定个性化学习路径规划，根据学生知识薄弱点推送针对性学习资源，解答学生疑问，提升学习效率与质量。

工业互联网与智能工厂实践平台为学生提供接近真实生产的实践环境。学生可通过平台实现对化工生产过程的远程监控、数据分析，根据生产数据进行智能调度决策。例如，与万华化学共建的智能工厂实践平台接入真实生产数据流，学生通过平台完成远程操作认证率达91%，参与平台实训的学生平均薪资较传统培养模式高18%。

（二）校企合作协同育人机制的创新与实践

在高等职业教育改革与发展的进程中，校企合作作为提升人才培养质量、促进教育与产业深度融合的关键路径，愈发凸显其重要性。湖南化工职业技术学院在化工专业人才培养领域，积极探索并构建了富有成效的校企合作协同育人机制，通过一系列创新举措，实现了人才培养与企业需求的紧密对接，推动了化工

行业的技术创新与进步。

1. 产业学院与实训基地共建：夯实人才培养实践基础

产业学院与实训基地共建是湖南化工职业技术学院校企合作的重要战略举措。学院与化工企业携手共建"智能化工产业学院"，企业深度参与学院人才培养的全流程，从人才培养方案的顶层设计，到课程内容的开发与优化，再到教学评价体系的构建，全方位融入企业元素。这种深度融合模式确保了学院培养的人才在知识结构、技能水平和职业素养等方面与企业需求高度契合，实现了人才培养与企业需求的无缝对接。

实训基地配备了行业内先进的设备设施，模拟真实的企业生产环境，学生在实训过程中能够直接接触到企业实际生产流程与前沿技术。通过参与实际项目操作，学生不仅能够将课堂所学理论知识转化为实践能力，还能了解行业最新动态和技术发展趋势，提前适应企业工作节奏，为毕业后顺利进入职场奠定坚实基础。

2. 企业导师制与订单式培养：精准对接人才供需两端

企业导师制与订单式培养模式是学院校企合作协同育人的重要创新实践。企业导师凭借丰富的实践经验和专业技能，深度参与课程设计环节，将企业实际项目经验、行业最新技术应用和职业规范融入教学内容，使教学更具实用性和针对性。在指导学生毕业设计时，企业导师引导学生紧密结合企业实际需求，选择具有实际应用价值的课题，确保毕业设计成果能够解决企业实际问题，提升学生综合运用知识解决实际问题的能力。

订单式培养模式则根据企业人才需求，为企业量身定制人才培养方案。学院与企业共同制订教学计划、课程设置和实践环节安排，学生在学习过程中明确就业方向，按照企业要求进行针对性学习和实践训练。毕业后，学生直接进入合作企业工作，实现了人才培养与就业的高效衔接，极大提高了人才培养的精准度和实效性。目前，学院与巴斯夫等12家头部企业共建"现代学徒制"项目，累计培养832人，留用率高达94%，充分彰显了这一模式的显著成效。

3. 产学研用一体化项目合作：促进技术创新与人才培养双提升

产学研用一体化项目合作是学院推动化工行业技术创新与人才培养的重要途径。校企双方充分发挥各自优势，联合开展科研攻关，针对化工生产中的关键技术难题，如节能减排、绿色化工工艺开发等，共同研发新技术、新工艺。通过技术创新，将科研成果转化为实际生产力，推动化工企业的转型升级和可持续发展。

近三年，学院与企业联合申报专利37项，其中"基于AI的催化剂优化系统"已在中科炼化成功应用，有效提升生产效率15%。在项目合作过程中，学院鼓励学生积极参与科研实践，让学生在科研项目中锻炼创新思维、提升科研素养和实践能力。通过参与产学研用一体化项目，学生不仅能够接触到行业前沿技术和研究方法，还能培养团队协作精神和解决复杂问题的能力，为未来成为高素质技术技能人才奠定坚实基础。

湖南化工职业技术学院通过与巴斯夫、陶氏化学等知名企业建立长期稳定的合作关系，共同开展人才培养、技术研发和实习实训基地建设，形成了校企协同育人的良好生态。在实习实训基地建设方面，学院与中车新材料产业学院实训基地和宁乡高新区美妆与新材料产业学院实训基地等多个校外实习实训基地开展深度合作。这些基地为学生提供了真实的生产环境和实践机会，企业导师在实践过程中给予学生悉心指导，帮助学生深入理解企业文化和实际生产需求。例如，中车新材料产业学院实训基地引入企业实际项目，让学生参与新材料的研发和生产过程，有效提高了学生的实践能力和创新能力。

综上所述，湖南化工职业技术学院在校企合作协同育人机制的创新与实践中取得了显著成效，通过产业学院与实训基地共建、企业导师制与订单式培养、产学研用一体化项目合作等一系列创新举措，实现了人才培养质量的提升、化工行业技术的创新以及企业与学院的互利共赢。未来，学院将继续深化校企合作，不断探索创新协同育人模式，为化工行业培养更多高素质技术技能人才，为推动化工行业的高质量发展做出更大贡献。

三、在师资队伍建设、人才评价机制完善等方面的实践成果

（一）师资队伍建设的多元化与专业化发展

双师型教师培养体系不断完善。学院实施"三个一"工程，每年选派30%教师赴企业实践1个月，参与1项技改项目，获得1项职业资格证书。通过企业实践，教师将企业最新技术与实践经验带回课堂，提升教学内容的实用性。教师教学能力显著提升，在全国职业院校教学能力比赛中荣获一等奖2项，开发虚拟仿真教学资源包56个，有效提升教学效果与学生实践能力。

数智技术培训与应用能力提升方面，学院定期组织教师参加虚拟仿真教学培

训、大数据分析培训、人工智能应用培训等。教师将所学数智技术应用于教学中，如利用大数据分析学生学习情况，调整教学进度与方法；运用虚拟仿真技术开展实验教学，使抽象知识直观化。通过培训与实践，教师数智技术应用能力与教学水平大幅提升。

国际化师资队伍建设通过引进国际课程、开展国际交流项目、选派教师出国进修等方式推进。引进国际先进教学理念与课程体系，与国际接轨；选派教师参加国际学术会议与培训，拓宽国际视野；开展国际交流项目，与国外院校合作培养学生，提升学校国际化水平与人才培养质量。

（二）基于数智技术的师资评价与激励机制

多维度师资评价体系构建"四维八度"评价模型，从知识掌握度、技能熟练度、创新实现度、职业素养度四个维度，八个具体指标对教师进行全面评价。引入企业参与评价，邀请企业专家根据教师实践教学能力、对企业实际需求的了解程度等进行评分，企业专家评分占比达40%。通过该评价体系，全面提升教师综合能力与教学质量。

教学成果数字化展示与共享平台建设，将教师的在线课程、虚拟仿真教学资源、科研成果等进行数字化展示。教师可在平台上交流教学经验、分享教学资源，促进教师间合作与共同发展。

激励机制创新设立专项奖励基金，对在教学改革、科研创新、校企合作等方面表现突出的教师给予奖励；实施教师职业发展支持计划，为教师提供培训、进修、科研项目支持等，激发教师积极性与创新性。

（三）人才评价机制的创新与完善

多元化评价指标体系从理论知识、实践能力、创新能力、职业素养等多维度评价学生。理论知识考核注重考查学生对数智技术与化工专业知识的融合理解；实践能力考核通过实际操作、项目完成情况等进行评估；创新能力考核关注学生在科研项目、创新创业竞赛中的表现；职业素养考核通过学生实习表现、团队协作能力等方面进行评定。通过该评价体系，全面反映学生综合素质。

过程性评价与结果性评价相结合，在教学过程中，关注学生课堂表现、作业完成情况、实践操作过程等，及时给予反馈与指导；期末考试作为结果性评价的一部分，综合考查学生知识掌握程度。这种评价方式促使学生注重学习过程，提升学习效果与综合素质。

企业参与的人才评价机制邀请企业专家参与实践课程评价、毕业设计评价等。企业专家根据企业实际需求，对学生实践能力、职业素养等进行评价，使人才培养更贴合企业需求，提升人才培养质量与企业需求匹配度。

第二节

数智赋能现代化工高技能人才培养的推广路径与未来展望

一、面向同类院校、化工企业等的推广策略与实施路径

（一）面向同类院校的推广策略

1. 搭建校际交流平台，倡议建立化工类院校校际合作联盟

每年定期举办"数智化工教育论坛"。论坛设置主题演讲、案例分享、分组讨论等环节，邀请教育专家、企业代表、院校教师共同参与，分享教学改革经验、数智技术应用案例等。通过专题讲座，邀请知名专家深入解读数智赋能人才培养的核心要素；组织实地考察，让其他院校教师亲身感受湖南化工职业技术学院的数智化教学环境与实践成果。

2. 开发共享教学资源，整合学院优质数字化教学资源

在虚拟仿真平台、在线课程、教学案例库等方面，搭建开放共享平台。为其他院校教师提供技术支持和培训服务，通过线上线下相结合的方式，开展资源使用培训工作坊，帮助教师快速掌握资源使用方法，提升教学效果。

3. 开展师资培训与交流项目

每学期定期组织师资培训活动，邀请校内外专家就数智技术应用、课程设计、实践教学等方面进行专题培训。通过"教师互访"项目，选派优秀教师到其他院校进行为期一学期的短期授课或学术交流，促进师资队伍的共同成长，提升整体教学水平。

4. 联合开展科研项目

联合同类院校，围绕数智技术在化工教育中的应用开展科研项目。成立联合科研团队，共同申报科研课题，共享科研资源与成果。通过联合攻关，解决数智赋能人才培养过程中遇到的共性问题，形成一批具有示范意义的教学成果和科研论文，推动化工教育领域的学术发展。

5. 建立校际合作联盟

通过联盟平台，实现课程互选、学分互认。制定统一的课程标准与学分认定规则，学生可以在联盟内选择适合自己的课程进行学习，拓宽知识面和视野，提升综合素质。

（二）面向化工企业的推广策略

1. 建立校企合作示范项目

选择一批具有代表性的化工企业，如中石化、万华化学等，开展校企合作示范项目。通过共建产业学院、实习基地、技术研发中心等方式，将数智赋能的人才培养模式与企业实际需求紧密结合。为企业提供定制化人才培养方案，满足企业不同岗位的人才需求。

2. 企业培训与技术升级服务

针对化工企业员工的培训需求，开发基于数智技术的企业培训课程和虚拟仿真培训系统。与企业合作开展员工培训，根据企业生产实际情况，设计培训内容与方式，帮助企业提升员工的数智技术应用能力和职业素养，提高企业生产效率与竞争力。

3. 技术咨询与解决方案推广

成立技术咨询团队，为企业提供数智技术应用的咨询服务。针对企业在生产管理、设备升级、安全风险防控等方面的问题，提供专业解决方案。通过推广数智技术在化工企业中的成功应用案例，引导更多企业主动参与数智化转型，提升整个行业的数智化水平。

4. 合作开展行业标准制定

联合化工企业、行业协会和科研机构，共同参与化工行业数智技术应用标准的制定。组织专家研讨，结合行业发展趋势与实际需求，制定科学合理的标准。通过标准的引领作用，推动整个行业的人才培养和技术升级，提升行业整体质量与竞争力。

5. 企业导师计划的拓展

邀请更多企业专家担任兼职教师，参与学校的教学和科研工作。建立企业导师库，根据企业专家的专业领域与特长，安排其参与相关课程教学、毕业设计指导、科研项目合作等。通过企业导师的指导，学生更好地了解了企业文化和实际需求，同时提升了就业竞争力。

（三）推广策略的实施路径

1. 政策支持与资源整合

积极争取政府的政策支持和资金投入，与政府相关部门沟通协调，争取出台支持数智赋能化工人才培养的政策文件。与企业合作，整合企业的技术、设备、资金等资源，形成协同育人合力，共同推动数智赋能人才培养模式的推广。

2. 试点先行与逐步推广

采取"试点先行、逐步推广"的策略，首先选择部分院校和企业作为试点单位，开展数智赋能人才培养模式的实践探索。在试点过程中，不断总结经验，发现问题并及时解决。通过总结试点经验，完善推广方案，然后逐步向更多院校和企业推广，确保推广工作的稳步推进。

3. 建立推广评估与反馈机制

建立完善的推广评估与反馈机制，成立专门的评估小组，定期对推广项目进行评估。通过问卷调查、实地考察、数据分析等方式，了解推广过程中存在的问题和不足。通过反馈机制，及时将评估结果反馈给相关部门和人员，调整推广策略，确保推广工作的顺利进行。

4. 加强宣传与推广力度

利用多种渠道，加强对数智赋能人才培养模式的宣传与推广。通过举办学术会议、发布科研成果、开展媒体宣传等方式，提升该模式的知名度和影响力。制作宣传资料，如宣传册、宣传片等，展示数智赋能人才培养的成果与优势，吸引更多院校和企业参与。

5. 校际协同发展

已组建"长江经济带化工职教联盟"，目前已吸纳23所院校。联盟内实现虚拟仿真资源共享率78%，联合开发课程标准12项。通过联盟平台，各院校间加强交流与合作，共同提升数智赋能化工人才培养水平。

6. 举办师资培训

举办"数智化工师资研修班"12期，培训教师586人次，辐射中西部15个省份。通过培训，提升了教师的数智技术应用能力和教学水平，为推广数智赋能人才培养模式提供了师资保障。

7. 企业深度参与

积极推广"1+X"证书制度，与陶氏化学联合开发"化工过程自动化"等5个证书，考证通过率82%。为中小化工企业提供智能化改造方案37项，创造经济效益超2.3亿元。通过这些举措，加强了与企业的合作，推动了企业的数智化转型，同时也为学生提供了更多的就业机会和职业发展空间。

二、对未来数智技术持续赋能化工人才培养的趋势展望

（一）人工智能与大数据的深度融合

1. 个性化学习路径规划将更加精准

未来，随着人工智能和大数据技术的不断发展，知识图谱将更加完善，构建包含更多节点和复杂关系的化工知识图谱，实现更精准的个性化学习路径推荐。智能教学助手功能将更加强大，开发的"化工智课"系统不仅能实现作业智能批改（准确率98%）、学情实时预警（预警响应时间缩短至2小时），还能根据学生学习状态提供个性化学习建议，帮助学生更好地掌握知识和技能。

2. 精准教学决策支持将为教学带来变革

通过对学生学习数据的深度挖掘，利用大数据分析技术精准预测学生的学习需求和职业发展方向方式，学校可以根据预测结果，及时调整教学内容和方法，

优化课程设置，为教师提供更科学的教学决策依据，提升教学质量，培养出更符合市场需求的化工人才。

（二）虚拟现实与增强现实技术的广泛应用

在数智技术蓬勃发展的浪潮下，虚拟现实（VR）与增强现实（AR）技术在化工人才培养领域的应用正迈向全新高度，为教育教学与企业培训带来革命性变革，沉浸式学习体验将成为化工教育的新常态。随着VR和AR技术的持续迭代升级，其在化工人才培养中的应用将愈发深入，为学生营造出更加逼真、全面的沉浸式学习环境。在虚拟化工工厂的构建上，未来将依托先进的图形渲染技术、物理模拟算法以及高精度传感器，实现对化工生产场景的极致还原。工厂中的各类设备，从大型反应釜到精密管道阀门，都将以近乎真实的质感和细节呈现。不仅如此，虚拟化工工厂可模拟的工况种类将呈指数级增长，除了常见的稳定生产状态，还能精准模拟设备老化、零部件损坏、工艺参数异常波动等复杂情况，让学生在虚拟环境中充分积累应对各种突发状况的经验。例如，当模拟反应釜温度失控时，学生能够直观看到温度、压力等参数的变化趋势，学习如何通过调节冷却系统、调整进料速度等手段进行紧急处理，从而提升应对复杂化工生产问题的能力。

虚拟设备操作方面，技术的革新将使交互体验更加自然流畅。借助先进的动作捕捉技术，学生的每一个操作动作都能在虚拟环境中得到精准反馈，实现对设备的精细操控。学生可以进行诸如化工仪表的高精度调校、危险化学品的安全转移等一系列高难度操作练习。同时，系统会实时监测学生的操作步骤，一旦出现错误，立即给予语音提示和操作纠正建议，帮助学生快速掌握正确的操作方法，提升操作技能的准确性和熟练度。

虚拟安全演练也将迎来全面升级，涵盖化工行业可能遭遇的各类安全事故场景。从火灾爆炸、有毒气体泄漏到危险化学品泄漏等，演练场景将依据真实事故案例进行深度还原，包括事故发生时的环境音效、烟雾效果、设备损坏情况等细节都将栩栩如生地呈现。学生在演练过程中，不仅要学习如何采取正确的应急处理措施，如使用灭火器灭火、佩戴防护装备进行泄漏物处理等，还要学会如何组织人员疏散、与团队成员协作配合，从而全方位提升应急处理能力和团队协作精神。

以与上海化学工业区共建的乙烯装置数字孪生体为例，其凭借强大的模拟能力，能够复现超过200种不同工况，为学生提供了丰富多样的学习素材。通过数字化模拟，避免了传统实际操作带来的高成本和高风险，教学成本降低幅度高达65%。而基于微软HoloLens设备支持的设备拆装训练，借助其独特的混合现实技术，学生可以在真实的工作环境中叠加虚拟设备模型进行操作，使操作过程更加直观、准确，错误操作率大幅降低至3%，显著提升了学生的实践操作水平。

远程教学与企业培训也将因VR和AR技术的广泛应用而迎来全新发展机遇，变得更加便捷高效。在远程教学方面，教师可以通过搭建的虚拟教学场景，打破时空限制，实现对学生的实时指导。无论学生身处何地，只要接入网络，就能参与到高度还原的实践教学中。教师可以在虚拟环境中实时观察学生的操作过程，针对学生出现的问题及时给予指导和反馈，如同面对面教学一般高效。同时，学生之间也可以通过虚拟环境进行互动交流，共同探讨问题、完成学习任务，增强学习效果和团队协作能力。例如，在虚拟实验室中，学生们可以分组进行化工实验操作，共同分析实验数据、讨论实验结果，营造出浓厚的学习氛围。

在企业培训领域，VR和AR技术的应用将极大提升培训效率和质量。企业可以利用虚拟培训系统，为员工提供随时随地的个性化培训服务。新员工入职时，通过虚拟培训快速熟悉企业的生产流程、设备操作规范以及安全注意事项，缩短适应期。老员工则可以通过模拟复杂工况的培训，不断提升应对突发情况的能力，保持专业技能的熟练度。此外，虚拟培训系统还能根据员工的不同岗位需求和技能水平，定制个性化的培训内容，实现精准培训，提高培训的针对性和有效性。例如，针对化工生产线上的操作人员，可以设计一系列包含常见故障排除、紧急情况应对等内容的虚拟培训课程，帮助员工更好地应对实际工作中的挑战。

综上所述，虚拟现实（VR）与增强现实（AR）技术在化工人才培养中的广泛应用，正深刻改变着传统的教学与培训模式，为学生和企业员工提供更加优质、高效的学习体验，为化工行业培养出更多适应新时代需求的高素质专业人才。

（三）工业互联网与智能工厂的实践教学平台

1. 智能化实践教学将迈向新高度

随着工业互联网和智能工厂的持续发展，化工企业实践教学平台的智能化程度会不断加深。学生不仅能进行远程监控和数据分析，还能参与到更复杂的生产优化决策环节中。例如，在化工生产过程中，借助人工智能算法对生产数据进行实时分析，学生能够根据分析结果提出优化生产流程、降低能耗的方案。学校与企业合作建设的"化工元宇宙产业学院"，规划投资1.2亿元，致力于打造一个涵盖研发、教学、生产的数字生态。在这个平台上，学生可以在虚拟环境中参与从产品研发到生产销售的全流程，极大地提升对现代化工生产的理解和实践能力。《石油石化行业数字化人才发展白皮书》调研显示，到2025年，埃克森美孚、沙特阿美、斯伦贝谢、哈里伯顿等石油石化企业在人工智能领域研发投入占比将达18%，随着智能技术的应用，可降本20%以上，这就要求人们加快培养速度，满足行业对高素质人才的迫切需求。

2. 技术研发与创新将借助智能工厂实践教学平台蓬勃发展

企业的技术研发需要不断注入新的活力，而学生在实践教学中参与科研项目，能够带来新的思路和创新点。学校与企业合作将科研项目引入实践教学，让学生在实践中积累科研经验，提升创新能力。例如，在智能工厂中开展的关于新型催化剂研发的项目，学生通过参与实验设计、数据采集与分析，不仅加深了对专业知识的理解，还为企业的技术创新贡献了力量。

（四）跨学科融合与创新能力培养的强化

1. 跨学科课程体系建设将成为人才培养的关键

未来化工行业的发展离不开多学科知识和技术的融合，这就要求学校在人才培养过程中更加注重跨学科课程体系的建设。通过开设化工过程自动化、智能化工安全、化工大数据分析等跨学科课程，学生能够掌握化工、自动化、计算机等多学科知识和技能，具备解决复杂工程问题的能力。在课程设置上，注重理论与实践相结合，通过实际项目驱动教学，让学生在解决实际问题的过程中培养系统思维和创新能力。

2. 项目驱动与科研创新将成为培养学生创新能力的重要途径

学校通过与企业合作开展科研项目，为学生提供实践平台。学生在项目中担任不同角色，从项目策划、方案设计到实施和评估，全程参与。例如，与企业合作开展的关于化工生产节能减排的科研项目，学生需要综合运用化学、环境科学、能源技术等多学科知识，提出创新性的解决方案。在这个过程中，学生的创新能力得到了极大的锻炼，同时也为企业解决了实际生产中的技术难题。

（五）国际化与全球视野的培养

1. 国际化人才培养项目将不断丰富

随着化工行业的全球化发展，国际化人才的需求日益增长。学校将进一步加强国际交流与合作，引进更多国际先进课程，与国外知名高校开展联合培养项目。例如，与国外高校合作开展"2+2"或"3+1"联合培养模式，学生在国内学习两年或三年基础课程后，到国外高校学习专业课程并完成毕业设计，毕业后获得双方高校的学位证书。学校还将建立海外实习基地，为学生提供海外实习机会，让学生了解国际化工行业的最新发展动态和先进技术，培养学生的国际视野和跨文化交流能力。

2. 国际标准对接将提升我国化工人才的竞争力

学校积极参与国际标准制定，推动我国化工人才培养标准与国际接轨。通过与国际教育机构、行业协会合作，了解国际先进的人才培养标准和模式，将其融入学校的人才培养体系中。例如，在专业课程设置上，参考国际化工工程师认证标准，确保学生所学知识和技能符合国际要求。通过国际标准的对接，提升我国化工人才在国际市场上的竞争力，使我国化工人才能够在全球化工行业中发挥重要作用。

（六）终身学习与职业发展支持体系的完善

1. 在线学习平台与职业培训将为化工人才提供持续学习的保障

随着技术的快速更新，化工人才需要不断学习和提升。未来，将建立更加完善的终身学习与职业发展支持体系，通过在线学习平台，提供丰富的课程资源，包括最新的化工技术、管理理念、安全法规等。职业培训将更加注重针对性和实用性，根据不同岗位和职业发展阶段，为化工人才提供定制化的培训课程。例如，针对化工企业的技术骨干，提供高级管理培训课程；针对新入职员工，提供基础技能培训课程。

2. 构建"学分银行"制度，实现学习成果的积累和转换

累计为2.3万名企业员工提供继续教育，认证转换学分1.8万学分。员工可以将在不同学习阶段获得的学分存入"学分银行"，在需要时进行兑换，用于学历提升或职业资格认证。微认证体系将更加完善，开发120个微证书项目，单证书平均学习时长8.5小时，适配岗位技能快速更新需求。员工可以根据自己的兴趣

和职业发展需求，选择相应的微证书进行学习，提升自己的专业技能。

3. 职业发展指导中心将为学生和毕业生提供全方位的职业发展支持

学校建立职业发展指导中心，配备专业的职业规划师和就业指导教师。职业发展指导中心为学生提供职业测评服务，帮助学生了解自己的兴趣、优势和职业倾向，制定合理的职业规划。为毕业生提供就业信息发布、求职技巧培训、职业咨询等服务，帮助毕业生顺利就业。同时，职业发展指导中心还将跟踪毕业生的职业发展情况，为毕业生提供职业晋升和转型的建议。

（七）绿色化工与可持续发展理念的融入

1. 绿色化工技术课程将成为化工人才培养的重要内容

随着环保意识的增强，绿色化工和可持续发展理念已成为化工行业发展的必然趋势。学校将通过课程设置、实践项目、科研创新等方式，培养学生在绿色化工技术、节能减排、资源循环利用等方面的能力。开设碳中和化工技术、绿色化学工艺等课程，系统地传授绿色化工知识。在实践项目中，引导学生运用绿色化工理念设计实验方案，减少实验过程中的污染物排放。

2. 可持续发展科研项目将培养学生的创新能力和社会责任感

学校积极开展绿色化工技术研发项目，如 CO_2 资源化利用、新型环保催化剂研发等。学生参与这些项目，不仅能够提升自己的科研能力，还能深刻理解绿色化工和可持续发展的重要性。例如，开展的 CO_2 资源化利用项目，通过将 CO_2 转化为有用的化学品，实现了温室气体的减排和资源的循环利用。校企联合攻关，共同开展17个可持续发展科研项目，年减排量相当于种植3.2万公顷森林，为化工行业的可持续发展做出了积极贡献。

三、基于行业发展与技术革新对化工人才培养的战略思考

（一）适应行业转型升级的人才培养战略

1. 专业设置与课程体系调整迫在眉睫。

化工行业正从传统制造业向高端化、智能化、绿色化转型，这就要求人

才培养紧密结合行业需求。针对化工行业智能化转型的需求，学校应增加化工过程自动化、智能化工安全等课程的比重，培养学生的智能化操作和管理能力。在课程内容上，融入最新的数智技术和绿色化工理念，使学生掌握行业前沿知识和技能。同时，根据行业发展动态，及时调整专业设置，开设新兴专业方向，如新能源化工、智能材料化工等，满足行业对多样化人才的需求。

2. 产教融合与校企合作是人才培养的重要支撑

通过产教融合、校企合作等方式，推动人才培养与行业发展的深度融合。学校与企业建立长期稳定的合作关系，共同制定人才培养方案、开发课程、建设实训基地。企业参与学校的教学过程，为学生提供实践机会和实习岗位；学校为企业提供技术研发支持和人才输送服务。例如，与企业合作开展科研项目，让学生参与项目实践，提升学生的创新能力和实践能力，同时也为企业解决实际生产中的技术难题。

（二）应对技术革新的动态调整机制

1. 技术跟踪与教学内容更新是保持人才培养时效性的关键

化工行业的技术革新速度加快，人才培养需要建立动态调整机制。学校应加强与企业、科研机构的合作，及时跟踪行业技术动态。通过定期举办技术研讨会、邀请企业技术专家到校讲座等方式，了解行业最新的技术需求和发展趋势。根据企业反馈，及时调整课程内容和教学方法，将最新的技术知识和工艺引入课堂。例如，随着人工智能技术在化工生产中的应用日益广泛，学校应及时在相关课程中增加人工智能算法在化工过程控制中的应用等内容。

2. 灵活的课程体系与选修课程设置是满足学生个性化需求的重要手段

建立灵活的课程体系，增加选修课程和实践项目的比重。选修课程应涵盖多个领域，包括前沿技术、跨学科知识、行业应用等，学生能够根据自己的兴趣和职业规划自主选择学习内容。实践项目应注重与企业实际需求相结合，通过企业实际项目的实践，提升学生解决实际问题的能力。例如，开设化工行业大数据应用案例分析、智能化工设备故障诊断技术等选修课程，以及基于企业实际生产的化工工艺优化项目等实践项目，拓宽学生的知识面和视野。

（三）强化实践能力与职业素养培养

1. 实践教学环节强化是提升学生就业竞争力的核心

化工行业对人才的实践能力和职业素养要求较高，未来人才培养需要进一步强化实践教学环节。学校应增加实践课程的比重，通过虚拟仿真、企业实习、项目实践等方式，提升学生的实践能力和解决实际问题的能力。加强虚拟仿真实验室建设，为学生提供更多的虚拟实践机会，降低实践成本和风险。与更多企业建立实习基地，确保学生能够在真实的工作环境中锻炼自己。例如，通过虚拟仿真平台，学生可以在虚拟环境中进行复杂化工生产流程的操作练习，熟悉各种设备的操作和维护；通过企业实习，学生能够了解企业的生产管理模式和企业文化，提升职业素养。

2. 职业素养教育与企业导师指导是培养全面发展人才的重要保障

注重培养学生的安全意识、环保意识和职业责任感。通过开设职业素养教育课程，给学生系统地传授职业道德、职业规范、职业礼仪等知识。邀请企业导师参与学生的培养过程，企业导师不仅在专业技能上给予指导，还在职业素养方面言传身教。例如，企业导师在指导学生毕业设计时，注重培养学生的严谨态度和创新精神，引导学生树立正确的职业价值观。

（四）推动国际化人才培养与合作

1. 国际化交流与合作项目是培养国际化人才的重要途径

化工行业的全球化发展需要国际化人才，未来人才培养需要加强国际交流与合作。学校应与更多国外高校和企业建立合作关系，开展"国际化化工人才培养项目"。通过联合培养、海外实习、国际学术交流等方式，培养学生的国际视野和跨文化交流能力。例如，选派学生到国外高校进行短期交流学习，参与国际科研项目，与国外学生和教师共同开展研究工作，拓宽学生的国际视野，提升学生的跨文化交流能力。

2. 国际标准对接与人才培养是提升我国化工人才国际竞争力的关键

积极参与国际标准制定，推动我国化工人才培养标准与国际接轨。了解国际先进的人才培养标准和模式，将其融入学校的人才培养体系中。例如，在专业认证方面，参考国际化工工程师认证标准，对学校化工专业进行评估和改进，确保学生所学知识和技能符合国际要求。通过国际标准的对接，提升我国化工人才在国际市场上的竞争力。

（五）构建终身学习与职业发展支持体系

1. 在线学习平台与职业培训是满足化工人才持续学习需求的重要保障

随着化工行业的快速发展，人才需要不断学习和提升。构建完善的终身学习与职业发展支持体系，通过在线学习平台，为化工人才提供最新的技术知识、管理理念和行业动态，并提供定制化的培训课程。例如，为化工企业的技术人员提供新技术应用培训，为管理人员提供领导力提升培训等。通过在线学习平台和职业培训，帮助化工人才不断更新知识和技能，适应行业发展的需求。

2. 职业发展指导中心与服务是帮助化工人才规划职业发展的重要平台

建立职业发展指导中心，为学生和毕业生提供职业规划、就业指导和职业发展支持。通过职业测评、职业咨询等方式，帮助学生明确职业目标，制定合理的职业发展路径。为毕业生提供就业信息发布、求职技巧培训、职业推荐等服务，帮助毕业生顺利就业。同时，跟踪毕业生的职业发展情况，为毕业生提供职业晋升和转型的建议，助力化工人才的职业发展。

（六）加强政策支持与资源整合

1. 政策支持与资金投入是推动化工人才培养的重要动力

化工人才培养需要政府、企业和社会的共同支持。政府应出台相关政策，鼓励学校开展数智赋能化工人才培养模式的改革和创新。设立专项基金，用于支持教学资源开发、师资培训、校企合作项目等。例如，政府可以对积极参与校企合作的企业给予税收优惠政策，对开展数智化教学改革的学校给予资金支持。企业应积极参与人才培养，提供实习基地、技术支持和资金投入。例如，企业可以与学校共建实训基地，为学生提供实习岗位和实践机会；企业还可以设立奖学金，激励学生努力学习。

2. 资源整合与协同育人是提升化工人才培养质量的关键

通过行业协会和教育联盟，整合各方资源，形成协同育人合力。行业协会应发挥桥梁作用，加强学校与企业之间的沟通与合作。教育联盟应组织成员学校共同开展教学研究、资源共享、师资培训等活动。例如，行业协会可以组织企业与学校共同制定人才培养标准，教育联盟可以组织成员学校联合开发课程和教材，实现资源的优化配置和共享，提升化工人才培养质量。

（七）推动数智技术与教育的深度融合

1. 智慧校园与智能教学平台建设是提升教学效果的重要手段

数智技术是未来化工人才培养的重要支撑，未来需要加强数智技术在教育中的应用。建设智慧校园，实现校园管理的智能化、教学环境的数字化和学习资源的共享化。打造智能教学平台，利用人工智能、大数据等技术，为学生提供个性化的学习体验。例如，智能教学平台可以根据学生的学习情况和兴趣爱好，为学生推荐个性化的学习资源和学习路径；可以通过智能辅导系统，实时解答学生的疑问，提高学习效率。

2. 教师数智技术培训与应用能力提升是推动教学改革的关键

加强教师的数智技术培训，提升教师的技术应用能力和教学水平。定期组织教师参加数智技术培训课程和研讨会，邀请专家进行指导。鼓励教师将数智技术应用于教学实践，开展教学改革和创新。例如，教师可以利用虚拟现实技术开展实验教学，利用大数据分析学生的学习情况，调整教学策略。通过教师数智技术培训与应用能力的提升，推动教学改革的深入发展，提高化工人才培养质量。

（八）培养学生创新思维与解决复杂问题的能力

1. 创新思维培养课程的体系化建设

在未来的化工人才培养中，创新思维的培养将成为核心任务之一。学校应构建完善的创新思维培养课程体系，从基础创新理论课程入手，向学生传授创新方法和工具，如TRIZ理论、头脑风暴法等，引导学生打破传统思维定式。开设创新实践课程，以实际化工问题为导向，组织学生开展项目式学习，让学生在实践中运用创新思维提出解决方案。通过课程体系的建设，学生能逐步形成创新意识和创新能力，为未来在化工领域的创新发展奠定基础。

2. 跨学科创新项目的广泛开展

鼓励学生参与跨学科创新项目，将化工专业知识与其他学科知识相结合，如材料科学、生物工程、信息技术等，培养学生解决复杂问题的能力。例如，开展关于化工新材料研发的跨学科项目，学生需要综合运用化学、材料学、物理学等多学科知识，进行材料的设计、合成与性能测试。在项目实施过程中，学生不仅能够提升专业技能，还能学会如何在跨学科团队中协作，锻炼沟通能力和团队合作精神，从而更好地应对未来化工行业中复杂多变的挑战。

（九）重视软技能培养，提升学生综合素质

1. 沟通与团队协作能力的强化训练

化工行业的发展越来越依赖团队合作，良好的沟通与团队协作能力成为化工人才必备的素质。学校应在教学中增加沟通与团队协作能力的培训课程，通过模拟项目、团队竞赛等方式，让学生在实践中锻炼沟通技巧和团队协作能力。例如，组织学生参加化工工艺设计团队竞赛，要求学生在团队中分工合作，共同完成项目方案的设计、汇报与答辩。在这个过程中，学生需要学会倾听他人意见、表达自己观点、协调团队成员之间的关系，从而提升沟通与团队协作能力。

2. 领导力与项目管理能力的早期培养

随着化工行业的发展，对具备领导力和项目管理能力的人才需求日益增加。学校应重视学生领导力与项目管理能力的早期培养，开设相关课程，如领导力基础、项目管理概论等，向学生传授领导力理论和项目管理方法。通过组织学生参与实际项目的管理，如校内科研项目、企业实习项目等，让学生在实践中锻炼领导力和项目管理能力。例如，在企业实习项目中，让学生担任项目小组组长，负责项目的计划、组织、协调与控制，提升学生的领导能力和项目管理能力。

（十）推动教育公平，扩大数智赋能人才培养的覆盖面

1. 面向偏远地区的教育资源共享

在数智时代，应充分利用互联网技术，推动教育公平，将数智赋能化工人才培养的优质资源向偏远地区推广。通过建立在线教育平台，将虚拟仿真实验、在线课程等教学资源免费向偏远地区的学校开放，让更多学生能够享受到优质教育资源。例如，与偏远地区的职业院校合作，开展远程教学活动，由学校优秀教师通过网络为当地学生授课，实现教育资源的共享。

2.针对弱势群体的特殊培养计划

关注弱势群体的教育需求，制订特殊培养计划。对于家庭经济困难的学生，提供奖学金、助学金等资助，确保他们能够顺利完成学业。对于学习基础薄弱的学生，开展一对一辅导、个性化学习支持等活动，帮助他们提升学习能力。例如，设立专项奖学金，鼓励家庭经济困难的学生努力学习；组织教师志愿者为学习基础薄弱的学生提供课外辅导，帮助他们跟上教学进度。

（十一）加强国际教育交流，培养具有全球竞争力的化工人才

1.参与国际化工教育联盟与合作项目

积极参与国际化工教育联盟，与全球知名化工院校开展合作项目。通过联盟平台，分享教学经验、交流科研成果、共同开展人才培养。例如，参与国际化工教育联盟组织的教学研讨会，与其他院校共同探讨数智赋能化工人才培养的新模式、新方法；开展国际学生交换项目，让学生在不同的教育环境中学习，拓宽国际视野。

2.举办国际化工学术会议与竞赛

定期举办国际化工学术会议，邀请国际知名专家学者、企业代表参会，分享最新的研究成果和行业动态。组织学生参加国际化工竞赛，如国际化工设计竞赛、国际化学奥林匹克竞赛等，通过竞赛提升学生的专业水平和国际竞争力。例如，举办国际化工学术会议，为国内外化工领域的专家学者提供交流平台，促进学术合作与创新；组织学生参加国际化工设计竞赛，让学生在国际舞台上展示自己的才华，提升学校的国际影响力。

（十二）结合行业发展趋势，探索新兴专业方向与课程设置

1.新能源化工与可持续材料专业方向的开拓

随着全球对新能源和可持续发展的关注，新能源化工和可持续材料将成为未来化工行业的重要发展方向。学校应积极探索这些新兴专业方向的设置，开设相关课程，如新能源材料与技术、可持续化工工艺、绿色高分子材料等。通过培养新能源化工和可持续材料领域的专业人才，满足行业对新兴技术人才的需求。例如，与新能源企业合作，共建新能源化工实训基地，为学生提供实践机会，培养学生在新能源化工领域的实践能力。

2. 人工智能与化工交叉专业课程的开发

人工智能技术在化工领域的应用前景广阔，学校应加强人工智能与化工交叉专业课程的开发。开设人工智能在化工过程控制中的应用、化工大数据与机器学习、智能化工设备设计与优化等课程，培养学生运用人工智能技术解决化工问题的能力。例如，在人工智能在化工过程控制中的应用课程中，通过实际案例教学，让学生掌握人工智能算法在化工生产过程控制中的应用方法，提升学生的专业素养和创新能力。

（十三）强化实践教学基地建设，提升实践教学质量

1. 多元化实践教学基地的拓展

除与大型化工企业合作建设实践教学基地外，还应拓展实践教学基地的类型，与科研机构、中小型化工企业、化工园区等建立合作关系。与科研机构合作，让学生参与科研项目，提升科研能力；与中小型化工企业合作，了解中小企业的生产特点和技术需求，培养学生的实际操作能力；与化工园区合作，开展综合性实践项目，提升学生的综合实践能力。例如，与化工园区合作，开展化工园区规划与管理的实践项目，让学生在实践中了解化工园区的整体布局、产业链协同、安全环保等方面的知识。

2. 实践教学基地的信息化与智能化升级

利用数智技术对实践教学基地进行信息化与智能化升级，建设智能实训平台。通过物联网技术实现对实训设备的远程监控和管理，通过大数据分析技术对学生的实训数据进行分析和评估，为教学改进提供依据。例如，在智能实训平台上，学生可以通过手机或电脑远程操作实训设备，教师可以实时监控学生的操作过程，及时给予指导和反馈；通过对学生实训数据的分析，了解学生的学习情况和技能掌握程度，为个性化教学提供支持。

（十四）完善人才培养质量保障体系，确保培养目标达成

1. 全过程质量监控体系的构建

建立从招生到就业的全过程人才培养质量监控体系，对教学过程的各个环节进行严格监控。在招生环节，加强对生源质量的把控，确保录取学生具备良好的

学习基础和发展潜力；在教学过程中，通过教学督导、学生评教、同行互评等方式，对教师的教学质量进行评估；在毕业环节，对学生的毕业设计、综合素质进行全面考核，确保学生达到毕业要求。例如，成立教学督导小组，定期对课堂教学进行检查和评估，及时发现教学中存在的问题并提出改进建议。

2. 持续改进机制的建立与运行

根据质量监控体系收集的数据和反馈信息，建立持续改进机制。定期召开教学工作会议，分析人才培养质量存在的问题，制定改进措施并加以实施。例如，根据学生评教和企业反馈，发现某门课程的教学内容与实际工作需求脱节，及时调整课程内容，增加实际案例教学和实践环节，提升课程教学质量。通过持续改进机制的运行，不断优化人才培养方案和教学过程，确保人才培养质量不断提高。

参考文献

[1] 中共中央、国务院. 教育强国建设规划纲要（2024—2035年）[EB], 2025.

[2] 国家发展改革委，等. 职业教育产教融合赋能提升行动实施方案（2023—2025年）[EB], 2023.

[3] 人力资源社会保障部，等. 关于推动技能强企工作的指导意见 [EB], 2025.

[4] 中共中央办公厅、国务院办公厅. 关于加强新时代高技能人才队伍建设的意见 [EB], 2022.

[5] 陈志丹. 新时代高校人才培养模式的理论与实践 [M]. 北京：科学技术文献出版社, 2023.

[6] 李泉慧. 数字化创新人才培育体系的构建与应用 [M]. 济南：山东人民出版社, 2024.

[7] 敬汉民. 人才培养 [M]. 北京：中国科学技术出版社, 2023.

[8] 许朝山，陈叶娣. 职业教育产教对接谱系的原理方法与实践——基于常州机电职业技术学院的创新实践 [M]. 苏州：苏州大学出版社, 2022.

[9] 孙浩，贾艳萍. 新质生产视域下提升化工类专业学生创新创业能力的路径研究 [J]. 造纸技术与应用, 2025, 53(1): 72-73.

[10] 叶雯，吴君怡. 生成式AI时代：基于生命周期理论的职业教育数字化成长路径重塑 [J]. 武汉职业技术学院学报, 2024, 23(4): 44-51.

[11] 张继平. 教育高质量发展赋能人的全面发展的逻辑与向度 [J]. 教育研究与实验, 2024(4): 22-31.

[12] 许宪国. 基于复杂适应系统理论的职业教育适应能力培养研究 [J]. 合作经济与科技, 2018(8): 159-161.

[13] 冯殿庆，武海峰. 本质安全理论在化工企业安全管理中的应用研究 [J]. 石油化工安全环保技术, 2024, 40(6): 18-20, 6.

[14] 马英楠，曾乐林，张盼良. 高校化学化工课程教学改革探索——以"价键理论"及"分子轨道理论"教学为例 [J]. 广东化工, 2024, 51(2): 186-188.

[15] 韩永军，王莉. 基于工程能力培养的《化学反应工程》课程改革与实践 [J]. 化工时刊, 2020, 34(1): 47-48.

[16] 匡海奇，李远文，余展旺. 化工制图课程改革中典型工作任务和动态评价探索 [J]. 山东化工, 2021, 50(11): 188-192.

[17] 秦志宏, 林喆, 孟献梁, 等. 基于目标导向的化工专业人才培养改革与实践[J]. 化工高等教育, 2020, 37(3): 77-80.

[18] 王召, 程金萍, 魏树红, 等. 智慧化工人才培养平台研究与实践[J]. 化工高等教育, 2023, 40(1): 13-18, 69.

[19] 张德谨, 谢永, 史洪伟, 等. 地方应用型高校化工专业学生工程实践能力培养模式探索[J]. 广东化工, 2022, 49(1): 203-204.

[20] 徐芹. 化工类专业产教融合应用型人才培养的思考——评《应用型本科高校产教融合的研究与实践》[J]. 化学学报, 2024, 82(12): 1307.

[21] 叶宇玲, 张珂源, 张爱爱, 等. 产教融合背景下化工类专业人才培养路径探索[J]. 化工管理, 2024(9): 27-30.

[22] 王佳睿. 中国共产党人精神谱系融入"纲要"课程的立体体验式教学模式——以化工行业高校为例[J]. 中国军转民, 2024(17): 183-184.

[23] 于荟, 潘勇, 苏娟, 等. 责任关怀理念下高职院校化工类专业人才培养模式研究[J]. 云南化工, 2025, 52(2): 153-157.

[24] 肖洁. 基于信息技术的化工分析课程"五位一体"教学模式探索[J]. 化学工程与装备, 2024(10): 169-171.

[25] 张雯雯, 雷昌贵. 基于产教融合背景下食品化工类专业群"产学研转创"五位一体协同育人模式创新探索与研究[J]. 农产品加工, 2023(22): 121-123, 127.

[26] 申子嫣, 杨冉, 刘佳其, 等. 基于科技竞赛的"一中心、三阵地、五融合"人才培养体系的构建与实践[J]. 化工高等教育, 2024, 41(6): 137-143.

[27] 刘明, 熊震, 林海燕, 等. 基于应用型人才培养工程实践与创新能力的探析[J]. 河南化工, 2019, 36(6): 62-63.

[28] 徐雪丽, 杨艳菊, 宋伟. 化工设计课程群教学改革的探索与实践[J]. 广东化工, 2017, 44(1): 158-159.

[29] 傅敏, 郑旭煦, 李丁, 等. 构建区域特色的化工人才培养体系[J]. 广州化工, 2011, 39(12): 149-150.

[30] 甄永刚, 王宇, 周政, 等. 多维度融合的高分子材料专业教育探索与实践[J]. 化工高等教育, 2024, 41(6): 68-72.

[31] 于荟, 潘勇, 苏娟, 等. 责任关怀理念下高职院校化工类专业人才培养模式研究[J]. 云南化工, 2025, 52(2): 153-157.

[32] 刘巧宾, 刘旭冉, 王晓蓓. 高分子化学课程教学创新探索与实践[J]. 化工高等教育, 2024, 41(6): 61-67.

[33] 王雪香, 魏小赟, 王小瑞, 等. 双高背景下高职院校化工类"双师型"教师队伍建设研究[J]. 化

工设计通讯,2022,48(7): 111-113.

[34] 李永桂,陈海生,官燕燕,等. 三岗育人、多维培养的人才培养模式改革探索与实践[J]. 中国包装,2023,43(12): 102-108.

[35] 张政利,肖彬. "政校行企"四方联动下高职校企合作长效机制探索[J]. 教育与职业,2023,(16): 61-64.

[36] 米力,谢建平,牛恒茂. 高职院校人才培养质量评价体系模型构建[J]. 成才,2024(3): 141-143.

[37] 唐淑贞,王罗强,张翔. 高职院校服务石化中小微企业发展的主要路径研究——以湖南化工职业技术学院为例[J]. 安徽化工,2020,46(1): 109-110, 115.

[38] 焦林宏,王红玉,王春磊,等. 石油化工职业本科专业人才培养模式探索——以兰州石化职业技术大学为例[J]. 化纤与纺织技术,2024,53(4): 177-179.

[39] 叶芋伶. 基于诊改思维构建高职院校学生创新意识和能力动态评价体系的路径探索——以某市某学院为例[J]. 创新创业理论研究与实践,2024,7(10): 89-91.

[40] 王建飞,李艳妮,蒋蕾,等. 应用型人才培养模式下化工工艺及设备课程的教改探索[J]. 云南化工,2024,51(8): 198-201.

[41] 彭德萍,宋春雨. 基于"岗课赛证"实践的应用化工技术专业人才培养模式总结[J]. 化工管理,2024,(28): 27-31.

[42] 张鹏. 加氢装置工程伦理问题分析与工程师的职业素养培养[J]. 化工高等教育,2024,41(6): 73-78.

[43] 何静. "双高计划"背景下高职院校化工类技能型人才培养机制探讨[J]. 化纤与纺织技术,2022,51(5): 213-215.

[44] 刘军枫,韩爱娟. MOF的配体分析与结构设计——无机化学教学与前沿科学研究的融合[J]. 化工高等教育,2024,41(6): 31-36.